野生動物
管理システム

梶 光一／土屋俊幸［編］

東京大学出版会

Wildlife Management System in Japan
Koichi KAJI and Toshiyuki TSUCHIYA, Editors
University of Tokyo Press, 2014
ISBN978-4-13-060227-3

はじめに

　2012年に発表された「生物多様性国家戦略2012-2020」には，里地里山における人間の働きかけの縮小撤退が，シカ，サル，イノシシなどの大型野生動物の個体数の増加や分布域の拡大を招き，その結果，深刻な農林業被害のみならず，生態系全体への顕著な悪影響をもたらしたと記述されている．さらに，この解決には，自然的・社会的特性に応じて人為的な管理・利用を行っていくための新たな仕組みの構築，人と自然の関係の再構築が必要であるとされている．こうした背景には，産業構造の変化，自然資源の利用の変化，人口減少と高齢化の進行などがあげられる．また，2050年までに現在の居住地域の2割が無居住地化し，さらに4割以上の地域で人口が半分以下になると予測されている．一方，日本政府は，2008年の洞爺湖サミットから2010年の生物多様性条約締結国会議（COP10，名古屋）に向けて，「自然共生の知恵と伝統」である「SATOYAMAイニシアティブ構想」を日本のオリジナルとして世界に発信した．

　しかし，里山は人間活動の縮小による生物多様性保全上の危機が生じている地域の代表例であり，その最大の阻害要因として野生動物の圧力の増加があげられる．里地里山では，過疎・高齢化，農林業の衰退，耕作放棄地の増加，暖冬などにより，シカ・イノシシ・サルなどの大型野生動物の分布拡大と生息数の増加が生じている．2010年度には，これら野生鳥獣による農作物被害は過去最大の239億円に達し，営農や農村の暮らしに深刻な影響をおよぼしており，鳥獣被害の軽減を図るため，総合的な対策の推進が必要とされている（農林水産省，2012）．一方で，個体数管理の担い手である狩猟者の高齢化と減少が急速に進行しており，人口縮小社会を迎えた日本における野生動物管理システムの構築と野生動物管理の担い手養成が緊急の課題となっている．

　このため，1999年に「鳥獣保護法」が改正され「特定鳥獣保護管理計画制度」が創設され，都道府県は計画にもとづく被害防止と個体数管理が役割

となり，従来の保護重視の政策から科学的な管理へと大きな方針転換がなされた．さらに 2008 年には「鳥獣被害対策特別措置法」が施行され，市町村が被害防止計画を策定して管理の実務を担うことになった．

　こうして野生動物管理は，国・都道府県・市町村などの行政の施策によって役割分担して実行されるようになった．しかし，野生動物と人との軋轢は，地域の現場である集落で生じているにもかかわらず，現場における野生動物による被害の実態や，実施した対策の結果を評価して，それを計画に反映させるためのフィードバックの仕組みが欠落していた．野生動物管理には上からの統制と下からの協働の調整が必要であり，行政・自治上の異なる階層間（都道府県-市町村-集落）でのコミュニケーションが不可欠である．また，野生鳥獣の分布拡大は全国的規模で生じており，対象とする動物が複数県にまたがって分布しているため広域管理が重要であるが，この仕組みも不在なままである．

　そこで，東京農工大学では，よりよい野生動物管理のあり方を提案するために，文部科学省の支援を得て，「統合的な野生動物管理システムの構築」という地域連携プロジェクトを 2009 年から 3 年計画で実施した．本プロジェクトでは，異なる行政・自治上の階層の統合，異なる空間スケール（ミクロ・メソ・マクロスケール）の統合，社会科学と生態学を統合することによって，深刻な農業被害をもたらしているイノシシに焦点をあてて，統合的な野生動物管理システムの構築を目指した．

　本書はそれらの成果をまとめたものであり，全 3 部 12 章から構成されている．第 I 部は総論編として，野生動物管理の現状，課題の設定，野生動物管理研究のコンセプトを述べ，導入部の役割を果たしている．第 II 部は実践編で，フィールドワークにもとづく成果の結晶である．そこでは，イノシシの生息状況・被害・管理の現状と課題について，異なる空間スケールごとに，社会科学と自然科学の成果を通じ，変動する社会生態システムにおける野生動物管理の課題が述べられる．さらには本研究プロジェクトのもう 1 つの成果として，科学を政策に転換するために必要な，地域資源管理の共同研究のあり方について，分野横断研究アプローチについて論じる．第 III 部は政策編であり，欧米の野生動物管理システムおよびイノシシの資源利用を紹

介する．また，本書の結論として，野生動物管理の理想像をかかげ，それにもとづき政策提言を行う．

　本書の出版準備中に改正鳥獣保護法が今国会（2014年5月23日）で成立した．全国各地で増加しているニホンジカやイノシシなどの個体数を適正な水準まで減らすために，1999年の鳥獣保護法改正からさらに「管理」へと大きくかじを切った．そのような時代の変換点において，本書が統合的な野生動物管理システム構築の一助となることを願っている．

梶　光一

引用文献

環境省．2012．生物多様性国家戦略 2012-2020．環境省．
　http://www.env.go.jp/press/file_view.php?serial=20763&hou_id=15758
農林水産省．2012．平成23年度食料・農業・農村白書．農林水産省．

目　次

はじめに　i ……………………………………………………………梶　光一

I　総論編

第1章　野生動物管理の現状と課題　3 ………………………………梶　光一
　　1.1　野生動物管理とはなにか　3
　　1.2　野生動物管理行政の現代的課題と獣害管理　10
　　1.3　「統合的な野生動物管理システム」構築に向けて　14

第2章　地域環境ガバナンスとしての野生動物管理　18 ………梶　光一
　　2.1　空間スケールと野生動物管理　18
　　2.2　野生動物管理における縦割り行政の構造的問題　22
　　2.3　野生動物管理ガバナンスの課題　25

第3章　野生動物管理システム研究のコンセプト　31 …………梶　光一
　　3.1　生態学と社会科学の連携　31
　　3.2　ミクロ・メソ・マクロレベルのアプローチ　35
　　3.3　DPSIR フレームワーク　38

II　実践編

第4章　研究プロセスと調査地　43 ………………………戸田浩人・大橋春香
　　4.1　統合的研究の実践　43
　　4.2　実践的な調査地の設定　54

第5章　ミクロスケールの管理──集落レベル　60 ……桑原考史・角田裕志
　　5.1　集落における被害対策の社会経済的基盤　60
　　5.2　食性と生息地利用　71

第6章　メソスケールの管理——市町村レベル　85 …………… 大橋春香
  6.1　市町村における被害対策と集落　85
  6.2　野生動物被害の地域差を生み出す生態学的要因　96

第7章　マクロスケールの管理
　　　——隣接県を含む　103 …………… 丸山哲也・齊藤正恵
  7.1　都道府県の管理計画の現状と課題　103
  7.2　分布と生息状況　114

第8章　イノシシ管理からみた野生動物管理の
　　　現状と課題　126 ………………………………………… 大橋春香
  8.1　DPSIR＋Cスキームからみた現状と課題　126
  8.2　地域主体の取り組み事例　129
  8.3　地域主体の管理の課題　140
  8.4　社会-生態システムからみた現状と課題　146

第9章　学際的な野生動物管理システム研究の進め方　153 … 中島正裕
  9.1　学際研究の方法論的アプローチの必要性　153
  9.2　学際研究を遂行する手順の体系化　154
  9.3　第一段階（1年目）　156
  9.4　第二段階（2年目前期-）と第三段階（2年目後期-）　165
  9.5　学際研究プロジェクトを有効に進めるうえでの
　　　方法論の必要性　172

III　政策編

第10章　北米とスカンジナビアの野生動物管理
　　　——2つのシステム　177 ……………………………… 小池伸介
  10.1　北米での野生動物管理システム　177
  10.2　スカンジナビアでの野生動物管理システム　188

第11章　野生動物の食肉流通　199 ………………………… 田村孝浩
  11.1　野生動物の資源利用による食肉流通の位置づけ　199
  11.2　食肉流通をめぐる全国の動向　201

11.3　イノシシの食肉加工の事例　202
11.4　食肉流通の課題と展望　209

第 12 章　統合的な野生動物管理システム　215……土屋俊幸・梶　光一
12.1　野生動物管理システムの理想像　215
12.2　政策提言　232

おわりに　241……………………………………………………………土屋俊幸
索引　245
執筆協力者一覧　249
執筆者一覧　250

I
総論編

1 野生動物管理の現状と課題

梶 光一

1.1 野生動物管理とはなにか

(1) 野生動物とはなにか

　私たちのもっとも身近にいる動物は犬や猫などのペットである．次いで日常的に利用される家畜であり，野生動物は人間の居住区からもっとも遠い自然の環境に生息している．これらのペット，家畜と野生動物はどのように違うのだろうか．犬や猫などのペットは伴侶動物とよばれ，家族の一員として暮らしている．野生動物に由来した動物をペットとする場合もあるが，これらは人為的に繁殖させられたものであり，野生動物とはいえない．

　その次に身近な動物である家畜は，もともとは野生動物から人間社会で重要であるとされたものが選抜育種されて，家畜化されたものであり，食用のために飼育繁殖され，畜産資源として利用される．研究用の実験動物も人為下での飼育繁殖であるので，家畜に含まれる．経済動物である家畜の管理は，投資コストに対してもっとも生産性が高い状態で維持することをいう．獣医は疾病にかかった家畜に対し，管理者の酪農家にとって，その疾病を治すほうが得か殺処分をすべきかの判断を迫られることがある．

　それに対し野生動物は，人間社会ではなく自然環境のなかで生息し，人為的な飼育や繁殖がない状態で自立して生息している動物である．もっとも，最近では都市のなかに，タヌキやキツネのみならずイノシシやシカなどの大型野生動物までもが入り込んでおり，これらはアーバンワイルドライフとよばれ，人為環境に強く依存している．

　アメリカの野生動物学会（The Wildlife Society）では，野生動物を「人

間にとってたいへん重要であり，かつ（独立生活を営む）自由生活性の動物」（Krausman, 2002），自然資源防衛協議会（Natural Resources Defense Council；NRDC）では，「人間の介入なしに自然環境に生息する動物」と定義している（NRDC, 2006）．

（2）野生動物管理とはなにか

アメリカでは，ヨーロッパから白人が渡米し，19世紀末から20世紀初頭にかけて本格的な開拓が開始されると，水鳥，バイソンやエルクなどが商業的に過剰捕獲されたために激減した．そのため，今日，野生動物は公有物としてほとんどの場合は州政府の機関によって管理されており，商業的な利用が禁じられ，野生動物の生産物は市場には出回らずに，自己消費に限定されている．一方，ヨーロッパでの野生動物の所有権限は公有物あるいは無主物とさまざまであるが，猟区制度をもつ国々では，野生動物を無主物とする場合が多く，土地所有者が狩猟権を有し，野生動物の管理責任を負う．この点が，近年の欧米の野生動物管理の哲学でもっとも異なる点である．

アルド・レオポルドが1933年に著した野生動物管理の古典である"Game Management"のなかでは，「野生動物管理はレクリエーションのために狩猟動物を毎年持続的に収穫できるように土地を管理する技術（アート）である」と記されており（Leopold, 1933），土地が野生動物を産出するためのアイデア，原則，技術および行政的連携の基盤とされている．この概念は本が出版されてから45年間にわたり利用されてきた．ちなみにレオポルドは，野生動物，土地，自然の保全について今世紀最大の影響を与えた人物であり，かつ野生動物管理の分野におけるまぎれもない中心人物である．原生自然（wilderness）の保全を通じて，狩猟対象動物やレクリエーションとしての価値ある動物ばかりでなく，全種の生物の保全への特別な第一歩を刻んだ英雄としてアメリカでは知られている．

ガブライエルソンによる"Wildlife Conservation"（1941年初版，1959年2版）では，野生動物について，定住性の狩猟動物，季節移動する鳥類，毛皮動物，非狩猟鳥類と獣類，希少種と絶滅危惧動物に言及しており，従来の野生動物を狩猟対象動物に限定せずに広義に定義している（Gabrielson, 1959）．しかし，これらは1970年代後半までは，教科書のなかで管理の対象として

扱われてこなかった．一方，ダスマンは，ワイルドライフ・マネジメントの多くは生物学に根差して実施する努力であり，活力ある野生動物個体群を生産あるいは保全する目的で生態学的な概念と原則を応用する試みであることを強調している（Dasmann, 1964）．また，前出の"Game Management"よりも，広義の哲学を強調しており，その結果，専門家たちが，狩猟やわな対象とする動物以外の非狩猟動物にもより広く目を向けるようになった．

1978-1986年にかけて，6冊のワイルドライフ・マネジメント関係の本が出版され，「増殖の時代」とよばれた．この増殖の時代には，次の4つの野生動物管理の視点が存在していた（Decker et al., 1992）．

1．野生動物を生産する．
2．レクリエーション利用のためのレクリエーションの利益の対象となる野生動物を生産する．
3．野生動物資源に対する社会の目標に合うように野生動物を操作する．
4．野生動物資源に対する社会の目標に合うように野生動物と人を操作する．

ワイルドライフ・マネジメントの定義は次のように時代の変遷とともに拡張を続けた（Decker et al., 1992）．

①野生動物と人の利益のために個体群と生息地を操作する技術と科学．
②生息地，野生動物個体群，人々への働きかけによって野生動物資源を適正な人間社会の目標に到達させるための科学と技術のブレンド．
③単一の種類を対象としたり，収穫の要素を強調するだけではなく，より包括的な生物学と社会科学の双方の関係．
④野生動物を野生動物資源としてとらえ，人間の特別の目的に到達できるように，個体群，生息地，人の構造，動態そして関係性を操作するための決定と実行を行うための科学と技術．
⑤ヒューマン・ディメンジョン（human dimension）を野生動物管理に位置づける．

すなわち，野生動物管理におけるワイルドライフは，狩猟動物に限定されずに非狩猟動物まで拡大されていること，野生動物の消費的利用にとどまらずに，その価値がより拡大していること，野生動物の分布が拡大したために田舎や原生自然以外でも管理が必要となったこと，などから，レクリエーション，倫理，経済的価値に直接関係がないすべての野生動物についても考慮せねばならなくなった．ヒューマン・ディメンジョンは野生動物と人との軋轢を解決する社会科学的な手法として，その重要性はより認識されるようになり，アメリカの州政府ではヒューマン・ディメンジョンの専門家が雇用されている．

　ヨーロッパでは野生動物は土地に根差した自然資源であり，森林の経営と同じような意味合いで野生動物管理を経済的な行為としてとらえられている．中国では，野生動物はもともと経済動物あるいは薬用動物として資源管理の対象であった．

　一方，日本では縄文時代以来，野生動物は狩猟対象であるとともに獣害をもたらす二面性をもち，それが今日まで継続している．最近の20年間にニホンジカやイノシシなどの大型獣による農林業被害や自然植生への食害が激化しているが，それ以前のほぼ1世紀は，明治期以来の過剰乱獲によって野生動物の生息数は著しく減少し，分布域も限られていた．そのため，野生動物は保護すべき対象であり，農林業の生産体系のなかに獣害対策などの野生動物管理が組み入れられることはなかった．いいかえれば，過去1世紀には野生動物との軋轢が不在のなかで農林業が営まれてきたため，これらの生産体系のなかに野生動物の被害防除技術や管理技術などの蓄積がなされず，土地と野生動物の関係は希薄であった．土地と野生動物管理の希薄な関係は，1971年に環境庁の創設とともに鳥獣行政が林野庁から環境庁へと移管され，野生動物が生息の場である森林と野生動物の管理が切り離されてしまったことも影響しているだろう．

　日本における野生動物管理に対する考え方の時代的変遷を，日本哺乳類学会の年次大会で開催された関連するシンポジウムの記録からたどってみよう．日本哺乳類学会大会における野生動物管理にかかわるシンポジウムは，1973年，1984年，1992年，2005年，2006年，2010年に開催されている．これらの30年間に開催された6回の野生動物管理シンポジウムの企画主旨と議

論を概観する.

　第 17 回哺乳類科学シンポジウム（1973 年，東京）では，「哺乳類と自然保護」をテーマとし，自然保護理論の確立をめざす議論のなかで，「なぜ保護するのか」が検討された．第 28 回シンポジウム（1984 年，東京）では，「野生動物の生息状況と保護・管理」が開催され，企画者の米田（1985）は，この 10 年間で野生動物保護管理に強くかかわる中大型獣の研究は進展があったものの，一方でカモシカ問題やイルカ問題など獣害が深刻化したことを述べ，野生動物保護管理学（ワイルドライフ・マネジメント）の確立の必要性を問いかけた．そして，生態系の継承性をめざすなかで，人類の生産活動と野生動物の最大持続生産量（Maximum Sustained Yield; MSY）の最適解を求めることを保護管理の規範とすべきとの提案を行っている．このシンポジウムでは，コメンテーターの大泰司紀之が，「大型獣の保護・管理法に関する試論」（大泰司，1985）にもとづき，野生動物の保護・管理方法について，狩猟獣の林産資源としての管理，害獣のコントロール，絶滅が危惧される種の保護，原生自然環境下での動物群集の保護の 4 つに区分して説明した．狩猟獣を生物資源とみなして MSY で管理すべきであるとの主張に対し，もう 1 人のコメンテーターの村上興正は，生物学的社会的条件が整わない限り野生哺乳類を生物資源とはみなせず，むしろ保護を視点にすえた管理学を提唱し（村上，1985），「保護」か「管理」かの基本的視点をめぐり，両者で激しい論争があった．このシンポジウムの座長の立川賢一は，自然保護を主体として考え野生哺乳類を保護する視点から，「保護学」の創造を提唱している（立川，1985）.

　さらに 8 年が経過した 1992 年に，第 36 回シンポジウム「大型獣の保護管理学——その現状と展望」が帯広畜産大学で開催された．当時，クマ類の個体群の減少や生息地の縮小，シカ・カモシカなどの有蹄類の地域個体群の増加とそれにともなう農林業への被害の顕在化が生じており，適正な保護管理の実行が求められていたことがシンポジウム企画の背景にある（梶，1992）．従来の経験的獣害対策から目標を設定して科学的に保護管理する方向への転換が急務であること，科学的な保護管理の実現のためには，地域ごとの個体群と生息地のモニタリングを行い，その成果を鳥獣保護管理行政に反映させるようなシステムの構築が必要であることから，このシンポジウムでは①大

型獣の保護管理学の現状と今後解決すべき課題，②研究成果を行政に反映させるための体制・組織づくり，の2点について議論した（梶，1992）．

過去2回の野生動物保護管理のシンポジウム（1973年，1984年）の課題が規範や理念の提示にとどまったのに対し，第36回シンポジウム（1992年）では，長期モニタリングの成果や具体的なデータにもとづいて議論が行われた点，および野生動物管理のための制度設計の検討を行った点に特徴がある．このように，個別の課題についてデータにもとづいた議論が可能となったのは，地方自治体に野生動物の研究部門が設立され，一方で行政部局に野生動物の保護管理担当部門が配置されて，野生動物管理の組織的・体系的な実施が可能になったことが背景にある．

1999年に鳥獣保護法が改正されて，地方自治体が計画的・科学的に野生動物の保護管理を推進する仕組みである，特定鳥獣保護管理計画制度が創設された．それから7年を経た2006年度大会のシンポジウムは，「特定鳥獣保護管理計画の現状と課題」のテーマで環境省との共催により企画され，2006年時点での特定計画の現状と課題が整理総括された．前回のシンポジウムからは14年を経ており，今回対象となったクマ，シカ，カモシカ，ニホンザル，イノシシの生息状況や管理の実態が詳細なデータをもとに報告された．1999年は，まさに保護から科学的管理への方針転換が図られたターニングポイントであり，また，野生動物管理は，「制度＝システム」がなければ進展しないことが如実に示された．1990年代は日本における野生動物管理の躍進の時代とよべるだろう．

2005年には，第9回国際哺乳類学会を日本哺乳類学会が主催し，「野生哺乳類と人類の共存に果たす哺乳類学の役割」が全体テーマとして掲げられた．この大会によって，日本の野生動物管理に関する学術情報が世界に発信され，国際化が促進されたことは特筆される．

2010年度大会シンポジウムは野生生物保護学会との合同大会が岐阜大学で開催され，「野生動物の社会経済的利用と生物多様性の保全」が企画された．野生生物を自然資源としてとらえ，その積極的な利活用を通じて生物多様性の保全をめざす動きと，一方で，過剰な利活用による生息環境破壊と絶滅リスクなどの議論を目的とし，野生動物の持続的利用が生物多様性の保全に貢献することが議論された（鈴木，2011）．このシンポジウムは，生物多

様性保全の枠組みのなかに，野生動物管理とその一環としての野生動物の自然資源利用を位置づけることによって，1980年代にみられた，「保護」か「管理」か，資源利用の是非の二項対立を超える役割を果たした．IUCNによる野生動物保護管理の理念は，絶滅を回避し，次世代に良好な状態で継承していくこと（生物多様性の確保）と，再生可能な資源として再生可能な範囲で生産性を維持して利用していくこと（生産性の維持）の2つに要約され，これらは，生物多様性条約の内容と一致するものである．

もう1つの大きな動きは，1990年代にヒューマン・ディメンジョンの野生動物管理に果たす役割がクローズアップされてきたことである（吉田，2011）．日本の野生動物管理についても，社会科学の果たす役割が認識され出した．1996年に創設された野生生物保護学会の学会名が，野生生物保護学会から「野生生物と社会」学会に変更されたことが端的にその社会的状況を示している．

三浦（2008）は，野生動物管理を「野生動物の生息地と個体群を管理することを通して，野生動物の存続や保全，人間との軋轢の調整（被害の軽減化）を目標とする研究や技術の体系」と定義している．今日の里地里山からの人の撤退と農林業の衰退による野生動物の分布拡大と生息数増加を考えると，今後とも里地里山での農林業被害や生態系への悪影響が強まるとともに，分布の前線が都心に迫り，都市への野生動物の入り込みが生じるだろう．

これらの問題に対処するために，人口縮小社会においていかに人間社会と野生動物の存続の折り合いをつけるかが重要となってくる．その意味で，野生動物管理は持続可能性科学のなかに位置づけられ，実行可能な制度（システムと法律）をともなうことが不可欠である．デッカーらは，野生動物管理とは「持続可能なかたちで人と野生動物が共存していくために必要な一連のプロセスや活動であり，たんなる利害対立の解決や野生動物の再生可能な捕獲，あるいはそれらの保護・回復ではない」と述べている（Decker $et\ al.$, 1992）．すなわち，利害関係者が重要視する人と野生動物，そして生息環境との相互関係に意図的に働きかける意思決定や実践を誘導するプロセスである（Riley $et\ al.$, 2002）．

1.2 野生動物管理行政の現代的課題と獣害管理

1963年に狩猟法が改正されて「鳥獣ノ保護及ビ狩猟ニ関スル法律」が制定された．赤坂（2012）がその背景と改正の要点を簡潔に述べているので，その概要を紹介する．当時，野生鳥獣の減少傾向が続いており，一方で狩猟人口の増加などを背景とする狩猟事故の発生が相次いでいた．そのため，法律改正にあたっては，鳥獣の保護が第1の目的に加わり，鳥獣の保護を進めるに際して，都道府県知事が鳥獣保護事業計画を作成すること，その財源として地方税法の一部改正により入猟税を課すこととした．また，あわせて狩猟免許の効力を全国制から都道府県ごとに限ること，狩猟の場を制限する制度として，鳥獣保護区制度や休猟区制度が導入され，都道府県鳥獣審議会や鳥獣保護員制度の設置などが行われるなど，今日の鳥獣保護行政の骨格が整えられた．すなわち，減少する野生動物の保護および狩猟事故を防止することが重要な目的であった．

鳥獣保護事業計画は，環境大臣が定める鳥獣保護事業計画を実施するための基本指針に即して，地方自治体が5年ごとに定めることになっている．その内容には，鳥獣保護区・特別保護地区・休猟区の設定，人工増殖および放鳥獣，鳥獣による被害などの防止を目的とする捕獲の許可，特定猟具使用禁止区域，特定猟具使用制限区域，および猟区の設定，特定鳥獣保護管理計画の策定，科学的知見にもとづく保護管理を行うための鳥獣生息状況の調査，鳥獣保護事業に関する啓発，鳥獣保護事業の実施体制が含まれる．

この法律のもとで，野生鳥獣の捕獲は，一般狩猟と有害鳥獣捕獲（駆除）によって実施されてきた．狩猟は猟期に実施される趣味としての捕獲であるのに対し，有害鳥獣捕獲は，農林水産業被害や生活被害を防ぐために実施され，被害を与えたことが確認されたもののみを対象とし，1回あたりの駆除頭数などに制限が設けられていた．

1999年に鳥獣保護法の改正によって，特定鳥獣保護管理計画制度（以下，特定計画制度と称す）が創設され，従来の保護を重視する立場から鳥獣を積極的に管理していく方針へと転換することになった．特定計画制度とは，都道府県が，地域個体群の長期にわたる安定的維持を目的に，シカやイノシシなどの地域的に著しく増加している種の個体群，またはクマなどの地域的に

著しく減少している種の個体群を対象に，個体数の管理，生息環境の整備などについて，目標および方法を定める計画を任意に策定するという制度である．この法律改正には国会議員の力が背景にあったが，それは中山間地域で野生動物による農林業被害が激化したからであった．日本哺乳類学会においても鳥獣行政の支援を念頭に，法改正前年の1998年に野生動物保護管理専門委員会にシカおよびクマの保護管理検討作業部会を設置した．

　特定計画制度の創設によって，多くの地方自治体が特定計画を策定し，目標を定めてモニタリングを実施しながら管理を進めるようになった．また従来の行政担当者が経験にもとづき手探りで行ってきた野生動物管理を，科学的な管理に転換するうえで，大きな役割を果たした．しかし特定計画の制定後10年あまりを経た今，次のような行政的な課題が浮かび上がってきた．

①科学的評価の不在
　モニタリング・被害防除手法が限られ，効果的な管理手法が乏しい．対策についての科学的な評価が浸透していない．
②広域管理システムの不在
　都府県の境界をまたがって生息し移動する大型野生動物に対し，それぞれの地域で異なる管理が実施されている．
③生息地管理の視点の欠如
　生息地管理（林野行政）と個体数管理（環境行政）がバラバラに展開している．
④野生動物の資源価値の欠如
　野生動物の存在が地域経済に貢献せずに，害獣として負の影響を与えているのみで資源評価が乏しい．
⑤人材育成システムの欠如
　野生動物保護管理の担い手である，狩猟者，研究者，行政官の育成システムがない．

　野生動物による農林業被害が深刻化するにつれて，矢継ぎ早に新しい法律や制度が次々につくられた．2005年には外来生物の生態系や農林業被害を防止するため，飼育・運搬・輸入などを禁止する特定外来生物法が定められ

た．2006年には，農林水産省により，農作物野生鳥獣対策アドバイザー登録制度が創設され，野生鳥獣の被害対策アドバイザーを登録・紹介する仕組みができた．2007年には議員立法により，鳥獣による農林水産業被害防止特別措置法（特措法）が定められ，市町村が野生動物の被害防止計画を策定して実行できる仕組みができた．2008年には，今度は環境省により鳥獣保護管理人材登録制度が創設され，野生動物管理の専門的知見を有する者や団体を資格認定し，登録・活用する制度が創設された．

国レベルでの野生動物管理に直接かかわる省庁には，環境省・農林水産省生産局・林野庁・国土交通省などがあげられる．

環境省では「鳥獣保護法」にもとづき，野生鳥獣の保護に関する業務と狩猟の適正化に関する業務を通じ，野生動物管理の科学的・計画的なワイルドライフ・マネジメントの施策を進めている．都道府県が特定計画制度をもとに実施している野生動物管理計画策定のためのマニュアルの策定や，研修などを実施している．

農林水産省生産局では鳥獣災害対策室を設け，獣害対策の観点から，各種交付金の支援や被害対策マニュアルの策定，研修会の開催を行っている．たとえば，鳥獣被害防止総合支援事業では，市町村などが作成する被害防止計画にもとづき，獣被害対策実施隊（以下，「実施隊」という）などが行う捕獲などによる個体数調整，侵入防止柵の設置などによる被害防除および緩衝帯の設置などによる生息環境管理の取り組み，鳥獣被害対策基盤支援事業として，鳥獣被害の防止対策を担う地域リーダーや捕獲した鳥獣の利活用を推進する人材の育成を図るため，研修カリキュラムの作成，研修会の開催などの実施，また，捕獲技術や被害防止技術などについて調査・検証し，検討会を開催するとともに，対策手法に関するマニュアルなどを作成・配布し，取り組みを総合的かつ計画的に実施する事業を実施している．

林野庁では，野生鳥獣被害対策の一環として野生鳥獣による森林被害の軽減に資する適切な森林管理技術の開発や，人工林を対象とした林業被害対策に加え，野生鳥獣による森林生態系被害対策にも対応しうる新たな鳥獣被害防止技術，鳥獣被害を受けた森林・植生の復元技術および効率的な捕獲技術の開発を実施してきた．

また，広域に分布して生息数が増加しているカワウ対策には，国（環境省，

農林水産省，国土交通省），関係府県（鳥獣，農林水産および河川など関係部局）や関係団体がかかわっている．

　こうしてみると，それぞれの省庁は個別の制度とそれを支える法律を所管しているため，いわゆる縦割り行政になりがちであり，なかなか連携をとることがむずかしい．都道府県の組織においても，基本的には国の農業・林業・自然環境を扱う部局に対応した仕組みがそのまま反映されているので，基本的には縦割りである．

　新しい野生動物管理の仕組みは，もちろん望ましく歓迎すべきことである．しかし，必要に応じてその都度策定されたので，これらの制度に統一性がない．特定計画制度がそもそも都道府県単位の任意計画であり，国，都道府県，市町村という行政組織が対象とする時空間のスケールが異なるために，首尾一貫したシステムとしては機能していない（第2章参照）．

　たとえば，特措法と鳥獣保護事業計画や地方自治体の策定する特定計画との関係は「調和」である．都道府県に特定計画がない場合でも市町村は特措法にもとづいて被害防除計画を策定可能なため，市町村計画に含まれる被害防除計画が合意形成やモニタリング技術などの専門的な知見がともなわない計画となるおそれがある．また，野生動物の地域的問題（県レベル）と局所的問題（市町村レベル）の調整を図る仕組みが示されていない．

　農林水産省からの補助金は，都道府県の農政部局を通じて市町村に支払われる．都道府県の農政部局と自然環境部局では，縦割りで連携調整がとれていないので，予算は自然環境部局のチェックを受けずに市町村に流れる．そのため，県の自然環境部局で作成する特定計画と，市町村が作成する鳥獣害被害防止計画はリンクしないという問題がある．

　また，農林水産省も環境省も既存の人材を登録し活用する制度はつくったものの，そこには人材を育成する仕組みが不在である．そのときの時代の要請によってつくられ，まだ始動まもないのであるから，準備不足があるのは当然であり，制度の効果的な活用には，試行錯誤を繰り返して経験を積む時間が必要である．しかし，中山間地域での人の撤退と野生動物の拡大，狩猟人口の激減が進行していることから事態は切迫しており，いまこそ野生動物管理システムのグランドデザインを考えるべきときである．

　私たちはどのような方向に進むべきだろうか．現在の，問題が生じてから

個別の対策を講じる野生動物管理から脱却し，生物多様性や国土保全などの視点から全国的な規模でかつ長期的に体系的な野生動物管理に移行する準備を開始することである．

その内容は，現在の個別の任意計画から，国・都道府県・市町村・集落を貫く，統合的な一貫した野生動物管理システムを構築し，そのシステムを支える野生動物管理官，行政管，研究者を組織的に，そして持続的に養成することである．管理の直接の担い手である狩猟者の育成や，生物多様性を重んじる自然公園などでは資格ある専門的捕獲技術者の養成も必要である．次世代の野生動物管理システムは，既存の組織や仕組みを最大限に活用し，実現が十分可能なものである必要がある．

1.3　「統合的な野生動物管理システム」構築に向けて

里地里山で生じている獣害問題の解決に向けて，私たち東京農工大学では，文部科学省の特別教育研究経費を得て，宇都宮大学と栃木県と連携して，「統合的な野生動物管理システムの構築」にかかわるプロジェクトを2009年度から3年計画で開始した．その内容を要約すると，地域と連携して，野生動物による農林業被害・生態系への悪影響を解決するために，地域の現場において生態学的・社会科学的アプローチを進めることによって，統合的野生動物管理システムを構築し（研究），その管理のスペシャリストを養成する（教育）ということになる．

このプロジェクトの特徴の1つとして，文理融合研究があげられる．過疎高齢化による中山間地域における人の撤退と耕作放棄地の増加，狩猟人口の減少，農林業被害の激化や獣害対策は地域の社会経済の問題であり，学問領域としては社会科学が扱う分野である．一方，野生動物の分布拡大や生息数増加，生態系に与える影響は生態学が扱う分野である．野生動物管理を山村地域の持続という視点からとらえなおすと，持続性科学に位置づけることができる．生態学と社会科学の統合が求められる理由がここにある．

もう1つの視点として，琵琶湖の流域管理のプロジェクトから生まれた「階層化された流域管理」（谷内ほか，2009）の概念を援用して，階層ごとに野生動物管理の現状を把握することがあげられる．すなわち，流域全体のミ

クロ，メソ，マクロのレベル（階層）の流域の複数の空間スケールにおいて，階層ごとに問題意識のずれが生じるので，グローバルとローカルの課題の接点を階層化された流域管理システムに求める視点である．ここには，複数の空間スケールと階層間の統合的な課題がある．

野生動物管理の階層を考えた場合，これらの階層は国，都道府県，市町村，集落といった行政・自治上の単位（階層）に相当する（第2章図2.1参照）．そこには，さまざまな行政のほか，農林家，狩猟者，NGO，研究者などマルチスケールの階層がかかわっている．これらの野生動物管理にかかわる関係者（アクター）の協働によるボトムアップの取り組みと管理計画によるトップダウンの調整が必要である．

さらには，野生動物管理に求められている個体数管理，生息地管理，被害防除についても，空間スケールと行政・自治上の単位に関係するので，異なる社会構造における階層間の連携が野生動物管理には不可欠である．問題は，それをどう築き上げるかである．

社会と環境の相互の関係を知る枠組みとしては，駆動因（Drivers），圧力（Pressures），生態系の状態（State），人為の影響（Impacts）および対応策（Responses）の関係性を明らかにするDPSIRスキームが知られており，現在進行中の生物多様性総合評価でも用いられている．本プロジェクトではこのDPSIRスキームを用いることにより，野生動物の増加と分布拡大がもたらす農林業被害やシカによる生態系への悪影響について，人為的・自然的要因についての連鎖を明らかにし，その原因を突き止め，被害を予防あるいは軽減する対策を提言する．プロジェクトの最終目標は，生物多様性が保全され，回復力のある持続的な生態系の維持と，地域の文化が維持され，再生産が行われる持続可能な地域社会の維持に貢献できるような，統合的な野生動物管理システムを具体的に提案することである．すなわち，地域の現場におけるフィールドワークをもとに，社会と生態系（人と自然）の関係を明らかにする研究を通じ，その結果を政策に反映させる仕組みづくりを提言することにある．

その基礎となるのは，第4章以降で述べている，地道な聞き取り調査にもとづく農村における社会経済活動とイノシシ被害の関係，自動撮影カメラや痕跡調査，電波発信器装着個体の追跡などによるイノシシの生息地利用の研

究などの野外調査である．これらの研究によって，急速に進む耕作放棄地の拡大とイノシシによる田畑の侵入や分布拡大の様子などを明らかにし，一方で，獣害対策の先進地域の事例調査から住民主体・地域ぐるみの獣害対策に向けたシステムづくりの研究を並行して実施した．このような現場ベースの調査をもとに，ボトムアップ型のアプローチをとりながら，将来の日本の野生動物管理の望ましいあり方を俯瞰できるような，ボトムアップ型のガバナンスの構築とトップダウン型の野生動物管理が調和したシステムを構築するためのグランドデザインの策定をめざした．

引用文献

赤坂　猛．2011．鳥獣保護法と国，都道府県及び市町村．Wildlife Forum, 16：20-23．

赤坂　猛．2012．明治以降の狩猟と行政・社会．(梶　光一・伊吾田宏正・鈴木正嗣，編：野生動物管理のための狩猟学) pp. 11-19．朝倉書店，東京．

Dasmann, R. F. 1964. Wildlife Biology. John Wiley & Sons, New York.

Decker J. D., T. L. Brown, N. A. Connelly, J. W. Enc, G. A. Pomerants, K. G. Purdy and W. F. Siemer. 1992. Toward a comprehensive paradigm of wildlife management：integrating the human and biological dimensions. In (Mangun, W. R. ed.) American Fish and Wildlife Policy：The Human Dimension. pp. 33-54. Southern Illinois University, Illinois.

Gabrielson, I. N. 1959. Wildlife Conservation. Macmillan, New York.

梶　光一．1992．第36回シンポジウム記録「大型獣の保護管理学――その現状と展望」の企画にあたって．哺乳類科学，2：125-126．

梶　光一．2010．新たな野生動物管理システムの確立に向けて．Wildlife Forum, 14：8-9．

Krausman, P. R. 2002. Introduction to Wildlife Management：The Basics. Prentice Hall, New Jersey.

Leopold, A. 1933. Game Management. University of Wisconsin Press, Wisconsin.

三浦慎悟．2008．ワイルドライフ・マネジメント入門――野生動物とどう向きあうか．岩波書店，東京．

村上興正．1985．第28回シンポジウム「野生動物の生息状況と保護管理」の感想．哺乳類科学，25：13-17．

村上興正・大井　徹．2007．2006年度大会シンポジウム記録2　特定鳥獣保護管理計画の現状と課題．哺乳類科学，47：127-130．

Natural Resources Defense Council. 2006. Glossary of Environmental Terms. http://www.nrdc.org/reference/glossary/w.asp.

大泰司紀之．1985．大型獣の保護・管理法に関する試論．哺乳類科学，25：49-53．

Riley, S. J., D. J. Decker, L. H. Carpenter, J. F. Organ, W. F. Siemer, C. F. Mattfeld and G. Parsons. 2002. The essence of wildlife management. Wildlife Society Bulletin, 30：585-593.

鈴木正嗣．2011．2010年度大会シンポジウム記録 「野生生物の社会経済的利活用と生物多様性保全」野生生物の社会経済的利活用と生物多様性保全：はじめに．哺乳類科学，51：107.

谷内茂雄・脇田健一・原 雄一・中野孝教・陀安一郎・田中拓弥（編）．2009．流域環境学──流域ガバナンスの理論と実践．京都大学学術出版会，京都．

立川賢一．1985．シンポジウム「野生動物の生息状況と保護・管理」についての総合討論から──野生哺乳類を保護するために．哺乳類科学，25：55-58.

米田政明．1985．野生動物の保護管理学を目指して．哺乳類科学，25：3-4.

吉田剛司．2011．2010年度大会シンポジウム記録「野生生物の社会経済的利活用と生物多様性保全」自然資源としての野生動物をどうとらえるか．哺乳類科学，51：109-111.

2 地域環境ガバナンスとしての野生動物管理

梶 光一

2.1 空間スケールと野生動物管理

(1) 野生動物の分布と管理ユニット

　シカ，イノシシ，ニホンザルなどの大型野生動物の分布が，江戸時代以前のかつての生息地に急激に拡大していることを述べてきた．これらの拡大している大型野生動物の分布域とそれらを管理する単位（管理ユニット）の空間スケールが一致しないと管理は成功しない．大型野生動物は山域を中心に生息するため都府県の行政界をまたがって分布しており，県境をまたいで季節移動を行うこともある．一方，特定計画は都道府県単位で策定されるので，複数の県に分布する同一個体群に対し，管理目標や管理方法が地方自治体ごとに異なってしまう．もちろん，特定計画策定のガイドラインには，隣接県どうしで調整することが書かれてはいるが，計画策定プロセスで調整している事例はほとんどないに等しい．

　野生動物管理の先進国であるヨーロッパでも，シカ・イノシシの分布の拡大と生息数の増加が継続しており，管理は必ずしもうまくいっているわけではない．Apollonio et al. (2010) は，ヨーロッパ25カ国の有蹄類管理の詳細なレビューを行い，多くの国々で管理が成功していないことを報告している．その管理失敗の原因として，以下の9つがあげられている．

　[ヨーロッパにおける有蹄類管理の失敗の原因 （太字は空間スケールに関係する）]
　①明確な管理目的の欠如および適切な管理目的に対して異なる土地利用で

生じる利害関係の調整の欠如.
②**隣接（局所的・地域的に）する管理ユニット間での管理目的の調整の欠如.**
③国境をまたいで移動する有蹄類の国間での調整の欠如.
④**スケールに関係する問題——たとえば，実際の有蹄類の生物学的な分布と管理面積のミスマッチにより，個体群の生物学的な範囲に対して管理が調整されない.**
⑤不適切な法律によって生じる問題.
⑥不適切なモニタリングシステムによる有蹄類の個体数調査およびその影響評価.
⑦個体群密度と動態に関連して適切な狩猟による捕獲数割り当ての欠如.
⑧**適切な狩猟割り当てをセットした場合でも，それを達成するための適切な管理ユニット設定の失敗.**
⑨選択的捕獲がもたらす潜在的な効果に関する知識の欠如.

これらの9つのうちじつに4つは野生動物の分布と管理の空間スケールのミスマッチに由来している．たいへん興味深いことに，ヨーロッパで生じているこれらの有蹄類の管理失敗の原因は，ヨーロッパの国々を日本の都道府県に置き換えれば，そのままあてはまる．ヨーロッパの多くの国は猟区制をとっており，猟区ごとに捕獲数の割り当てがあり，これが野生動物管理の空間的な単位としての管理ユニットに相当する．

一方，アメリカでは，多くの州でシカを対象とした管理ユニットであるDeer Management Unit（DMU）を設定し，各ユニットでは環境収容量に沿った目標捕獲数を掲げている．DMUは州によって植生や道路アクセスなどを考慮して設定されたり，行政区画としての郡を用いて設定されたりしている．たとえば，イリノイ州では102の郡の行政区画がそのままDMUとして設定されている（吉田・小池，2012）．

ニホンジカの特定計画においては，多くの都道府県が管理の単位として地区区分を行っている．地区区分は地形単位，個体群単位，管理の目的（生態系保護，保護調整，共生，農林業優先）などのさまざまなゾーニングにもとづいている．

北海道ではエゾシカの管理のために全部で12に区分した保護管理ユニットを設定し，モニタリング結果を集計するモニタリングユニットとして用いられている（北海道環境科学研究センター，1994）．ユニットごとのモニタリング結果は東部と西部の2つの地区別に統合され，生息数指標と生息数が推定され，それらの結果をもとに振興局ごとの捕獲数の割り当てが行われている．モニタリングユニットが支庁界（現在の振興局の境界）をまたがって設定されていることと，行政単位とモニタリング単位が一致していないために実際上の保護管理ユニットとはならなかった．そのほかにニホンジカの保護管理ユニットとして，千葉県では2002年度に13市町の71カ所（千葉県，2004），神奈川県丹沢では地形や植生を考慮して12の流域に56カ所設置されている．

　ツキノワグマの保護管理ユニットについては，平成12（2000）年度版特定鳥獣保護管理計画技術マニュアル編（クマ類編）で提案されている．全国のツキノワグマ生息地を19の保護管理ユニットに区分し，ユニットごとに関係県が連携して計画を作成することを奨励している．これらのユニット区分案はツキノワグマの分布と生息状況をもとにつくられ，ミトコンドリアDNAハプロタイプとの対応関係がみられ，それぞれの地域個体群の保護管理ユニットとすることの妥当性が示唆されている．しかし，これらの提案された保護管理ユニットが各県の策定する特定計画では一部しかカバーされていないなどの問題がある．

　管理計画の対象地域は原則として当該地域個体群が分布する地域を包含するように定めるものとし，行政界や明確な地形界を区域線として設定することや，複数県にまたがって分布する野生鳥獣を対象とする場合には，同一の地域個体群に関して各都道府県で策定される特定鳥獣保護管理計画の内容などを隣接県どうしで協議・調整することが求められている．

　一方，隣接しない都道府県にまたがり広域的に分布または移動する鳥獣，孤立した地域個体群の分布域が複数都道府県にまたがる鳥獣について，環境省は，広域的な保護管理の方向性を示す広域保護管理指針を策定することや，それと整合が図られた特定計画により保護管理に努めることを求めている．

　環境省では，1つの都道府県の取り組みで限界がある野生動物個体群として，カワウ（関東カワウ広域協議会（関東11都県），中部近畿カワウ広域協

議会（15府県）），白山・奥美濃地域ツキノワグマ個体群（5県），関東山地ニホンジカ個体群（1都5県）の広域管理指針を策定している（http://www.env.go.jp/nature/choju/effort/effort2.html）．この環境省方式は，複数県にまたがって分布または移動する野生動物に対し，隣接県どうしでは特定計画でカバーすることを求め，その他については，環境省が指針を示すことによって，広域管理取り組みを推進するものである．広域管理についても，国によるトップダウンだけではなく，ボトムアップによる協働による仕組みづくりが必要であるが，まだ緒についたばかりである．

（2）管理方法と空間スケール

以上は保護管理ユニットと野生動物の分布の問題であるが，もう1つの課題として，管理方法と空間スケールの問題があげられる．特定計画制度は，地域個体群の長期にわたる安定的維持を目的に，個体数管理，生息地管理，被害防除を通じて，野生動物との共存を図ろうとするものである．

被害防除は，農家の生産の場である田畑およびその周辺環境において，柵の設置や誘引餌の除去，藪の刈り払い，あるいは農作物に害を与える特定の個体を駆除することによって被害を防ぐものであり，比較的狭い範囲を対象に1-2年での即効的な効果が求められるものである．しかし，柵を設置して完全に野生動物を排除すると，隣接している無防備の田畑に野生動物が出没するので，被害がほかの地域に移動するだけで，被害の総量は減らない．

それに対し，個体数管理は全体の野生動物の圧力を軽減するために，5年単位くらいの長期的で広域的な対応として実施される．対象とする個体群の分布に対応するように，市町村，都府県単位あるいはより広域な空間スケールで，鳥獣法にもとづく特定計画をふまえて，計画の対象となる動物の個体数調整を5年単位で実施し，農林業被害や自然植生への悪影響の低減などの管理目標に沿った水準まで誘導する必要がある．

一方，生息地管理は耕作放棄地の管理や，農地の配置，針葉樹人工林の樹種変換などの数年の短期的なものから，森林を対象とした場合には10年以上の超長期的な対応を含み，空間スケールも圃場単位から森林などのランドスケープレベルにまでおよぶ．

これらの対策は野生動物管理アプローチの3本柱であるが，ともすると，

イノシシやサルなどを対象に圃場単位での被害防除に専念する視点からは，個体数管理は即効性がないために役に立たないとの批判がなされている．しかし，これらの方法は，それぞれが補完的であり，管理の対象とする野生動物の種によって空間スケールが異なる．たとえば，イノシシは増加率が高く，産子も多いため，個体数の年次変動が大きいこと，また与える被害は農業被害が主たるものであり，圃場単位や集落単位での柵の設置による被害防除や耕作放棄地の整備などの生息地管理，農地に侵入する有害個体の駆除が重要である（第5章5.2節参照）．広域的な個体数管理は現実的ではない．それに対し，ニホンジカは，森林から農耕地までさまざまな生息環境を利用し，シカの高密度化は農林業被害のみならず生態系への悪影響をもたらすため，広域にわたった個体数の低減が求められる．

2.2 野生動物管理における縦割り行政の構造的問題

野生動物管理では，空間スケールに対応する「階層」という概念も重要な視点である．本プロジェクトでは，琵琶湖の流域管理のプロジェクトから生まれた「階層化された流域管理」（谷内ほか，2009）の概念である「階層化」を野生動物管理の現状を診断するうえで重要なアプローチ方法として取り上げている．

流域は本流だけでなく，大小さまざまな支流が樹形図状に広がっている．琵琶湖の流域管理プロジェクトでは，この流域全体を，ミクロレベルの流域，マクロレベルの流域といった複数の空間スケールの階層をもつ，入れ子状の構造としてとらえている（谷内ほか，2009）．この3つの区分は，琵琶湖を中心とした流域の特徴に合わせて，説明用に便宜的に設定されたものである．このミクロ，メソ，マクロのレベル（階層）の流域の複数の空間スケールにおいて，階層間の生態系の相互作用がある一方で，流域内部に生活する人々は，重層的な階層のなかで生活と生産にかかわる活動，そして保全活動を行っている．流域全体（マクロのレベル）を保全管理するのは，地方自治体の環境政策部局であるが，より小さな空間スケールの地域住民がもつ問題については，なかなか目が届かない．このように，階層ごとの問題意識のずれを谷内ほか（2009）は社会学の概念を用いて，階層間の「状況の定義のズレ」

とよんでいる.

　野生動物管理における縦割り行政の構造的な問題は，先に述べた野生動物管理の空間スケールとも密接に関係している．野生動物の生息地を考えた場合，動物個体は階層的な空間スケールの各プロセスにおいて，生息地を選択している．つまり，個体は，第1に地理的スケールで生息地を選択し，第2に個体の活動範囲（すなわち行動圏）を選択し，第3に特定の場所すなわち行動圏内の特定要素を選択し，第4に特定要素内の資源獲得法を選択するというプロセスをとる（モリソン，2007）．地理的スケールにおける生息地（マクロハビタット）とは，種の動物地理学的な分布であり，遺伝的に決定されている．それに対し，より小さなスケールにおける生息地（ミクロハビタット）選択は学習や経験など個体自身の選択性に由来する.

　対する人間社会であるが，行政上の階層構造にもとづく空間スケールは国，都道府県，市町村，集落といった社会的な組織や単位に分割され，マクロスケール（国，県），メソスケール（市町村），ミクロスケール（集落・町内会・世帯）などに区分することができる（図2.1）．地域には，住民，一次産業を営む農林家，管理の担い手の狩猟者が存在する．野生動物管理に関する役所では，国レベルでは，環境省，農林水産省林野庁，同生産局の3つの部局が関係しているほか，国土利用計画については国土交通省が所管している．これらの省庁は野生動物管理に関して効果的な連携がとられていない．環境庁（現・環境省）の設立にともなって，鳥獣保護管理行政は林野庁から現・環境省の所管の業務となり，野生動物の生息地である森林の管理とそこに生息する鳥獣の管理は相互の関係をもたずに独立して進められている．このことは，都道府県のレベルでも同様である．都道府県においても，環境部局，農業部局，林業部局に分かれており，小さな自治体ではこれらの部局はまとめられている場合もあるが，いずれにしても，野生動物管理に対して横断的な仕組みは欠落している．国や都道府県においても，省庁間や部局の縦割りに対する横の連携が課題としてある.

　野生動物管理における国の役割は，法律の改定や全国的な規模での管理指針やマニュアルの策定，調査技術の開発，人材育成などの研修がある．都道府県の役割としては，特定計画の策定と実行，モニタリングにもとづくフィードバックがあげられる．野生動物管理に関する自前の研究機関をもつ自治

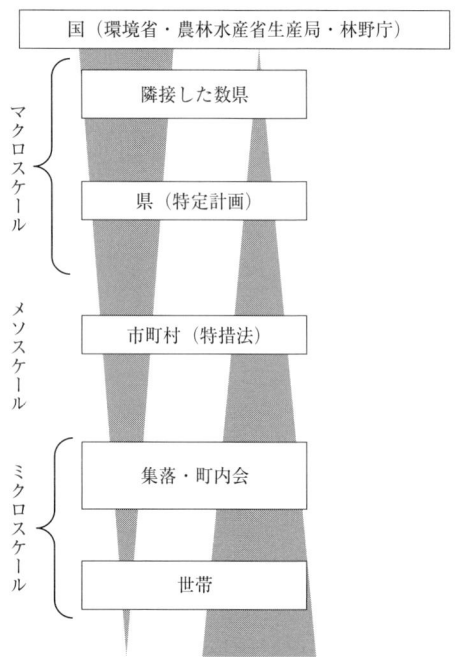

図 2.1 野生動物管理の空間スケール（弘重，原図より改変）．

体は北海道，岩手県，神奈川県，兵庫県などに限られ，多くの場合は県内の農林業に関係する部局の出先研究機関が分担しており，民間会社やNGOとの連携も必要不可欠となっている．モニタリングは一部あるいはすべてを民間委託で実施している地方自治体がほとんどである．

市町村は，野生動物の被害の現場にもっとも近い野生動物管理の最前線にある獣害防止施策の基礎単位である．野生動物管理における市町村のおもな役割は，鳥獣害特措法にもとづき被害防除計画を作成して，それにもとづいて捕獲と被害管理を実施することである．農林水産省管轄の鳥獣害特措法と環境省管轄の鳥獣保護事業計画や特定計画との関係は，「調和」とされているが，多くの場合，無関係にそれぞれが独立して策定されている．たとえば，ニホンジカの特定計画では，都道府県レベルでは，個体数管理を実施するにあたり，推定生息数や個体群構成，増加率などをもとに，年間の捕獲数を決定している．一方，市町村の特別措置法にもとづく捕獲では，補助金が農林

水産省から支払われるので事業として実施され，その計画は捕獲の達成が可能な現実的な捕獲数にもとづいて決定されている．都道府県の特定計画のもと市町村の特措法にもとづく計画が実行計画として捕獲数の割り当てがなされ，捕獲実績やモニタリング結果が市町村から都道府県へフィードバックされる仕組みがあると，順応的な野生動物管理が可能となるが，特定計画では捕獲数が推定生息数などの科学的な根拠をもとに決定されるのに対し，特措法にもとづく捕獲計画では捕獲実績で決定されるため，そこには構造的な乖離が生じている．また，ほとんどの市町村では野生動物管理についての専門的な知識や経験を積んだことない職員が数年のローテーションで担当しているのが現状である．

2.3 野生動物管理ガバナンスの課題

縄文時代から現代までの哺乳類の分布の変遷を調べた辻野（2011）は，縄文時代から近世まではそれほど分布範囲に変化はみられないが，近代から現代にかけて大きく変化している種が多いことを明らかにしている．その理由として，近世後半の飢餓による農耕地拡大にともなう獣害対策，村田銃の民間への払い下げによる狩猟効率の向上，狩猟規制の緩和，近代の軍事行動にともなう毛皮需要の拡大が分布縮小に，昭和以降の山林開発や燃料革命以降の森林利用形態の変革，狩猟圧の減少が近年の分布拡大に貢献していることをあげている．すなわち，野生動物の資源利用と土地利用のあり方が近世後半以降の日本の野生動物の盛衰に強い影響をもたらしている．

北海道では明治に始まった開拓以来，オオカミの根絶，乱獲と保護政策，森林開発などの人為的な要因と，大雪と暖冬などの自然要因の双方がエゾシカの個体数変動に強い影響を与えてきた（梶ほか，2006）．開拓以前の北海道は手付かずの自然のなかで，おびただしいエゾシカが生息していたが，歴史的文書によって地域的に個体数が大きく変動してきたことが記述され，とりわけ豪雪が個体数の減少に強い影響を与えていた（犬飼，1952）．また，人間による乱獲も個体数に大きな影響を与えた要因の1つである．アイヌは，やりや弓，わなを使って周年にわたりエゾシカを狩猟し，肉や毛皮を利用していたが，「アイヌ・エコシステム」という生態系利用によって自然と共生

していたため，野生動物の乱獲は生じさせなかったと解釈されてきた．しかし，このころに発達していた会所での市場経済によってアイヌの生活資源の商品化が進行し，地域的なエゾシカの乱獲が生じていることが報告されている．15-16世紀の陸別町（十勝管内）遺跡から，大量のシカの骨が出土し，遺跡の存続期間中，交易のために万単位のシカが捕獲されていたと推定されている（愛甲・瀬川，2010）．

野生動物管理の先進国であるヨーロッパと北米においても，有蹄類管理を人とのかかわりでみると，日本と同様な歴史をたどってきたことがうかがえる．ヨーロッパでは19世紀の終わりから20世紀の初めごろまでは，有蹄類は食料として捕獲され，その生息地は森林伐採と家畜との競合により強い圧力を受けており，多くの種が絶滅に瀕し，多くの個体群は根絶し，いくつかの種のみが生存した（Linnell and Zachos, 2011）．その後，大型有蹄類の狩猟獣としての価値が増加し，ヨーロッパにおける野生動物の保護管理制度は乱獲によって激減した狩猟獣を回復させるために始まり，第2次世界大戦以降には，森林の伐採開発と狩猟の規制やメスジカを保護する政策がとられた（上野，2011）．

アメリカにおいても，開拓最盛期の19世紀末から20世紀にかけて，商業捕獲によってバイソンやエルクなどの有蹄類の過剰乱獲が生じ，その後，保護政策がとられ，商業捕獲を禁じる持続的な狩猟のための制度設計が行われている（第10章参照）．

こうして，日本，ヨーロッパ，アメリカと歴史が異なる3つの地域を比較すると，ほぼ同時期に有蹄類が狩猟規制の緩和にともなう乱獲によって激減したこと，その後，保護政策によって増加に転じたことがわかる．そして土地利用の変化と保護政策によって，シカ類の過剰問題が日本のみならず，ヨーロッパやアメリカでもこれもほぼ同時に生じており，社会問題になっている（McShea et al., 1997; Côté et al., 2004）．

野生動物資源の乱獲とその後の保護政策までは，日本は欧米と同じ歴史をたどってきた．しかし，その後欧米では，それぞれの国々で，ヨーロッパでは猟区制度，アメリカ・カナダではライセンス制度にもとづく独自の野生動物管理システムが構築された．しかし，日本では科学的な野生動物管理が進むのは，1999年の鳥獣法改正を待たなければならなかった．なぜ日本では

表 2.1 野生動物管理の国際比較.

国	野生動物	管理主体	狩猟制度	捕獲の担い手
アメリカ	共有財	国・州（狩猟動物）	タグ制度	狩猟者，レンジャー，専門的捕獲技術者
ドイツ	無主物	狩猟権をもつ土地所有者	猟区制度 割当制度	狩猟者，森林官と職業狩猟家
スコットランド	無主物	自然遺産委員会，狩猟権をもつ土地所有者	猟区制度 割当制度	狩猟者，ボランティアシカ管理グループ，土地所有者
日本	無主物	環境省・都道府県・市町村	特定計画（任意）・鳥獣外特措法	狩猟者，農業従事者（わな）

野生動物管理システムの構築ができなかったのだろうか．まずは，現在の米欧日の野生動物管理制度の比較を行いたい（表2.1）．

アメリカでは，野生動物は共有財として位置づけられ，国と州が野生動物管理の責務を負っている．国はおもに希少種を，州政府はシカなどの狩猟獣の管理を担当している．過去の乱獲の反省から商業的利用を認めず，自家消費のみが許可され，タグ制によって捕獲数が管理ユニットごとに決定されている（第10章参照）．個体数管理の担い手は，狩猟者，レンジャーであり，過剰なシカについては，シャープシューティングを用いる専門的捕獲技術者が対応している．

ヨーロッパでは，野生動物は無主物あるいは国民の財産であるが，土地所有者が狩猟権を有し，被害に対して管理責任を負っている．狩猟者は，狩猟免許と狩猟登録に加えて土地所有者から狩猟をする許可を得る必要があるため，狩猟権は金銭的な価値をもつ．狩猟獣の資源利用がさかんに行われ，狩猟者の社会的地位も高い．ある一定の面積で猟区を設定して，捕獲数の割り当てを行うことによって個体数を管理している（第10章参照）．ドイツでは，国有林のシカ管理は，森林官と職業狩猟家が担当している．

日本では，野生動物は無主物であり，都道府県と市町村が2つの異なる法律でばらばらに管理している．すなわち，環境省管轄の鳥獣保護法上の「管理捕獲」（個体数調整）と農林水産省管轄の被害防止特措法上の「有害捕

獲」（駆除）との二重構造となっており，市町村は都道府県の計画とは独立して，捕獲予定数を決定している．捕獲数の割り当ては，狩猟期間，1日あたりの雌雄別の捕獲数，可猟区の面積などの調整で狩猟者を管理することによって，間接的に行っており，資源利用が不活発である．個体数管理には狩猟者と最近では自衛のためにわな免許を取得した農家が従事している．

上野（2011）は，ヨーロッパではシカ密度が高いにもかかわらず，日本ほど獣害問題が深刻とならない理由として，ヨーロッパでは土地所有者が狩猟権をもつため，狩猟獣である大型草食獣の存在は食害をもたらす害獣的側面だけでなく，収入源として肯定的に受け止められていること，かつ狩猟鳥獣肉の流通システムによって，土地所有者に経済的利益が還元される仕組みがあることを述べている．

日本では，どうか．野生動物はヨーロッパの猟区制度をもつ国々と同じように無主物であるが，野生動物は土地に結びついておらず，資源的な価値も低く，相対的に害獣管理のウェイトが高い．

大泰司（1991）は，日本人が個体数管理を不得手とするのは，日本の農業が食用（肉用および乳用）家畜をもたない，世界でもほとんど唯一のもので，家畜の群れを管理するという発想もノウハウももたなかったため，乱獲と保護を繰り返したと述べている．一方，三浦（2012）は，狩猟にまつわる「肉食の禁忌と穢れ」と「野生動物の敵視化」が，野生動物を「食」を含む多様な形態で恒常的に利用してきたにもかかわらず，表向きは隠避し，人々の意識を封印してきたこと，すなわち，日本は野生動物を生物資源として正面から向き合う伝統と歴史をもてなかったことを述べている．

日本の狩猟は，狩猟資源の利用と獣害対策の二面性をもちながら，圧倒的に後者の役割が強く，資源管理という発想をもつにいたらなかった．行政は，駆除を猟友会に丸投げし，駆除従事者に選抜された狩猟者はかつて，排他的な狩猟の一環として駆除を実施してきた．今日でも，行政は有害鳥獣捕獲にしろ個体数管理にしろ，すべてを狩猟者に依存している．その狩猟者も激減の一途をたどっている．

第1章ではIUCNによる野生動物保護管理の理念として，絶滅を回避し，次世代に良好な状態で継承（生物多様性の確保）と，再生可能な資源として再生可能な範囲で生産性を維持して利用していく（生産性の維持）の2つに

要約され，これは，生物多様性条約との内容と一致するものであることを紹介した．大日本猟友会は，さまざまな分野の有識者を招へいして「狩猟と環境を考える円卓会議」を組織し，狩猟のあり方についての提言をまとめた（大日本猟友会，2011）．そのなかで，野生動物保護管理の実現を図るうえで，持続的で秩序ある狩猟は，生物多様性の保全と利用の双方に貢献することが期待されることやモニタリングを通じた野生動物の生息情報の提供などの役割を述べている．それらをふまえ，さらなる価値観の変革「野生動物の命＝自然の恵みを積極的にいただくことを通じて，日本の生物多様性を守る」というパラダイムシフトを進めることの重要性を指摘している．

　地方分権推進一括法（平成 11 年）が公布されたことにより，従来国の責任において実施されていた鳥獣の保護管理が都道府県の役割となり，国は国指定鳥獣保護区や複数県にまたがる広域分布種などの管理指針策定などに限定されるようになった．そのため，国からのトップダウンの一元的な管理が弱まり，都道府県や市町村などの地方自治体の役割が相対的に重要となっている．一方，森林管理と野生動物管理は別々に行われており，野生動物は土地とのリンクが弱い．さらには，これらの行政組織の縦割りの問題がある．野生動物管理ガバナンスは，多様な行政および野生動物管理にかかわるアクターである．地域住民，農林家，狩猟者，研究者，NGO などを含めた，縦と横方向のマルチスケールの階層間を貫く連携のもとで，これらの協働によるボトムアップ型のガバナンスをどのように構築するかが課題となっている．

引用文献

愛甲哲也・瀬川拓郎．2010．日本の里山・里海評価――北海道クラスタ．（国際連合大学，編：里山・里海――日本の社会生態学的生産ランドスケープ）pp. 21-26．国際連合大学，東京．

Apollonio, M., R. Andersen and R. Putman. 2010. European Ungulates and their Management in the 21st Century. Cambridge University Press, Cambridge.

千葉県．2004．千葉県房総半島におけるニホンジカの保護管理に関する調査報告書（総合版 1992-2003 年度）．千葉県．

Côté, S. D., T. P. Rooney, J.-P. Tremblay, C. Dussault and D. M. Waller. 2004. Ecological impact of deer overabundance. Annual Review of Ecology, Evolution and Systematics, 35：113-147.

大日本猟友会．2011．狩猟と環境を考える円卓会議――日本の自然と山村を守る 3 つの提言．大日本猟友会，東京．

北海道環境科学研究センター．1994．ヒグマ・エゾシカ分布調査報告書．北海道環境科学研究センター，札幌．
犬飼哲夫．1952．北海道のシカとその興亡．北方文化研究報告，220：59-119．
梶　光一・宮木雅美・宇野裕之（編）．2006．エゾシカの保全と管理．北海道大学出版会，札幌．
Linnell, J. D. C. and F. E. Zachos. 2011. Status and distribution patterns of European ungulates：genetics, population history and conservation. *In*（Putman, R., M. Apollonio and R. Andersen, eds.）Ungulate Management in Europe：Problems and Practices. pp. 12-53. Cambridge University Press, Cambridge.
McShea, W. J., H. B. Underwood and J. H. Rappole eds. 1997. The Science of Overabundance：Deer Ecology and Population Management. Smithsonian Institution Press, Washington, D. C.
三浦慎悟．2012．野生動物管理と人間．（羽山伸一・三浦慎悟・梶　光一・鈴木正嗣，編：野生動物管理――理論と技術）pp. 3-13．文永堂出版，東京．
モリソン，M. L.（梶　光一・神崎伸夫監修，江成広斗・須田知樹監訳）．2007．生息地復元のための野生動物学．朝倉書店，東京．
大泰司紀之．1991．哺乳類の保護と管理．かんきょう，16：10-13．
谷内茂雄・脇田健一・原　雄一・中野孝教・陀安一郎・田中　拓（編）．2009．流域環境学――流域ガバナンスの理論と実践．京都大学学術出版会，京都．
辻野　亮．2011．中大型哺乳類の分布変遷から見た人と哺乳類のかかわり．（湯本貴和・村上哲明・高原　光，編：環境史をとらえる技法――日本列島の三万五千年）pp. 143-154．文一総合出版，東京．
上野真由美．2011．ヨーロッパにおけるシカ類の管理の仕組み．（依光良三，編：シカと日本の森林）pp. 176-193．築地書館，東京．
吉田剛司・小池伸介．2012．アメリカ合衆国における狩猟．（梶　光一・伊吾田宏正・鈴木正嗣，編：野生動物管理のための狩猟学）pp. 52-61．朝倉書店，東京．

3
野生動物管理システム研究のコンセプト

梶 光一

　野生動物管理システム研究には生態学と社会科学の2つのアプローチを統合して進める必要があるため，バックグラウンドが異なる自然科学者と社会科学者との共同研究が必須となる．第9章で述べるように，専門分野が異なる研究者による1つの目的に向けて行う学際研究には，そのプロセスでさまざまなコンフリクトが生じやすい．研究者の専門は多様であり，用いる用語，概念，手法が異なるため，同床異夢に陥りやすく，まずは目標の共有化が第一段階として重要となる．そこで，研究を開始するにあたり，最終目標と展望として，社会科学と生態学の連携によって進めること，野生動物管理システム研究を持続性科学に位置づけること，社会と環境の相互作用を示す，要因，負荷，状態，影響，対策の枠組みであるDPSIR（後述）フレームワークを用いること，土地利用の変化が対象種に影響し，その結果，獣害が増加するという負の連鎖の関連を明らかにし，原因を解明し，政策につなげる統合的野生動物管理システムを構築することを掲げることにした．

　本章では第4章以降の実際の研究成果に先立って，今回の研究の特色となっている3つの研究手法である，生態学と社会科学の連携，ミクロ・メソ・マクロレベルのアプローチおよびDPSIRフレームワークについてのコンセプトを解説する．

3.1 生態学と社会科学の連携

　近年の環境問題の緊急性と複雑性から，生態学者は社会科学者との分野横断的な研究に従事することが求められるようになった．従来の生態学では，

純粋科学的な立場から「自然条件の」生物と環境のみを対象とし，人間は観察者の立場であった．しかし，最近の20年間では人間を環境改変や，半自然の生態系の維持にかかわる外的要因としての行為者としてみる立場から，生物のシステムと人間の社会システムが密接にかかわって成立するという観点から人間を主体／客体として扱うようになった（Lowe, 2009）．社会科学を生態学に合体させることは人間と生態システムの相互作用のみならず，科学が知識，自然そして社会という大きなシステムの一部として，どのように機能するかにも注意を向けさせる（Bradshaw and Bekoff, 2001）．

近年，このような社会科学と自然科学を横断する学際的なアプローチが持続性科学として注目されている．Kates *et al.*（2001）は，自然と社会の相互作用の基本的な性格と社会の収容力に焦点をあて，それらを持続性科学として進展させるための核心的な問いかけとして，以下の7つの項目をあげている．私たちは野生動物管理システム研究を進めるにあたり，この問いを参考にすることにした．

①自然と社会の動的な関係を，地球システム，人為開発，持続性を統合してどのように構築するか．
②環境と開発の長期的なあり方．
③社会生態システムのなかで脆弱性と回復力をどのように定義するか．
④閾値を示す有効な指標（"limits" or "boundaries"）の定義は可能か．
⑤地域価値を向上させるシステムはなにか．
⑥環境と社会の状況を診断する効率的なモニタリングシステム．
⑦順応的管理と社会的学習のための統合的管理システムの構築．

生物多様性の評価を行ったミレニアム生態系評価（MA）では，生物多様性の持続的な利用，生態系サービスの生産性や回復力（レジリアンス）の維持に果たす役割を評価している．その枠組みは，人間と生態系の要素との間には動的な相互作用があり，人間の状態を変えることが生態系に直接的・間接的な変化をもたらし，人間の福利に変化を起こすという仮説にしたがって構成されている．日本の里山・里海評価（Japan *Satoyama Satoumi* Assessment；JSSA）はMAの概念的枠組みを適用して，各地域の里山と里海

における生態系と人間の福利のつながりに焦点をあてている．

　総合地球環境学研究所では生態学と社会学の連携による研究が活発に行われている．湯本貴和氏（現・京都大学霊長類研究所）が代表のプロジェクト「日本列島における人間－自然相互関係の歴史的・文化的検討（2006-2010年度）」では，「人間活動の影響を強く受け続けてきたこの列島で，なぜ生物多様性は豊かであり続けたのか」という疑問に答えるために，古環境変遷と人間活動の相互関係を歴史的に検証し，生態系サービスの持続的利用に関する成功事例と失敗事例の要因を解明することで，生態系サービスや生物多様性を損なわず，環境負荷が低い，人間－自然相互関係の再構築についての道筋を提案することをめざし，人文科学と自然科学の両面からその理由を探り，「日本列島の三万五千年――人と自然の環境史」全6巻の壮大な環境史を結実させている．

　また京都大学生態学研究センター和田英太郎・谷内茂雄氏がリーダーの「琵琶湖－淀川水系における流域管理モデルの構築（2002-2006年度）」の流域管理においては，流域の階層性に由来する多様なステークホルダー間の問題認識の違いが，トップダウンとボトムアップの対立を引き起こすことに注目し，この問題を乗り越えるために「階層化された流域管理システム」と名称した制度（メカニズム）を提案している（谷内ほか，2009）．琵琶湖の総合プロジェクトでは，琵琶湖流域における農業濁水問題を対象に，住民参加・ガバナンスを理念とした流域管理のための新しい方法論を，理工学と社会科学の連携による分野横断的なアプローチによって，琵琶湖流域の3つの階層（県：マクロスケール，地域：メソスケール，集落群：ミクロスケール）での実践的な調査活動をもとに，コミュニケーションを基盤とした環境診断・流域管理の方法論の開発を行っている．このプロジェクトの特徴は，社会経済システムと生態システムとの相互作用まで視野に入れた，社会－生態システムの枠組みを共有し，人間の福利の持続的維持を目的に，多様な利害関係者によるガバナンスを前提とした，持続可能な社会経済システムのモデルの探求を，概念や方法の構築とともに事例研究によって実践的に進めている点にある（谷内ほか，2009）．

　野生動物管理は，利害関係者が重んじる効果を達成するために，人と野生動物，そして生息環境間の相互関係に意図的に働きかける意思決定や実践を

誘導するプロセスである (Riley *et al.*, 2002). 野生動物の分布と生息数には，人による野生動物の資源利用と土地利用のあり方が強い影響を与えているため（第2章2.3節参照），野生動物と人間の双方にとって望ましいあり方を社会科学と生態学の異なる学問分野の統合によって構築する必要がある．

野生動物管理の分野では，ヒューマン・ディメンジョンが野生動物と人との軋轢を解決する社会科学的な手法として，その重要性が指摘されてきた（第1章参照）．また野生動物管理では，資源管理，希少種保全，農林業被害，交通事故，外来種問題など人間の社会活動と深く関連した課題が増加していることから，社会科学的な側面からも野生動物管理学を強化する必要性が認識されている．すなわち，野生動物管理学は自然科学と社会科学の連携によって，野生動物にかかわる諸問題に対処する応用科学として生まれ変わりつつある．

生態システム研究としては，対象動物の生息地利用，分布，密度，生態系への影響を評価すること，社会経済システム研究としては，地域社会の構造を把握するために，産業構造，土地利用，人口動態，狩猟者人口，農林業被害などの状況と変遷を把握することがあげられる．これらから，生態系と社会経済システムの相互作用を明らかにし，地域で野生動物管理を持続できるようなガバナンスを実現する仕組みの研究とシステム設計につなげることを目的としている．

日本の生物多様性は3つの危機に直面しているといわれている．すなわち，第1の危機は「人間活動や開発による危機」，第2の危機は「人間活動の縮小による危機」，第3の危機は「外来種や化学物質などの持ち込まれたものによる危機」である．従来は，第1の危機である過剰乱獲や生息地破壊（オーバーユース）が野生動物の存続を脅かす最大の脅威であった．しかし，現在は，上述したように人の活動の低下（アンダーユース）による第2の危機によって，野生動物の生息域が拡大している．

野生動物管理システム研究では，野生動物被害と対策の実態把握と評価のために，野生動物がもたらす生態学的な影響評価および社会経済学的な影響評価手法を確立するとともに評価基準を作成し，これらを通して，里地里山の生物多様性の保全と地域経済を共存させて，地域価値の最大化を図ることができるような統合的な野生動物管理システムを地域と連携して構築するこ

とをめざしている．

3.2 ミクロ・メソ・マクロレベルのアプローチ

第2章2.1節の空間スケールと野生動物管理で述べたように，野生動物の分布に対して管理ユニットをどのように設定するかは，管理を成功に導くために重要な課題である．北海道のエゾシカの管理においては，広域スケールでのモニタリングにもとづく順応的管理が実施されている（Kaji et al., 2010）．北海道の面積は83456 m^2 であり，14の振興局，179市町村からなっている．モニタリングの1つであるライトセンサスは市町村ごとにセンサスルートが設置してあり，ほぼ全道からデータが収集されている．

北海道の面積は1都6県からなる関東地方の面積32424 m^2 の2倍以上であり，道州制により一元的な野生動物管理が行われている．それに対し，大まかにいえば，関東地方ではそれぞれの県が，北海道の振興局規模の面積を対象に，独自に計画を策定し，異なる管理目標とモニタリングの方法を採用して，バラバラに管理していることになる．一方，野生動物は複数県にまたがって連続して分布しているため，管理目標を共有する広域管理の視点がきわめて重要になる．たとえば，これらの1都6県が野生動物の生息情報を共有し，同一個体群に対して共同歩調で対策を講じることができると，野生動物管理はたいへん効率よく行われるようになるだろう．以上のことから，広域スケールの野生動物管理を検討するうえでは，関東平野規模を視野に入れることにした．

野生動物管理における空間スケールの考え方としては，琵琶湖の総合プロジェクトの「階層化された流域管理システム」ならびに「階層の空間スケール」を参考にした．琵琶湖総合プロジェクトでは流域全体を，ミクロレベルの流域，メソレベルの流域，マクロレベルの流域といった複数の空間スケールの階層ととらえ，琵琶湖流域の3つの階層（県：マクロスケール，地域：メソスケール，集落群：ミクロスケール）に区分し，流域の階層性に起因する問題認識の差異と階層間のコンフリクトに注目している（谷内ほか，2009）．

すなわち，ミクロレベルやメソレベルでは，地域住民や地域住民によって

表 3.1 生態学の空間スケールと社会の単位の階層.

スケール	生態学の階層	野生動物の生息地選択	行政・自治上の単位
マクロスケール	メタ個体群,種レベルの分布	地理的スケールでの分布	県,隣接する複数県
メソスケール	個体群	地理的スケールでの分布	市町村
ミクロスケール	個体	行動圏,資源利用	世帯–集落

組織された集団が流域管理の担い手として期待され,マクロレベルでは行政や専門家が役割を担う.また,人々はその生活や生業に直接的に関係するその階層固有の問題には敏感であるが,すべての階層を含んだ流域全体に関心がおよんではいないこと,各階層に分散した集団の間で,流域の問題が必ずしも一致しているとは限らず,そのことが結果として,流域をめぐるコンフリクトにつながっていくことを指摘している.これらの階層では,さらには,問題解決型のアプローチとして,政策(トップダウン)と住民参加・ガバナンス(ボトムアップ)の調整をめざしている点も野生動物管理で必要とされる視点である(表3.1).

野生動物管理においては,野生動物管理の主体は国,都道府県,市町村といった行政単位と,集落という農山村における社会の基礎的な単位に区分した.野生動物管理においても,これらの階層間における役割は異なるとともに,コミュニケーションギャップの存在が人と動物の軋轢を解決するために大きな障壁となっている.「はじめに」で述べたように,野生動物管理に関係する法律として,1999年に鳥獣保護法が改正されて特定鳥獣保護管理制度(特定計画制度)が整備された.国が鳥獣管理の法律を所管して,鳥獣保護事業計画制度のもとで,野生動物管理の基本方針を示し,環境省が作成した野生動物管理のマニュアルにしたがって,都道府県が計画の策定と管理の実行を行う仕組みである.市町村が特定計画との調整を図りながら被害を防止する法的な仕組みとして,「鳥獣による農林水産業被害防止特別措置法」(以下,鳥獣害対策特措法と省略)が2007年に制定されている.

しかし,第2章で述べたように,県の策定する特定計画と市町村の策定する被害防止計画における捕獲目標では必然的に乖離が生じる.

上述した行政・自治上の単位に対応する生態学で扱う階層では,マクロス

ケール（複数県）は種やメタ個体群の分布範囲および複数個体群の空間的な個体群構造，メソスケール（市町村）は個体群の分布範囲，ミクロスケール（世帯-集落）は個体レベルの活動範囲を対象とする．地域個体群の管理を実施する場合には，マクロスケールやメソスケールが，一方，被害管理では，集落の田畑が対象となり，動物の視点からは微細スケールでの土地利用が関係するため，ミクロスケールが必要とされる．生息地管理では，森林の樹種転換や林分構造の改善などの景観レベルではマクロスケールが必要とされる一方，林縁の藪の刈り払いなどでは集落単位や世帯単位のミクロスケールが求められる．

第2章で述べたように，階層的な空間スケールの各々のプロセスにおいて野生動物は生息地選択を行う．農林業被害は野生動物が行動圏に含まれる餌資源を選択するプロセスで生じるミクロスケールの問題である．

今回の野生動物管理システム研究で対象としたイノシシ個体群は，栃木県内での分布を拡大し，さらには北関東から南東北の複数県にまたがって連続した分布域を拡大している．このような分布拡大途上の個体群の輪郭を把握するためには，まず，地理的スケール（第1の選択）での分布の把握が求められる．そのためには対象とする個体群の実際の生息地の境界を調べて分布様式を明らかにすることや，メタ個体群構造や分布地域での遺伝的な個体群構造の理解が必要とされる．メタ個体群とは，パッチ（小面積の生息地）間の個体の移動によって相互に関係し合っている局所個体群の集まりをいう (Hanski and Gilpin, 1991)．地理的スケールに次ぐ生息地利用では，個体の活動範囲（第2の選択）を調べ，さらには行動圏のうち隠れ場や営巣場所，採食場としてどのような資源（植生，作物，土地利用形態など）を選択し（第3の選択），次いでどのようにそれらの資源を利用しているか（第4の選択）を調べることになる．

マクロスケールでは，栃木県のイノシシの管理計画の現状と課題およびイノシシの分布の拡大の経年的変化を把握した（第7章参照）．メソスケールにおいては，市町村および集落単位における被害対策の現状と課題およびイノシシの生息地選択について自動撮影カメラを用いて調べ（第6章参照），ミクロスケールでは，集落の単位を対象に，農家の経営や被害状況，イノシシの土地利用と食性を明らかにした（第5章参照）．

3.3 DPSIR フレームワーク

社会と環境の相互の関係を知るための枠組みとしては，DPSIR フレームワーク (Driving Forces-Pressures-State-Impacts-Responses) が知られている．DPSIR フレームワークとは，OECD が UNEP と共同して 1993 年に開発した PSR モデル (Pressures-State-Responses) を改善したものである．それぞれ，圧力 (Pressures) は人間活動が環境に与えるストレス，状態 (State) は環境のコンディション，人為の影響 (Impacts) は環境悪化の効果，対応策 (Responses) は環境の状況に対する社会の反応を示している．これらの3つの要因からなる PSR モデルの典型は，たとえば土地利用の変化（圧力）によってある種の生息状況が変化した結果（状態），生息地の質の劣化や生物多様性の喪失が生じ（影響），環境保全のための政策的な対応（対応策）がとられるというプロセスである．しかし，この PSR フレームワークには変化をもたらす作用が欠けていた．この作用が駆動因 (Driving Forces) であり，環境への圧力を増加あるいは緩和させる要因である．この駆動因を加えた一連の流れを DPSIR フレームワークとよぶ（図 3.1）．このモデルは，国連ミレニアム生態系評価において，生態系の変化が人類の福

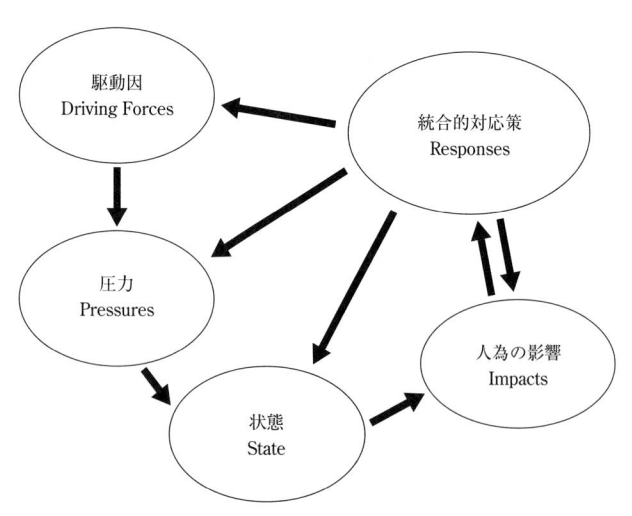

図 3.1 DPSIR フレームワーク．

利におよぼす影響評価，生態系の保全と持続的利用の促進という，人間の福利への生態系への貢献を高めるためにとるべき行動を科学的に示すという目的達成のために用いられた（MEA, 2005）．日本では，2010年開催の生物多様性条約第10回締結会議に向け，生物多様性国家戦略の「生物多様性の危機」の項目において，生態系ごとにDPSIRフレームワークを用いた指標群を開発して，生物多様性の危機の状況と傾向を評価する試みが行われ，環境問題に関する科学と政策議論にいまだに影響力をもっている．

　このDPSIRモデルのメリットとデメリットについて，Kohsaka (2010) のレビューに沿って解説したい．メリットとしては，従来は「科学」の分野にとどまっていた課題が，社会経済と生態系の指標を開発して，相互関係を明らかにすることにより，「具体的な政策のアクション」に結びつけることが可能となったことがあげられる．DPSIRモデルは，国家間や国レベルなどの広域スケールにおける生物多様性の損失と人間活動の関連づけに多大な貢献をしてきたが，以下のような批判がなされている（Kohsaka, 2010）．

①このモデルから生み出される単純な因果関係は現実の複雑さを反映していない．
②DPSIRフレームワークは，持続可能性のイニシアチブをとるためのモニタリングや管理について，実用的な指針をほとんど提供しない．
③DPSIRモデルの指標が不均衡に分布しているために，現実の複雑性を失う結果をもたらす．
④生物多様性の指標は，固有のスケールと時間とに関連しているが，DPSIRではこれらが考慮されていない．
⑤もっとも強い批判としては，生態系サービスの観念を十分にとらえることができないことである．

　Kohsaka (2010) は，DPSIRモデルは広域スケールでの生物多様性や都市計画の議論に卓越しているが，市町村レベルでは役に立たないため，利害関係者や生態系サービスを絞り込んだ，より具体的な指標を選択することの必要性を指摘している．

　本書では，以上の議論をふまえ，DPSIRモデルは広域スケールにおける

野生動物管理システム構築のために用い，市町村レベルや集落単位などのスケールでは現地調査にもとづいて具体的な指標を検討することにした．

引用文献
Bradshaw, G. A. and M. Bekoff. 2001. Ecology and social responsibility : the re-embodiment of science. Trends in Ecology & Evolution, 16 : 460-464.
Hanski, I. and M. Gilpin. 1991. Metapopulation dynamics : brief history and conceptual domain. Biological Journal of the Linnean Society, 42 : 3-16.
Kaji, K., T. Saitoh, H. Uno, H. Matsuda and K. Yamamura. 2010. Adaptive management of sika deer populations in Hokkaido, Japan : theory and practice. Population Ecology, 52 : 373-387.
Kates, R. W., W. C. Clark, R. Corell, J. M. Hall, C. C. Jaeger, I. Lowe, J. J. McCarthy, H. J. Schellnhuber, B. B. Nancy, M. Dickson, S. Faucheux, G. C. Gallopin, A. Grübler, B. Huntley, J. Jäger, N. S. Jodha, R. E. Kasperson, A. Mabogunje, P. Matson, H. Mooney, B. Moore III, T. O'Riordan and U. Svedin. 2001. Sustainability science. Science, 292 : 641-642.
Kohsaka, R. 2010. Developing biodiversity indicators for cities : applying the DPSIR model to Nagoya and integrating social and ecological aspects. Ecological Research, 25 : 925-936.
Lowe, P. 2009. Ecology and the social sciences. Journal of Applied Ecology, 46 : 297-305.
MEA (Millennium Ecosystem Assessment). 2005. Ecosystem and Human Well-Being : Synthesis Report. Island Press, Washington, D. C.
Riley, S. J., D. J. Decker, L. H. Carpenter, J. E. Organs, W. F. Seimer and G. F. Martifeld. 2002. The essence of wildlife management. Wildlife Society Bulletin, 30 : 585-593.
谷内茂雄・脇田健一・原　雄一・中野孝教・陀安一郎・田中　拓（編）．2009．流域環境学——流域ガバナンスの理論と実践．京都大学学術出版会，京都．

II
実践編

4
研究プロセスと調査地

戸田浩人[4.1]・大橋春香[4.2]

4.1 総合的研究の実践

　第Ⅰ部の総論編で展開してきたように，野生動物管理システムに関する問題には，社会科学と自然科学（生態学）との融合によって解決しなければならい課題が山積している．野生動物にかかわる社会科学，自然科学ともに，多岐にわたる時空間スケールの階層性があり，これらを統合していく必要がある．野生動物管理では，国・都道府県・市町村・集落といった行政単位の階層間の役割分担のほか，農林業・狩猟者・NGO・研究者などによる協働が重要である．その実現には，ボトムアップ的な視点をもった積み上げから，地域の対策や自治体および国家の政策へ整理・展開していける人材（グループ）の育成が不可欠である（第12章12.2節参照）．

　野生動物管理に関して，人間生活との間にどのような軋轢があり，どうやって解決していくべきかは，当然ながら「現場」で直面している課題である．システムエンジニアのように机上（PC上）の理屈で課題解決を図ろうとすると，大きな失敗を招くことになる．具体的な課題研究をフィールド・オリエンテッドで行うこと，あるいはそれを通した教育（人材育成）なくしては，野生動物管理システムの構築は不可能である．

　第Ⅱ部では，野生動物管理システムを構築する具体的なケース・スタディとして取り組んできた調査・研究における，統合化を図るプロセス開発の成果および階層性のあるスケールごとに分けてとりまとめた成果を紹介する．

　第Ⅱ部で紹介する調査地は栃木県佐野市であり，対象とした主要な野生動物はイノシシである．もちろん個別の具体的な現場での取り組みは，上述のように問題解決に向けての大切な研究成果として位置づけられる．その前

提となる社会科学と自然科学および時空間スケールの統合化を図る学際的な研究への展開が，普遍的な問題解決あるいはそのための人材育成を実践する手法開発として重要な成果であり，実践的なプロセス開発という大きな挑戦の1つであった．

第4章では，まず，統合的な研究における実践的なプロセス開発の成果を紹介し，次いで，佐野市の現場のくわしい立地環境などを述べる．

（1） 分野横断型研究の土台

本書は，栃木県，宇都宮大学と東京農工大学の三者連携による栃木県佐野市を中心とした「統合的な野生動物管理システムの構築」プロジェクトの成果にもとづいている．この三者の連携は，本プロジェクト以前から，日光国立公園におけるニホンジカ管理に関する共同研究というかたちで始まっていた．日光における共同研究は，異なる分野の研究者が共通のフィールドで課題を共有し，問題解決型の研究を進める研究スタイルを確立した，いわば私たちにとっての分野横断的な研究の起点であり土台となっている．

総論編で述べられているように，奥山におけるニホンジカの高密度化による被害は，農林業などの人間生活のみならず自然環境の保全にとっても脅威となっている．環境省が設置した「国立・国定公園の指定および管理運営に関する検討会」は，『国立・国定公園の指定および管理運営に関する提言——時代に応える自然公園を求めて』（2007年3月）をまとめ，提言の1つとして，「科学的データ整備，評価システムおよび順応的な管理運営」をあげている．国立公園の管理運営を行うための基盤として，「科学的データの整備は不可欠」なこと，各主体がデータを持ち寄って，「それらのデータを活用しやすい体制（プラットフォーム等）を整備することが重要」なこと，「科学的データに基づく管理水準のみならず，顧客満足度等の社会的な要素に基づく水準設定を行った上で評価を行い，評価結果により行動計画等の修正や指定区域の見直し等を行うことが適当」とうたわれている．したがって，国立公園の順応的管理を，ニホンジカの密度を含めた多角的なデータにもとづいて実施する科学的指標が求められている．このことは，今や分野横断的な調査研究なしには，国立公園の管理が成立しないことを示唆している．

日光国立公園での共同研究では，生態系許容限界密度指標（Ecological

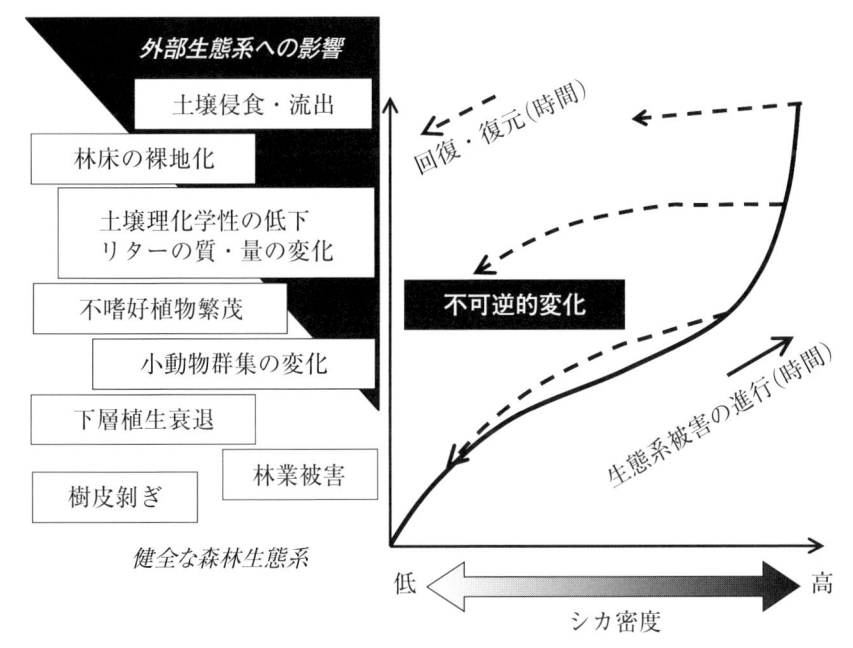

図 4.1 生態系許容限界密度指標の概念図.

Limits of Acceptable Change；ELAC）とよぶ，ニホンジカの密度増加による生態系への多様な悪影響を測る複数の生態系指標を開発した（図4.1）．1980年代以降にアメリカの国立公園局，森林局（国有林），土地管理局などの所管土地内のウィルダネス地区（原生自然保護地域）管理に適用されて効果を発揮している．人間のレクリエーション利用に対する許容限界密度指標（LAC），すなわち，ウィルダネス地区で実施されるレクリエーション利用のインパクトによるさまざまな指標の変化について，ゾーニングごとに許容される基準を科学的調査・ステークホルダー間の合意形成をもとに確定する手法が存在する．ELAC は，この LAC を私たちがシカの密度管理計画に応用したものである．その結果，土壌有機物の分解や理化学性の低下をともなう土壌侵食量は，林床合計被覆率（林床植生被覆率＋リター被覆率）に普遍的に予測可能であり，不可逆的な生態系の破壊に対する評価指標を得た．また，植物群落の種組成と構造，とくに下層植生のササやシカ不嗜好性植物の状態から，食害が顕著となる以前の自然植生への復元を目標とする場合には，

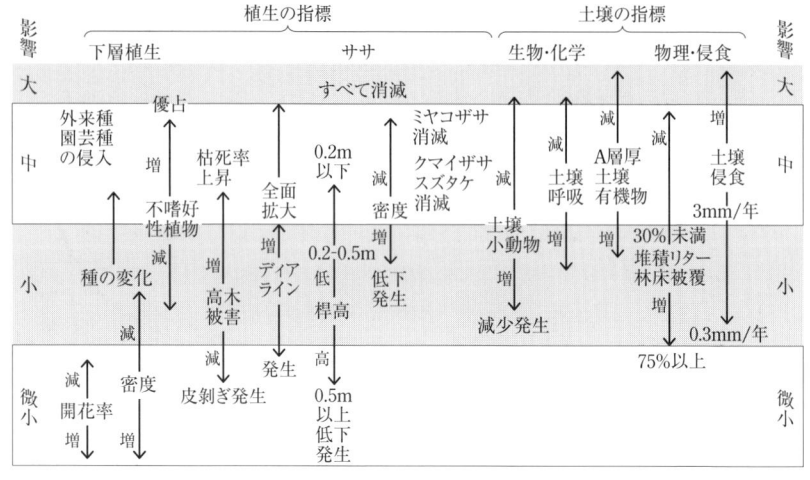

図 4.2 奥日光における ELAC 調査の調査結果の概念図.

対策の初期段階にはササ類の指標性が高いことを見出した（図4.2）．すなわち，奥日光に広く分布する3種のササ類は，ミヤコザサ＞クマイザサ＞スズタケの順にシカ採食圧への耐性が強いこと，耐性のあるミヤコザサが分布する地域でも採食圧が強くなるとササの高さや密度が減少し，シカの不嗜好性植物が侵入し始めることなどを整理した．そして，復元指標として潜在的なササの種類と現ササ・バイオマスを地図化し，ササ衰退後の不嗜好性植物などの侵入状況や，植生保護後の下層植生の変遷の解析によって立地特異性が明らかになった．ササ類が完全に衰退した地域では，防鹿柵でシカ採食圧をゼロにしてもササ類の復元は困難であり，不嗜好性植物の繁茂によって高木性の木本実生の侵入も制限され，森林の更新も危ぶまれる．ササが矮小化していても被度がまだ高い段階でシカ採食圧を排除すると，1年間でかなりのバイオマス復元が可能であることなどが明らかとなった．この成果は，LACにもとづく社会科学的手法の応用から始まり，野生動物の生態はもちろん，植生管理学，植物生理・生態学，森林保護学，土壌学，砂防工学といったさまざまな自然科学分野の横断的な取り組みによって結実している．

このように，野生動物に関する問題解決のための研究は，分野横断的に進めることの有効性が理解できた．日光国立公園のみならず，ごく普通の里地里山においてもさらにまた，野生動物と人間生活との軋轢が大きいことはい

うまでもない．ELACの手法と開発した分野横断型の研究プロセスを推し進め，社会科学と自然科学（生態学）の統合化による社会・生態学的な研究へと展開させていくことが，「統合的な野生動物管理システムの構築」に不可欠であると認識できた．日光国立公園における実績をふまえ，栃木県，宇都宮大学および東京農工大学の関係者全員による，佐野市での現地検討・ワークショップ，専門家を招いてのフォーラムやシンポジウムを通して，以下のような統合的研究プロセスの開発を実施した．

（2） ワークショップの意義

現在の日本におけるもっとも重要な野生動物管理上の問題として，社会・生態学的に解決をしなければならない課題は，日光国立公園のような地域が限定される奥山のニホンジカよりも，急速に分布を拡大している里山のイノシシが地域社会にとって重要課題であるという認識のもと，栃木県佐野市において現地検討会およびワークショップを行った．ワークショップでは，野生動物管理における分野の統合化を目的とし，メンバーを学生・ポスドク・教員にかかわらず専門分野に偏りがないよう班分けした．それぞれの専門分野の観点から研究すべき課題を出し合い，班ごとにその課題を構造的に整理した．整理の方法として，個々のメンバーが提示した研究課題間の関係性からグループ分けし，そのグループにタイトルをつけていった（図4.3）．班ごとに提示された研究課題全体を統合化する見取り図の作成を，主要メンバ

図4.3 栃木県佐野市での現地検討会とワークショップ．左：現地検討会．耕作放棄地がイノシシの住処になっている．右：ワークショップ．現地検討会をふまえ研究課題を抽出している．

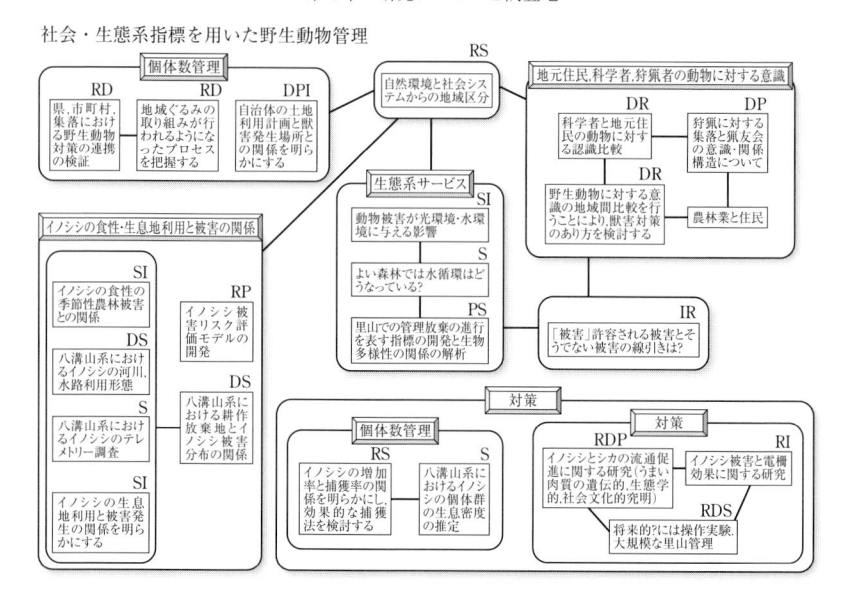

図 4.4 ワークショップによる研究課題の関連図式の一例.
アルファベットは DPSIR スキームの該当項目. D (Drivers):駆動因, P (Pressures):圧力, S (State):状態, I (Impacts):影響, R (Responses):対策.

ーが行った.ここでは,研究課題のグループタイトルをすべて抜き出し,もう一度それをグループ分けした.さらに作成した見取り図から,代表者がそれぞれ最初に個々が提示した研究課題を整理しなおし,DPSIR スキーム(第 3 章参照)を意識しながら全体の統合化を行った(図 4.4).

各専門分野の課題抽出と分野の統合化をめざしたワークショップの成果は,このような統合的研究に活かしていく普遍的な研究プロセスのかたちとして掲げられる(図 4.5).研究プロセスでは,社会科学と自然科学(生態学)にまたがって分野横断型に研究者が集まり,たがいの知識・経験を持ち寄り【インプット】,ワークショップや現地検討を通して【装置】,情報を共有し共通認識を得ることで,学際的かつ創発的な研究課題が設定される.また,研究者間における相互理解や合意形成,個々の研究者における新たな気付き(学習)がなされ【アウトプット①】,その後の調査研究および研究組織のマネジメントを円滑に進める土台づくりが行われる.その土台の上に立ち,設定された個々の課題の調査研究の展開に結びつき,新たな知見が生産される

4.1 総合的研究の実践　　49

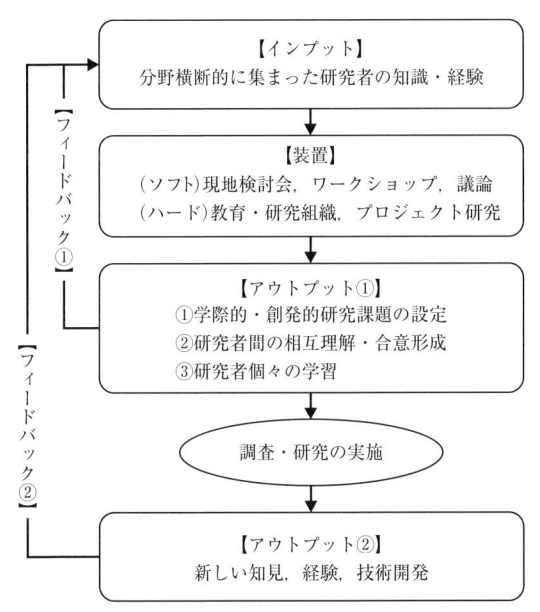

```
┌─────────────────────────┐
│     【インプット】          │
│  分野横断的に集まった研究者の知識・経験 │
└─────────────────────────┘
            ↓
┌─────────────────────────┐
│     【装置】               │
│ (ソフト)現地検討会，ワークショップ，議論 │
│ (ハード)教育・研究組織，プロジェクト研究 │
└─────────────────────────┘
            ↓
┌─────────────────────────┐
│     【アウトプット①】        │
│ ①学際的・創発的研究課題の設定     │
│ ②研究者間の相互理解・合意形成     │
│ ③研究者個々の学習             │
└─────────────────────────┘
            ↓
       ( 調査・研究の実施 )
            ↓
┌─────────────────────────┐
│     【アウトプット②】        │
│   新しい知見，経験，技術開発      │
└─────────────────────────┘
```

（左側に【フィードバック①】【フィードバック②】のループ）

図 4.5　統合化に向けた研究プロセス．

【アウトプット②】．これらのアウトプットは再びワークショップのような場へフィードバックされ，インプットとして活かされることになる．この研究プロセス開発という成果は，野生動物管理のみならず，今後需要が増大していく異分野チームによるグループワークを実践する普遍的な手法として有益である．

なお，このような KJ 法（川喜田，1970）を模したワークショップを研究プロセスに取り込むには，その土壌（トレーニング）が必要である．今回のメンバーの多くが関係する東京農工大学農学部の地域生態システム学科では，社会科学と自然科学の教員で構成され，両分野の技術と知識を背景として，人と自然の共生，持続可能な社会を担っていける人材の育成をめざした総合的な教育研究を実践している．多様な専門分野の教員が一致した方向性を有するために，ユニークな試みとして「リトリート」と称する場が設けられ，日常の多忙な業務から離れて年に数回一堂に会して，この学科の教育と研究のあり方について自由に意見を交わしている．「リトリート」では，KJ 法を用いたワークショップを行うことも多く，こうした合意形成を行うトレーニ

ングができていた．すなわち，すでに統合的研究プロセスをふむ準備，学習がなされていたことでスムーズに成果が結実したといえる．以上をまとめると，統合的研究プロセスにおいてワークショップの意義は大きく，その成果を結実させるには合意形成の学習が重要であり，こうした人材育成のための教育の手法を確立していく必要がある．

（3） 統合化に向けた学習成果

　野生動物管理を考えるうえで，時空間スケールや社会科学と自然科学の統合的研究は，本プロジェクトの重要なポイントである．上述のワークショップのみでは，統合的な研究を進めるには不十分であり，同様のコンセプトで行われた既往の学際的研究における研究プロセスについて学んでいく必要があった．その学習方法は既往研究成果をとりまとめた出版物の勉強会，月1回の有識者などを招いたフォーラム，さらにフォーラムより大規模なシンポジウムというかたちで実施し，この共同研究メンバー間で共有していった．なお，フォーラムとシンポジウムは当然ながら公開で実施され，同時に人材育成という教育効果にも結びついている．

　第Ⅰ部でも紹介されている『流域環境学——流域ガバナンスの理論と実践』（谷内ほか，2009）は，琵琶湖の流域管理を対象とした持続性科学の優れた研究事例である．本書は琵琶湖の濁水問題から流域管理のあり方について，多様な利害関係者によるガバナンスを前提とした社会経済システムのモデルの探究を，概念や方法の構築とともに事例研究によって実践的に進めている．その最大の特徴は，社会経済システムと生態システムとの相互作用まで視野に入れた，社会・生態システムの枠組みをメンバーが共有していることにある．私たちは野生動物管理システム研究を持続性科学と位置づけているため，琵琶湖の水質管理と野生動物管理という対象の違いはあるものの，本書に学ぶところが多かった．

　フォーラムでは，野生動物管理の現状や展望という私たちの研究に直接つながる内容だけでなく，あえて異なる分野の文理融合の研究手法や共同研究推進における失敗学など，統合的研究プロセスの開発に参考となる専門家を招き議論をすることで成果が得られた．たとえば，科学的な情報伝達だけが研究成果ではなく，地域固有の情報を含み地域が関心を寄せる問題と接点を

4.1 総合的研究の実践　　51

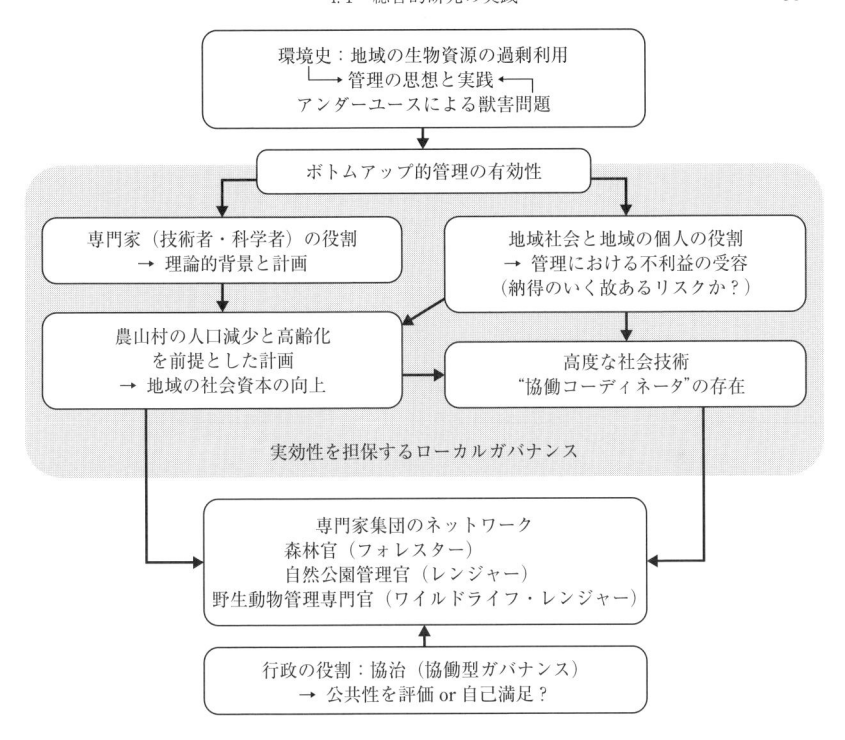

```
┌─────────────────────────────────┐
│  環境史：地域の生物資源の過剰利用  │
│     └→ 管理の思想と実践 ←─┐      │
│   アンダーユースによる獣害問題    │
└─────────────────────────────────┘
            │
      ┌──────────────┐
      │ボトムアップ的管理の有効性│
      └──────────────┘
      ↓                    ↓
┌──────────────┐   ┌──────────────────┐
│専門家（技術者・科学者）の役割│   │地域社会と地域の個人の役割    │
│ → 理論的背景と計画       │   │→ 管理における不利益の受容   │
│                         │   │ （納得のいく故あるリスクか？）│
└──────────────┘   └──────────────────┘
      ↓                    ↓
┌──────────────┐   ┌──────────────┐
│農山村の人口減少と高齢化  │   │高度な社会技術        │
│を前提とした計画         │→ │"協働コーディネータ"の存在│
│ → 地域の社会資本の向上  │   │                    │
└──────────────┘   └──────────────┘

    実効性を担保するローカルガバナンス
            │
      ┌──────────────────┐
      │  専門家集団のネットワーク      │
      │  森林官（フォレスター）        │
      │  自然公園管理官（レンジャー）   │
      │ 野生動物管理専門官（ワイルドライフ・レンジャー）│
      └──────────────────┘
            ↑
      ┌──────────────────┐
      │ 行政の役割：協治（協働型ガバナンス）│
      │ → 公共性を評価 or 自己満足？    │
      └──────────────────┘
```

図 4.6　対論フォーラムの成果.

もつことの重要性や，過去の失敗から学びそれを継続的改善にいかに活かしていけるかが，学際的な研究の統合にとって重要であるという共通認識がなされた．

　さらに，既存の枠組みを超えた議論を企画・実施することで，研究の統合化とはなにかを探るため，共通のテーマのもとに専門分野の異なる2人の講師による対論形式のフォーラムを実施した．以下に対論フォーラムの成果を簡潔にまとめる（図4.6）．

　環境史から分析すると，生物資源の持続的利用の破綻は過去にも起きており，生物資源を獲り尽くすことが可能になったからには管理という思想と実践が重要である．これは現在の野生動物管理問題の原因の1つである農山村のアンダーユースと対極にあるが，地域の生物資源管理の必要性という観点では共通している．地域のこのような問題は，トップダウン的に広域に影響

のある外部の人間によってなされる方法だけよりも，ボトムアップ的に地域の自然と生活に密着した方法をともなう重層したかたちで取り組んだほうが実効性をもちうる．専門家は，地域の野生動物管理などに中間システムとしての役割を果たし，「ゆるやかな専門性」をもち，「有限責任の専門家」として地域にかかわるべきである．それは理論的な背景や計画を欠くと効率の低下や状況の悪化を招く場合もあること，法的な制約や行政施策との整合，地域が共有する社会的観念の形成も必要となるためである．これを生態系管理という大きな枠組みに置き換えても同様である．生態系管理や自然再生は，ときとして地域住民あるいは社会経済に不利益を生じるため，そのリスクを受容し乗り越える方法を熟慮すべきである．想定外の結果によるリスクが生じ，そのリスクは現場の地域社会や特定の個人に偏在する．日常生活のなかで人々は納得のいく故あるリスクは受容してきたが，相対的にリスクを負わない外部の研究者などが「やりなおせばよい」ということは，不満の増大とリスク需要の拒否をもたらしかねない．

　農山村における生態系管理では，予測される人口減少と高齢化を前提とした計画を，望ましい将来像から逆算して立てるバックキャスティングアプローチが必要である．また，地域を活性化し，農山村を存続させていくためには，ソーシャル・キャピタルを高め，協働の仕組みをつくっていくことが重要である．その際，協働のネットワークやデザインを地域のなかで担う「協働コーディネータ」の存在が不可欠であり，そのような地域に内在する人材の力を高めていく社会技術が必要である．研究によって蓄積された理論を地域で実践するためには，関連部分を統合的に取り扱うための枠組みと，実効性を担保するプラットフォームとなるローカルガバナンスが必要となる．行政の役割としての協治（協働型ガバナンス）を考えると，協治は内部の主体と外部からの多様な主体によって創出される公共性ととらえられるが，その関係者はより広い社会構成員から，はたして公共性の担い手として評価されるか，自己満足とみられるか，協治のあり方が問われる．地域の生物資源管理において森林官（フォレスター）や自然公園の管理官（レンジャー）の再構築，さらに新たに創設すべき野生動物管理専門官（ワイルドライフ・レンジャー）が必要であり，こうした専門技術者の育成が急務である．同時にこれらの専門家間のネットワークを形成し，相互学習・支援を行いつつ地域の

（4） 統合的研究の人材育成と教育成果

シンポジウムは野生動物問題と生態系管理に焦点をあて，国内外からの研究者・有識者も招いて実施し，野生動物と人との軋轢は日本だけの問題ではないことが再認識された．欧米でも日本と同様に狩猟者が減少しており，野生動物の個体数管理がむずかしくなっている．各国のもつ狩猟文化の違いを理解したうえで，その国の実情に合った野生動物管理を推進することが重要である．シンポジウムを通して，日本での野生動物の専門的捕獲技術者の育成に向けて，社会経済的・制度的な仕組みを整備すること，害獣の駆除組合の設立などの取り組みを学び，職業的捕獲と狩猟を峻別した管理行政の重要性が認識された．また，狩猟者が激減するなか，問題解決の糸口としてシカやイノシシの生物資源としての利活用があげられる．野生動物と共存していくためにも明確な目標のうえに管理し，食用などに供するシステム開発が必要である．野生動物管理は生態系管理という広い概念にもとづき，シナリオを描くべきであり，モニタリングと順応的管理のリンクが不可欠である．究極的には野生動物管理そのものを主目的としなくても機能する，社会経済システムが理想である．野生動物や生態系管理を地域で持続的に進めるために，新たなガバナンスを構築する必要があることはフォーラムの成果でも述べたが，シンポジウムでは上述のように個体数管理の担い手とその人材育成について認識が深められた．

以上のような学習を通して深く印象づけられたことは，野生動物あるいは生態系管理において，現場での調査研究の積み上げ，政策や管理制度の構築・改革と同時に，このような地域の課題を「統合的」に解決できる人材育成とその教育システムの必要性であった．野生動物を象徴的な問題としてとらえれば，農林畜産業に野生動物管理を（再び）組み入れ，それを職業として位置づけること，害獣捕獲（狩猟）の担い手と，そのシステム管理者の育成が必要である．今後，ボランティアベースで進められている狩猟者による個体数調整は，技術訓練を受けた野生動物管理専門官（ワイルドライフ・レンジャー）が職業的に実施することが求められるであろう．また，野生動物管理システムの維持には，これからの森林官（フォレスター）や自然公園の

管理官(レンジャー),さらには農業普及指導員も,高等教育のなかで狩猟学や地域資源管理を実践的に学び,それを職場で活かしていくことが重要となってくる(第12章12.2節参照).

本研究および先行した日光国立公園の共同研究では,現場における調査研究を「統合的」に進め,大学院専攻において人材育成に結びつけるため複合領域を設けて分野横断型の教育を実践してきた.これらの研究チームには多くの大学院生・学部生が参画しており,それぞれの専門性をもった研究室・研究グループに所属している.「統合的」に調査研究を行うためには,研究室の枠を越えた議論が不可欠であり,日光国立公園や佐野市を含めた現場を共有した分野横断型の「日光ゼミ」「日光・佐野ゼミ」を開催した.複合領域ゼミでは,日光国立公園や佐野市における野生動物を中心とした課題について,まさにさまざまな角度から調査研究テーマとして発表・質疑応答を行い,情報を共有することで新たな方向性や「統合的」な問題解決に向けた討論を繰り返すことができた.

複合領域ゼミを通して,多くの卒業論文,修士論文,博士論文ができあがり,これらには直接指導した教員だけでない,多様な分野の教員からの専門的アドバイスや,栃木県や佐野市の職員,現場を同じくした学生相互との協働が結晶している.学生らのまとめた研究論文は,後述の本研究の具体的な研究成果に含まれている.また,調査研究でお世話になった現地での年1回の報告会では,これらの研究成果をポスドクがとりまとめて発表し,さまざまなご意見をいただいた.学生にとって自分の研究を現場の住民の方々に聞いていただき,評価してもらうことができたことは,実践的な学びと今後に展開する教育として非常に有効である.こうした,現場から学ぶ「統合的」な問題解決型の教育システムの展開は途についたばかりであるが,人材育成に向けた重要な成果といえる.

4.2 実践的な調査地の設定

野生動物管理システムは,空間と社会的な行政単位の階層性を考慮したガバナンスを研究対象としている.階層的な空間スケールとしては,マクロスケールとして,栃木県–北関東・南東北などの隣接県,メソスケールでは市

町村，ミクロスケールでは世帯-集落に対応している．私たちはメソスケールとしては，東京農工大学農学部の演習林（フィールドミュージアム唐沢山，以下，FM唐沢山）が所在し，地域との交流がある佐野市を調査地として設定した．また，集落単位では栃木県が獣害対策のモデル町村に指定した佐野市下秋山地区を含む複数の地区を設定した．

(1) 栃木県の概要

　栃木県は，関東地方の北部に位置する内陸県である．東は茨城県，西は群馬県，南は茨城，埼玉，群馬の3県，北は福島県に接し，東京から60-160 kmの位置にある人口2000021人，750949世帯，面積6408.28 km^{2}の県である（2011年10月1日現在，栃木県公式ホームページ http://www.pref.tochigi.lg.jp/ より）．

　地形をみると，県西部は那須岳から足尾山地にかけて2000 m級の高い山々が連なっている．この地帯には，那須・高原・日光の3火山群のほか，非火山性の下野山地（帝釈山脈の一部）と足尾山地が含まれている．一方，東側にはなだらかな丘陵地帯をなす八溝山地がある．最高峰八溝山は1022 mの標高をもつが，ほかのほとんどの山頂は500-600 mの標高となっている．中央部は平地となっており，全体として北から南になだらかに傾斜している．この平野部は台地と沖積平野からなり，ともに関東ローム層とよばれる火山灰層（ローム層）からなり，広大な関東平野の一部を占めている（栃木県，2003）．栃木県の河川は，関東平野を流れる河川の上流域に位置し，南西部は利根川水系，北東部は那珂川水系（部分的に久慈川水系）に属しているなど，首都圏の水源としても重要な地域である．

　栃木県の気候は温帯湿潤気候の太平洋側に属するが，内陸県のため気温の較差が大きい．とくに冬季は朝の冷え込みが厳しく，平地でも氷点下の日が多い．また，北西の季節風にともない，平地では晴れて乾燥するが，山岳部では雪が降る（栃木県，2003）．

　気候帯としては暖温帯から亜寒帯にまたがっており，それぞれを代表する植生帯や植物種がみられる．標高1500-1700 mから上部は亜寒帯の気候で，コメツガ・シラビソ・オオシラビソ・トウヒなどからなる針葉樹林となり，白根山頂や女峰山頂ではガンコウラン・クロマメノキ・コメバツガザクラな

どからなる風衝矮性低木群落，那須地域ではハイマツ低木群落やミヤマナラ低木群落がみられる．栃木県の中部以北の大部分は冷温帯の気候で，極相林はブナを優占種とする夏緑樹林である．ブナ林の多くは伐採され，ミズナラが優占する二次林やカラマツの造林地に置き換わっている．暖温帯を代表する極相林である照葉樹林は開発によって失われており，スダジイ林やウラジロガシ・アラカシ・ツクバネガシが優占するカシ林が断片的に神社などに残存しているのみである．現在，暖温帯の森林の大部分はコナラ・クリ・アカマツからなる二次林か，スギの造林地となっている（宮脇，1986）．

栃木県内の中大型野生動物の分布は，中央の平野部を境に，西と東で大きく異なっている．1978年に実施された第2回自然環境保全基礎調査によれば，茨城県と接する東の八溝山地にはイノシシが広く分布する一方で，ニホンジカ・ツキノワグマ・ニホンザルは分布していない．2003年に実施された第6回自然環境保全基礎調査でも，この傾向は変わっていなかった．一方，西部山岳地帯には，1978年の時点ではニホンジカ・ツキノワグマ・ニホンザルの分布が確認されているが，イノシシの分布は確認されていない．これは，明治時代にイノシシが一度絶滅したためである．その後，2003年の調査では西部山岳地帯でイノシシの分布が急激に拡大し，生息数も増加したことが確認されている．したがって，同じ県内でも野生動物の分布状況や履歴が大きく異なっており，必要とされる対策も異なっていることが特徴といえるだろう．

（2） 佐野市の概要

佐野市は栃木県の西南部に位置する人口123772人，48769世帯，面積356.07 km^{2}の市である（2012年4月1日現在）．2005年に旧佐野市，旧田沼町，旧葛生町が合併し，現在の佐野市となった．

佐野市は本州の中央部に位置し，夏は蒸し暑く，冬は乾燥した内陸性気候である．年平均気温は13.9℃，最寒月平均気温は2.8℃（1月），最暖月平均気温は25.7℃（8月）である（気象庁，1981-2010による）．雨量は年間1244.7 mmで，降水量の少ない地域である．とくに冬季は数十日も降水をみないこともあり，雪の降る日も年5-10日程度である（佐野気象台，1981-2010による）．

佐野市は首都圏から 70 km 圏内に位置し，高速道路の利用により，首都圏から約 30 分でアクセス可能な位置にある．東北自動車道・佐野藤岡インターチェンジに加え，2010（平成 22）年 4 月には北関東自動車道・佐野田沼インターチェンジ，2011（平成 23）年 4 月には東北自動車道・佐野サービスエリアのスマートインターチェンジが開通するなど，その立地条件から，道路交通の要衝としての発展が期待されている地域である（佐野市ホームページ http://www.city.sano.lg.jp/ より）．

標高は北西部ほど高く，根本山（1199 m），熊鷹山（1169 m），氷室山（1154 m）など，標高 1000 m 級の山が連なり，南東に向かってゆるやかに高度を減じていき，関東平野に臨んでいる．足尾山地の大部分は秩父中・古生層とよばれる日本でも古い地層に属しており，おもに砂岩，粘板岩，チャートから成り立っている．旧葛生町から旧田沼町にかけての地域には，古生代ペルム紀中期（約 2 億 6000 万年前）のサンゴ礁の周辺で堆積した石灰岩地帯が分布している．この地域では，江戸時代より前から本格的な石灰石工業が続いており，大正時代にはドロマイトの大鉱床が発見されたことにより，現在全国の 9 割のドロマイトを生産している．佐野市内では，足尾山地の間を西から彦間川，旗川，秋山川が流れ，途中流域を侵食し谷底平野をつくり，平地に流れ出て，利根川水系の渡良瀬川に注いでいる．上流になるほど，流域は全体的に幅が狭く，平地も少なくなる．

佐野市内では，明治時代の村である「旧村」の名称が，地区の名称として，行政上，また生活のさまざまな場面で使われている（図 4.7）．同じ市内にあっても，上流，中流，下流にかけて，立地条件が大きく異なっており，それぞれ特色のある暮らしが営まれている．三方を山に囲まれた，上流部の飛駒，野上，秋山地区では，大部分がスギやヒノキ植林に占められている．中流部の山と山にはさまれた新合，三好，常盤地区は，平場が比較的広いことから，森林と農地の入り組んだ，いわゆる「里山」的な景観をもつ地域である．また，とくに交通の便のよい立地にはゴルフ場として開発された場所が多いのも特徴的である．下流部にあたる関東平野の北端に位置する田沼地区，葛生地区，旧佐野市は，住宅や産業基盤が集積する都市的地域と農業が展開する地域となっている．

佐野市には，1 戸あたりの経営規模が栃木県平均と比較して小さい農家が

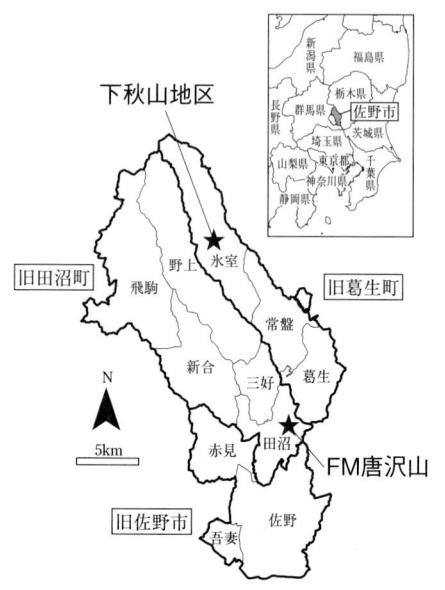

図 4.7 栃木県佐野市の位置および佐野市内の旧村の名称.

多く，第2種兼業農家が大部分を占めている．また，従事者の高齢化が進み，後継者の確保も厳しい状況にある．とくに上流域ほど，状況は厳しい傾向にある．

　重点調査地の下秋山地区は，栃木県の獣害対策モデル地区に指定されており，東京農工大学のFM唐沢山（演習林）のすぐそばを流れる秋山川の最上流部に位置する氷室地区内にあり，流域としてつながりの深い地域である．野生動物問題は，上-中流域に限られた問題であるようにみえるが，やがては下流部の都市域にも問題は拡大してくる可能性がある．現在，現場で起こっている問題の解決策は，個別の地域の問題としてとらえるだけでなく，流域全体やそれ以上の広い視点から俯瞰したうえで考えていく必要がある．上流部から下流部までの多様な地域のあり方をみることができる佐野市は，1つの市内で日本全体の野生動物問題の縮図をみることができる点に，大きな特色があるといえる．現場でのフィールドワークに根ざして，より普遍的な野生動物管理のあり方を模索しようとする考え方・進め方から考えると，佐

野市は，統合的研究を実践するうえで理想的なモデル地域であるといえよう．

引用文献
川喜田二郎．1970．続発想法――KJ 法の展開と応用．中央公論社，東京．
宮脇　昭．1986．日本植生誌――関東．至文堂，東京．
谷内茂雄・脇田健一・原　雄一・中野孝教・陀安一郎・田中　拓弥（編）．2009．
　　流域環境学――流域ガバナンスの理論と実践．京都大学学術出版会，京都．
栃木県．2003．栃木県自然環境基礎調査――とちぎの植物 I．栃木県自然環境調
　　査研究会植物部会（栃木県林務部自然環境課），宇都宮．

5 ミクロスケールの管理
集落レベル

桑原考史[5.1]・角田裕志[5.2]

5.1 集落における被害対策の社会経済的基盤

(1) 背景と課題

　本節の目的は,野生動物がもたらす農業被害への対策(獣害対策)を実践するうえでどのような社会経済的基盤が重要であるかをミクロスケール——集落の実態に着目して検討し,獣害対策促進に向けた政策的示唆を引き出すことである.そのために獣害対策にかかわる社会科学分野の先行研究や政策の動向を振り返り,課題を絞り込む.

　近年,獣害対策の基礎単位として,集落が位置づけられている.たとえば井上(2008)は,集落での勉強会や営農技術改善を通じた獣害対策の手法を紹介している.また政府の鳥獣被害防止総合対策は,2008年2月に施行された鳥獣被害防止特措法にもとづいて被害防止計画を策定した市町村に対し,ソフト(講習会開催など)・ハード(侵入防止柵設置など)両面の支援を行うものであり,ねらいとして「地域全体で被害防止対策に取り組むための体制を早急に整備すること」を掲げている.集落が名ざしされているわけではないが,市町村合併にともない基礎自治体が広域化するなかで,「被害防止対策に取り組むための体制」は集落を基礎単位として構築するのが現実的だと考えられる.実際,事業を実施している市町村では集落ごとに取り組みを推進しているケースが多い.

　農政全般においても,集落は施策の基礎単位として積極的に位置づけられている(中山間地域等直接支払制度,品目横断的経営安定対策,農地・水・環境保全向上対策等).これらの政策の受け皿組織がすでに存在する集落で

は，獣害対策を円滑・効率的に実施できる（桑原・加藤，2012）．しかし，過疎・高齢化が進行し，耕作放棄が多発しているような「弱体化」した集落では，受け皿が存在しない場合が多い．かりに組織や体制を新たに構築するとしても，日に日に深刻さを増す獣害の前に「手遅れ」になる可能性は否めない．

上述した鳥獣被害防止総合対策も，地域ぐるみの取り組み体制を確立しやすい集落，またはすでに確立された集落に優先的・集中的に実施されることが多く，それ以外の集落では対策が進みにくいという課題を抱えている．これを補う支援制度が必要である．制度構想に向けて，一見「弱体化」が進行した集落における獣害対策実践の条件――社会経済的基盤を問わなければならない．

集落ないし市町村単位の被害や被害対策，それらに対する農家意識などを調査・分析した先行研究は，2000年代以降だけでも神崎・金子（2001），小笠原・本郷（2002），大下・丸山（2003），上田・姜（2004），八木ほか（2004），山本ほか（2004），本田（2005），作野（2006a, 2006b），木下ほか（2007），中村ほか（2007），九鬼・武山（2008），木下ほか（2009），作野（2009），山端（2010）など多数ある．これらの先行研究のなかには集落の「弱体化」にふれているものもあるが，その点を主題として取り上げた分析は必ずしも多くない．作野（2009）は「ムラの空洞化」「ムラの消滅」が現実のものになりつつあるとの問題意識にもとづき，島根県大田市河合町におけるイノシシ被害実態の分析を行っている．その問題意識は重要である．しかし導かれる結論は，モザイク的土地利用の解消，防護柵の共同設置および農家の負担軽減，農地と山林の間のバッファゾーン整備といった一般的なものにとどまっている．「弱体化」の本質を理解するためには，「弱体化」が進行している（ように思われる）集落の内部に見出される，獣害対策の社会経済的基盤を問わなければならない．

その際，集落を固定的・静態的なイメージでとらえるのではなく，その流動的・動態的な側面に着目することが重要である．そのための背景は次の2点である．

第1に，近年，農地管理や地域社会維持に関して単一の集落や定住者に限定しない関係性の広がりが重視されている．たとえば徳野（2008）は，過疎

農山村の農業・農地維持のメカニズムについて，比較的近隣に居住し農山村世帯と頻繁な交流のある他出子が重要な役割を果たしていると指摘し，「過疎農山村からの他出子は，『単に，イエを捨てムラを捨てた人々』という従来の位置づけだけでなく，『現在と未来の農山村を支えることも可能な人間関係資源』=〈顕在的サポーター〉として見直していく必要がある」と述べている．ただし，徳野（2008）は一時点における他出や交流の実態をみているが，他出などの流動性の実態をより深く把握するためには通時的（動態的）な視点が欠かせない．

　第2に，本節で分析対象とする栃木県佐野市下秋山地区はかつて林業を主産業としていたため雇用関係や労働者の出入りが多く，いわゆる純農村に比べて就業・移動の流動性が高かったと考えられる．こうした地域的特質が現在まで影響をおよぼしている可能性がある．

　以上をふまえ，就業・居住の履歴に着目して獣害対策の社会経済的基盤を明らかにすることを本節の課題とする．

（2） 栃木県佐野市下秋山地区の概況

　栃木県佐野市下秋山地区は蛇行する河川に沿った山あいの集落である．市街地まで車で約30分，市の中心部まではさらに30分ほどを要する．大字名は上流の上秋山とともに「秋山」であるが，第2次世界大戦後に町内会が別々に形成された．地区内には5-10戸程度で構成される「坪」とよばれるまとまりが7つ存在し，冠婚葬祭や資源管理活動の単位となっている．

　地形的には，平坦地は少なく，山林（人工林）が大部分を占める．明治以降1980年代まで林業（戦後は拡大造林中心）が主産業であり，麻や葉タバコの生産もさかんであったが，これらは現在までに大きく後退した．水田は平坦地や谷津にみられるが，水田作農家は8戸と少数であり，営農組織や共同利用組織は存在しない．谷津や小規模農地を中心に耕作放棄地が発生している．

　イノシシ被害の発生時期は2000年ごろである．農林業センサスによれば，下秋山を含む旧氷室村では1980年代後半から1990年代前半にかけて，農村での高齢化にともなって耕作放棄地が急激に拡大した（図5.1）．一般的に耕作放棄とイノシシ被害には因果関係が認められ（桑原ほか，2010），下秋

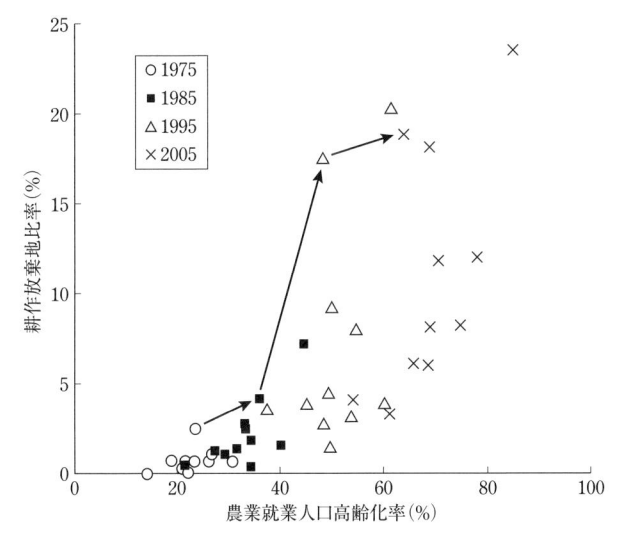

図 5.1 佐野市旧村別の農業就業人口高齢化率および耕作放棄地比率の推移（各年農林業センサスより作成）．耕作放棄地比率は耕作放棄地面積を経営耕地面積で割ったもの．下秋山が含まれる氷室村の推移を矢印で示した．

山においても耕作放棄地がイノシシによく利用される傾向がある（本章 5.2 節を参照）．

被害拡大のなかで当初は侵入防止柵設置などの個別対応がとられたが，2010 年 4 月から市・県の協力を得て集落ぐるみの獣害対策（獣害対策モデル事業）が実施されている．具体的には勉強会，集落点検，藪の刈り払い，竹林整備，モデル圃場の設置などである．取り組みには多数の住民が参加し，ある程度の被害防止効果を生み出している．

以下では下秋山地区全世帯 60 戸を対象とした戸別聞き取り調査（以下，全戸調査とする．調査は 60 戸中 51 戸について，2010 年 8 月から 2011 年 8 月にかけて土屋俊幸教授，福田　恵講師，弘重　穣・閻　美芳・大橋春香の各研究員，加藤恵理・大橋未紀・柏木　優の各大学院生らとともに共同で実施した）におけるデータを用いて，世帯構成や農業従事状況などの実態把握を行うことにより，モデル事業実践の背景にある下秋山地区の社会経済構造を明らかにする．

（3） 世帯構成と土地利用

世帯主（またはその配偶者）の年齢と同居家族の構成から世帯を分類したのが表5.1である．年齢をみると30代は1人（Iターン者），40代は皆無であり，60-80代以上で39人と8割近くを占め，平均年齢は70.4歳であった．世帯構成は2世代が20戸で最多であり，単身世帯がそれに次ぐ．ただし2世代とはいえ「65歳未満夫婦＋子ども」世帯は少なく，「高齢者夫婦＋親」または「高齢者夫婦＋65歳を間近に控えた子ども」世帯が多い．また年齢階層別の単身世帯数は，意外なことに80代以上より50代や70代で多い．これらの点から，高齢化および世帯縮小の進行がうかがえる．

農地利用（作付け・農地管理）状況を表5.2に示す．作付けはないものの耕起・草刈りといった管理が行われている農地がかなりの割合を占め，水田では管理面積が作付面積の2倍近くに達している．なかには30年以上にわたり管理されている農地もある．耕作断念後に果樹の植栽や植林が行われたケースも多い．表中の樹園地・植林地がそれに該当する．

表5.1　佐野市下秋山における世帯主の年齢層と世帯構成（資料：全戸調査）．

	30代	40代	50代	60代	70代	80代以上	不明	合計
単身	0	0	4	2	5	3	1	15
夫婦のみ	0	0	0	2	5	1	0	8
2世代	1	0	3	5	4	6	1	20
3世代	0	0	1	2	2	2	1	8
合計	1	0	8	11	16	12	3	51

（単位：戸）

表5.2　佐野市下秋山における農地利用状況（資料：全戸調査）．

	作付面積	管理[注1]面積	耕作放棄（管理なし）面積	貸付面積	合計[注3]
水田	249	472	35	89	845
畑	257	96.5	23	31	407.5
樹園地・植林地[注2]	—	—	—	—	132.5

（単位：a）

注1）定期的な耕起・草刈りを行っている農地を「管理」とした．
注2）ここには収穫実態のない樹園地，間伐・除伐などの管理を行っていない植林地も含まれる．
注3）インフォーマント自身が所在・面積などを把握していない農地はこの表に含まれない．

作付目的は水田・畑ともにほぼ自給に限られ，販売実績は米の近隣住民などへの販売とわずかな農協出荷（1戸のみ・年間8俵）だけである．機械作業は隣接集落の農家などに委託しているケースが多く，すべての機械作業を自身で行っているのは1戸にすぎない．

（4） 獣害対策の広がりとその要因

このように下秋山は高齢化・世帯縮小が進行し，農業収入が皆無に近いことから，一見「弱体化」した地域であるかのように思われる．しかしながら，獣害対策モデル事業には調査を実施した51戸中少なくとも27戸がなんらかのかたちで参加しており，一定の被害防止効果をあげるとともに，集落点検やモデル圃場での営農を通じて住民間の結束が強化されつつある．

そもそも獣害対策モデル事業の実施にいたった要因として，市・県の積極的な関与と支援，30代のIターン・新規農業参入者（S氏）の存在がある．S氏は町内会役員を務めるなど地域社会の信頼を獲得しており，この人物が獣害対策をよびかけたことで地域内の賛同を円滑に得られた．S氏の存在は行政関与を促す大きな要因でもあった．

行政やS氏の働きかけ・よびかけによって始まった獣害対策モデル事業が一定の成功を収めているのは，彼らの熱意や能力とともに，一見「弱体化」した地域にある種の強靭性が宿っていたからではないだろうかと考えられる．それは収入を生み出さない農地が保全され続けている点に，象徴的に現れている．

それでは高齢化・世帯縮小が進行しながらも，農地保全はどのようなメカニズムのもとで成立しているのか．住民の就業・居住履歴の把握を通じた解明を試みる．

（5） 移動・就業の履歴からみた地域構造

全戸調査の世帯主（聞き取り調査の対象者またはその配偶者）の就業・居住履歴を表5.3に示した．第1に，調査時点において専業的に農林業に従事している世帯主であっても，過去から一貫してその状態にあるのは5人にとどまり，兼業や他産業従事，他出の経験を有する者が多く存在する．とくに「過去の兼業従事者・現在の専業的農林業従事者」は表の類型中最多の15戸

表 5.3 佐野市下秋山 60 戸における世帯主の就業・居住履歴（資料：全戸調査）．

現在	過去						合計（戸）
	専業的農林業従事	兼業従事	他産業従事	他出	他地域出身	不明	
専業的農林業従事	3, 4, 13*, 20*, 30*	2*, 6, 7*, 8, 15, 18, 27, 33, 34, 35, 39, 44, 47, 54, 58*	5, 9, 10, 29	19, 22, 59	1, 43	38, 50	31
兼業従事		12, 21, 28, 31, 32, 41*, 45	16	23*, 24, 40, 49			12
他産業従事または農林業従事なし		51	26, 36, 53, 57	14, 60	48		8
合計（戸）	5	23	9	9	3	2	51

注1）表中に示した数字（合計以外）は調査対象世帯の番号（1-60 番）である．なお 11，17，25，37，42，46，52，55，56 番は欠番（調査未実施世帯）である．
注2）2世代以上の世帯の番号を□で囲んだ（世帯主夫婦＋その親のケースは，世帯の存続の可能性という点で夫婦のみの世帯と同一とみなせるため，除外した）．
注3）世帯主が 65 歳未満の世帯の番号に網掛けを付した．
注4）水田作農家の番号の横に*印を付した．

であり，「兼業従事→定年帰農」が下秋山の基本的な就業パターンであると思われる．また他産業従事・他出経験者はそれぞれ 4 戸，3 戸存在する．さらに，1 番と 43 番は地域外からの移住者である．43 番は先に述べた S 氏である．このように専業的農林業従事者の就業・居住履歴は，兼業からの定年帰農を基本として多様なコースが存在する．なお，専業的農林業従事者のうち世帯主 65 歳未満の世帯は 4 戸にとどまるが，他方で 2 世代以上の世帯（多くは次世代と同居）が少なくない．

　第 2 に，兼業従事者は 12 名中 4 名が他出を経験しており，うち 1 戸は水田作農家（23 番）である．世帯主 65 歳未満の世帯が比較的多い（12 戸中 7 戸）点，および第 1 に指摘した点をふまえれば，これら兼業従事者が将来的には農林業や農地保全の主力になる可能性は十分にある．

　兼業の就業先としては，石灰工場，採石場，精密機械工場，縫製業，ゴルフ場（以上はすべて地区外），製材工場（かつて地区内に 5 軒ほどあったが徐々に廃業し約 10 年前に消滅），教員・公務員・農協職員などがある．この

表 5.4 佐野市下秋山における次世代および親世代の就業・居住動向（資料：全戸調査）．

世帯主	次世代	親世代					合計（戸）
		専業的農林業従事	兼業従事	他産業従事	他地域出身	不明	
専業的農林業従事	専業的農林業従事	20*				33	2
	兼業		39			15	2
	他産業	2*, 4, 6, 19, 34	44			3, 9, 30*, 47	10
	他出・不在	7*, 8, 13*, 18, 22, 27	29, 54, 59			1, 5, 10, 35, 38, 50, 58*	17
	未就業				43		1
兼業従事	専業的農林業従事						0
	兼業						0
	他産業		31, 32, 41*			24, 49	5
	他出・不在	12, 16, 21, 45	23*, 28, 40				6
	未就業						0
他産業従事または農林業従事なし	専業的農林業従事						0
	兼業						0
	他産業	36					1
	他出・不在	14, 26, 57	53			48, 51	6
	未就業					60	1
合計（戸）		20	12	0	1	18	51

注1）表中に示した数字（合計以外）は調査対象世帯の番号（1-60番）である．なお11, 17, 25, 37, 42, 46, 52, 55, 56番は欠番（調査未実施世帯）である．
注2）世帯主が65歳未満の世帯の番号に網掛けを付した．
注3）水田作農家の番号の横に*印を付した．

ほかタンクローリー運転手や自営業（アルミ加工，浄化槽設置，雑貨店経営など）といった職種もみられた．

このような就業・居住構造は，基本的に親世代から引き継がれたものである．世帯主の次世代および親世代の就業・居住動向を表5.4に示した．親世代の動向をみると，不明の18戸と新規移住者の43番を除く32戸では，専業的農林業従事か兼業従事のいずれかである．兼業就業先は製材工場や石灰工場が中心であり，大規模森林所有者からの雇用（番頭など）も存在した．専業的農林業従事（20戸）が兼業従事（12戸）を上回るが，実際にはなん

らかの雇用労働に従事していた親世代はそれほど少なくなかったと考えられる．親世代は概ね明治の終わりごろから昭和の初期にかけての生まれであり，一般的には戦後農林業の専業的な担い手世代である昭和一桁生まれ，ないしその先行世代に該当するが，下秋山では兼業化・雇用労働がかなり定着していたのである．

他方で子世代の動向をみると，大半が他産業に従事，または他出している．現在の世帯主で他産業従事・他出経験者が51名中18名にとどまっていた（表5.3）のとは対照的である．兼業従事は15番と39番の2戸，専業的農林業従事は20番1戸のみである（3戸とも世帯主が専業的農林業従事である点は注目される）．とくに注目されるのは「親世代および世帯主が専業的農林業従事，次世代が他出・不在」の類型である（7, 8, 13, 18, 22, 27番の6戸が該当）．この類型では親世代・世帯主と次世代の間に農林業従事経験の大きな「断絶」がある．6戸の世帯主はいずれも65歳以上であり，今後10年あまりの間にリタイアを迎えると思われるが，その際に次世代が農地保全を継承するかどうかは不透明である．

（6） 農地保全の担い手

さて，ここで農地保全の担い手の実態をみよう．ポイントは現役の専業的農林業従事者および存命時に専業的農林業従事者であった親世代（以下，中心層）である．この層は農地保全の中心的担い手である（であった）とともに，他出者を含む次世代住民に農地保全の規範や契機を提供する役割を果たしている．具体例をあげる．

（A）4番世帯主（O氏）と7番世帯主（M.M氏）が共同で，村外在住者が所有する耕作放棄地の刈り払いを実施した．O氏は自他ともに認める「草刈り名人」，M.M氏は当時の下秋山町内会長であった．当該地はM.M氏宅の近隣にあり，長年にわたり耕作・管理されていなかったため人の背丈ほどの雑草が繁茂していた．両者は村外の地権者に連絡をとり同意を得たうえで，この土地の刈り払いを行った．その際にM.M氏の町内会長という立場や，O氏の草刈り技術が大きな意味をもった．

（B）20番世帯主（M.N氏）は，森林組合勤務を経て自ら林業会社を設立し，30代労働者3人（うち1人は長男）を雇用している．長男は以前別の

職に就いていたが，2010年からM.N氏が経営する会社に勤務するようになった．長男は現在隣の市に居住し，そこから実家に通っているため，農地保全に直接関与しているわけではない．しかし「実家に通って林業に従事する」という就業形態は，地域外でほかの職業に就くよりもはるかに，将来的な農地保全の可能性（動機）を促すものである．

（C）7番世帯では，他出した長女夫婦が子ども（世帯主にとっては孫）を連れて，定期的に農作業の手伝いに来訪している．また長男夫婦も他出ではあるが市内に在住し，盆・正月には帰省している．このほか59番世帯においても次世代が頻繁に訪れている．

（D）23番世帯主（F氏）は，父他界後に農業に従事していた母がリタイアしたことにともない，Uターンして通勤しながら水田農業に従事している．F氏は学校卒業後すぐ首都圏で勤務するようになり，下秋山に「戻るつもりはなかった」．しかし父の他界と母のリタイアに際し，ほかの兄弟が帰村しがたい状況にあったことから，Uターンを決意した．

以上のように，中心層は自ら積極的に活動する（事例A）とともに，次世代に多様な形態で農地保全の機会・契機を提供している（事例B，C）．他界やリタイアといった一見マイナスに思われる現象が，結果的に次世代のUターン・農業従事を触発した例もある（事例D）．事例Dからは，Uターンした次世代（現・世帯主）が新たな中心層へと成長していく過程もみてとれる．

前項の冒頭で述べたとおり，下秋山では農林業に一貫して専業的に従事してきた者は少なく，兼業従事者や他産業従事・他出経験者（周辺層）が農地保全の少なくない部分を担っている．AからDの事例が示唆するように，中心層がさまざまなかたちで周辺層の農地保全への関与を触発することによってこうした実態が生じているのではないか（もちろん周辺層自身の心理や経済状況，地域規範なども大きく関係しているであろう）．

このようにみると，前項の最後に指摘した親世代・現世帯主と次世代との「断絶」は，必ずしも否定的にばかり評価されるべき現象ではないかもしれない．重要なのは他産業従事や他出それ自体を食い止めることではなく，他産業に従事あるいは他出している次世代が地元の農地保全に携わる機会やきっかけを，中心層あるいは行政などの支援組織がどのように提供できるかと

いう点にあるからと考えられるからである.

(7) 結論と提言

以上の分析をふまえて結論を述べ，政策の方向性を提示する.

第1に，下秋山では専業的農林業従事者は多様な就業・居住履歴（兼業・他産業従事や他出の経験）を有していた．農地保全の担い手は少数の専業的農林業従事者に限定されず，重層的に形成されていた．第2に，こうした構造は，中心層（現役の専業的農林業従事者および存命時に専業的農林業従事者であった親世代）が周辺層（兼業従事者や他産業従事・他出経験者，近隣に居住している他出者）をさまざまなかたちで牽引・触発することで成立していた．その際，他界・リタイアといったマイナスの要素までもが周辺層の農業への関与を促していた．

一見「弱体化」が進行しているかに思われる下秋山地区では，人の流動性を前提とした農地保全の担い手確保のメカニズムが作用している．このメカニズムが農地保全，ひいては獣害対策の実践を支える基盤として機能しているのではないか．だとすれば，次世代の他産業従事・他出傾向は止めようがないかもしれないが，彼らがいかに地元の農地保全に関与できるか，また地域社会や行政がいかにその機会を提供できるかという点を，獣害対策支援施策の1つの方向性として提起できる．

支援の具体的方策の検討は今後の課題であるが，次の点だけ指摘しておきたい．上記の支援施策の基本軸としては，①地域に居住する中心層への支援，②他産業従事者・他出者などへの支援の2つが考えられる．本節でみたように中心層のマイナス要因が他出者のUターンを促進しうることを考えれば，①については方法・対象を注意深く検討しなければならない．他方で②は，支援対象者の探索・確定作業は困難であるものの，方向性は明確である．また，すでに政府や地方自治体が実施している移住・新規就農促進の取り組みとも連動可能である．まずはこの方向の支援制度・政策を模索するべきではないか．

付記

本稿に大幅な加筆・修正を施した論文（桑原考史「鳥獣害対策の実践にみ

る山村集落の現代的存在形態——就業と居住の流動性の観点から」）が，『共生社会システム研究』第 7 巻第 1 号（2013 年）に掲載された．

5.2　食性と生息地利用

　野生動物による農作物被害を効果的に防ぐためには，対象となる獣種の生態を正しく理解して，動物が人里に出没し被害を発生させる要因を特定し，被害発生のメカニズムを解明する必要がある．野生動物管理においては，個体数管理，生息地管理，被害防除の 3 つをバランスよく実施する必要があるが（第 2 章を参照），集落レベルにおける管理は被害防除が中心的な取り組みとなる．被害防除では直接の被害の現場（圃場一筆）または加害個体（あるいは加害群）が対象となるため，対策の効果は被害発生の有無や程度に直結することとなる．

　とりわけ，イノシシ（*Sus scrofa*）による農作物被害の対策では，個体数低減を目標としてただ闇雲に捕獲を行うことは費用対効果が低いと考えられており（江口，2008），農耕地や集落周辺における被害防除が重要となる．被害を効果的に低減するためには，集落をイノシシの好まない環境にするための「環境改善」，集落や農耕地にイノシシを入れないようにするための「侵入防止対策」，捕獲数を目標とせずに加害個体の捕獲に注力する「適切な捕獲」の 3 つを組み合わせて行う必要がある（江口，2008；坂田，2012）．イノシシの食性や集落環境の利用といった基礎生態を個体レベルの活動範囲を対象とするミクロスケールで把握することによって，加害個体が出没する時期や場所，その環境的な特徴を明らかにするとともに，改善すべき集落環境や侵入を防ぐべき場所を特定することができる（第 3 章 3.2 節参照）．

（1）　イノシシの食性と生息地利用の概論

海外の事例

　イノシシの食性や生息地利用については，ヨーロッパの個体群や北米の野生化個体群を対象とした研究によって明らかにされてきた．一般的に，イノシシは草本類の葉，根や塊茎（地下茎の一部が栄養を蓄積して肥大したもの），堅果や果実，農作物などの植物質を中心に食べる雑食性を示すが，と

きには無脊椎動物（昆虫類やミミズ類），カエル類，小型齧歯類，鳥類の雛，中大型哺乳類の死体などの動物質を食べることもある（Wood and Roark, 1980; Genov, 1981; Howe et al., 1981; Baubet et al., 2003; Schley and Roper, 2003; Herrero et al., 2006）．食性には季節または年による変化が認められ，生息環境中の餌の利用可能性（availability）に応じて柔軟に採食物を変化させる．たとえば，春と夏には草本類やミミズ類を，秋には堅果を，葉や茎が枯れる冬には根・塊茎を中心とした食性を示すことが多い．また，年ごとの堅果の豊凶に応じて，イノシシによる堅果の利用度が変化するとされている（Welander, 2000）．

イノシシの生息地利用には餌資源の利用可能性または隠れ場や休息場となるカバー（草丈の高い草本や低木によって形成された藪や茂み）の存在が大きく影響するとされており（Boitani et al., 1994; Meriggi and Sacchi, 2000），景観構造や土地利用の違いに応じて地域性がみられる．森林が優占する地域では，餌資源やカバーの乏しい針葉樹林を忌避して，広葉樹林を選択的に利用することが多い（Groot Bruinderink and Hazebroek, 1996; Welander, 2000; Fonesca, 2008）．その一方で，まとまった森林が存在しない農村景観や高地の草原地帯では，開放地（草地や牧草地）を餌場として選択的に利用する（Bueno et al., 2009; Thurfjell et al., 2009）．また，生息地利用には日周性や季節性も認められる．一般的に，イノシシは夜行性であり，昼間は林内や農耕地周辺のカバーで休息し，夜間に移動しながら採餌する（Gerard et al., 1991; Boitani et al., 1994; Cahill et al., 2003）．生息地利用の季節性は餌資源の利用可能性との関連が強く，ポーランド南部の事例では，秋から冬には林床に落下した堅果が豊富に存在するため，イノシシはブナ科樹種やカバノキ科樹種が優占する落葉広葉樹林を選択的に利用していた（Fonesca, 2008）．また，農耕地，道路，集落，伐採林などの人為的な攪乱をともなう環境を忌避する傾向を示すが（Gerard et al., 1991; Boitani et al., 1994; Theuerkauf and Rouys, 2008），その一方で農耕地は餌資源が豊富であるために，人間活動が活発な営農期にあたる夏でも選択的に利用した例が報告されている（Thurfjell et al., 2009）．

このように，イノシシは地域ごとの餌資源や環境の条件に柔軟に対応して食性や生息地利用を変化させることができ，非常に順応性の高い動物である

ことがわかる．

日本の事例

続いてニホンイノシシ（*S. s. leucomystax*）の生態について紹介する．先行研究ごとに試料の種類（胃内容物または糞）と分析方法が異なるために単純に比較することは適当ではないが，ニホンイノシシは概ね植物質を中心に採食している（朝日，1975；小寺・神崎，2001；北村，2004；木場ほか，2009；表5.5）．また，草本，堅果，根・塊茎の利用には季節性が認められる場合が多く，餌資源の利用可能性の季節変化に関連すると考えられている．すなわち，春から夏には草本，秋には堅果，冬には根・塊茎の利用の増加が複数の地域でみられ，海外における観察事例とほぼ一致する．ただし，ニホンイノシシの特徴として，春から夏にタケノコの利用が増加する場合があり（小寺・神崎，2001），これはタケノコの生長による利用可能性の増加と関連すると考えられる（安藤，2008）．

ニホンイノシシのミクロスケールの生息地利用は，ラジオテレメトリー法，痕跡調査，カメラトラップ法による研究から明らかにされてきた．ラジオテレメトリー法とは，電波発信器付の首輪を捕獲個体に装着して放野し，アンテナと受信器を用いて対象動物の位置を追跡調査する方法である（Samuel and Fuller, 2001；伊吾田，2012）．島根県石見地方や山梨県狭北地方では，日中は森林や耕作放棄地で休息し（小寺ほか，2001；本田ほか，2008），夜間は農耕地に出没することが報告されている（本田ほか，2008）．また，生息地利用には個体差が認められ，森林内のみで生活を送る個体と林縁に行動圏を形成して森林外の環境を頻繁に利用する個体が存在する（本田ほか，2008）．

痕跡調査とは，調査地域を広く踏査してイノシシが地中の餌を探索・採食する際に行う掘り起こし（rooting）の跡，泥浴び場（ヌタ場），休息場，繁殖巣などの生活痕跡を発見・記録するものである．とくに，掘り起こし跡の調査は，農業被害と関連する採餌生態や餌場の解明につながるため，イノシシの生態調査手法の1つとしてヨーロッパにおいて頻繁に用いられてきた（たとえば，Groot Bruinderink and Hazebroek, 1996; Welander, 2000; Wilson, 2004; Bueno *et al.*, 2009; Thurfjell *et al.*, 2009）．しかし，日本国内に

表 5.5 ニホンイノシシ野生個体群の食性.

調査地域	兵庫, 京都, 大阪	島根 (石見)	山梨	広島	栃木 (新合)	栃木 (氷室)
N	134	260	459	268	90	95
調査年	1970-1971	1994-1995	2002-2003	2003-2007	2010-2011	2010-2011
調査月	11-2 月	9-4 月	通年	通年	8, 11, 2, 5 月	11, 2, 5 月
試料の種類	胃	胃	糞	胃	糞	糞
分析方法	出現頻度	占有率	出現頻度	出現頻度	出現頻度	出現頻度
文献	朝日 (1975)	小寺・神崎 (2001)	北村 (2004)	木場ほか (2009)	角田ほか, 印刷中	角田ほか, 印刷中
植物質						
繊維質	55	12.1-31.5	0.0-7.8	51.5-69.5	75.0-100.0	71.4-100.0
草本				58.5-83.9		
単子葉植物	80	1.8-8.9	41.6-97.0		58.3-78.9	65.9-93.8
双子葉植物		1.6-36.7			5.3-23.1	15.9-22.9
根・塊茎	80	4.4-62.2	0.9-13.0		0.0-42.1	42.9-75.0
樹皮・木本	75	0.4-15.4		19.4-60.6	8.7-61.5	22.9-31.3
堅果		0.1-26.3	27.5-97.0	6.1-54.3	6.5-69.2	0.0-57.1
種子・果実	50	0.0-21.2	77.0-98.3	3.0-40.4	5.3-69.2	9.1-54.3
農作物						
イネ	(8.2)	(+)	14.9-24.0	0.0-2.6	7.7-41.7	0.0-4.5
イモ類	75			0.0-26.4	0.0-8.7	
その他			0.0-6.0	28.3-37.7		
果樹		(+)	0.0-2.0	41.1-56.6	0.0-2.2	
動物質		0.4-10.1				
環形動物	19.4		49.3-93.0	0.0-19.9		
軟体動物	5	(+)		3.0-9.4		
昆虫類			19.6-57.9			
成虫	(26.9)	(+)		9.1-37.7		0.0-6.3
幼虫	(23.1)	(+)		5.7-28.5	0.0-2.2	
甲殻類			0.0-2.5	0.0-6.5	0.0-5.3	
爬虫類				0.0-2.0		
両生類	10	(+)				
鳥類	(10.4)	(+)	0.0-5.0	0.0-4.0	0.0-4.4	
哺乳類	5	(+)		0.0-15.9	0.0-2.2	
備考	朝日(1975)の Fig.3 より 5% 単位で読み取った. カッコ内は本文中の記載をもとに計算した.	種子・果実には農作物を含む. (+) は出現したが, 具体的な数値が示されていなかったもの.				

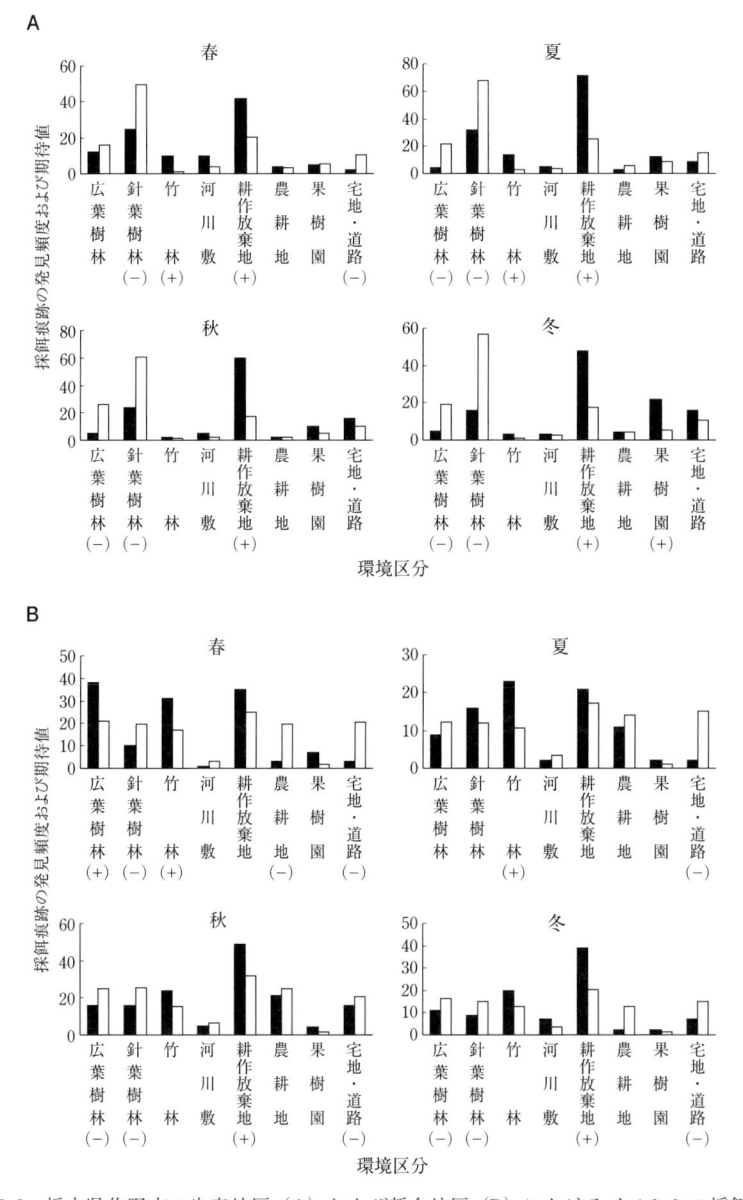

図 5.2 栃木県佐野市の氷室地区（A）および新合地区（B）におけるイノシシの採餌環境選択の季節変化（角田ほか，印刷中より作成）．黒棒はイノシシの掘り起こし跡の発見頻度を，白棒は踏査ルート上の環境区分の構成割合にもとづいて算出した掘り起こし跡の発見頻度の期待値を表す（調査手法および解析手法については大橋ほか，2013 を参照）．また，＋と－は，それぞれイノシシによって選択的に利用または忌避されたことを表す．

おける研究事例は少なく，先行研究では島根県石見地方で実施されたのみであった（小寺ほか，2001）．筆者らは，2010年から2011年にかけて栃木県佐野市の氷室地区と新合地区において掘り起こし跡に関する痕跡調査を行った．その結果，当該地域に生息するイノシシは，耕作放棄地や竹林をおもな餌場として利用していた（図5.2）．その一方で，針葉樹林を避ける傾向がみられた．同様の傾向は前出の小寺ほか（2001）においても観察されている．また，人口密度が高く，人間や自動車の往来が激しい新合地区（図5.2B）では宅地や道路の利用が相対的に少なかった．この理由として，宅地や道路では建造物や舗装のために餌資源が乏しいことに加え，カバーが存在しないため人間との遭遇機会が高く，本来臆病な性質であるイノシシが忌避したと考えられる．

カメラトラップ法とは，自動撮影装置（赤外線センサーを備え，カメラの前を動物が通過するとセンサーが反応して自動的に撮影する装置）を動物の通り道に設置して，動物の出没状況を把握する方法である（金子ほか，2009；O'connell et al., 2010）．上田・姜（2004）は，山梨県甲府盆地の果樹園と放棄果樹園におけるイノシシの出没状況について自動撮影装置を用いて調査し，果実（モモおよびスモモ）が熟する6月から8月の日没直後に出没のピークがあること，そして，果樹園よりも放棄果樹園における出没頻度が多いことを明らかにした．

(2) ニホンイノシシによる農作物と集落環境の利用の特徴

ニホンイノシシは，穀類，野菜，果実，タケノコなどさまざまな農作物に加害する．しかし，食性中における農作物の出現頻度や占有率は，ほかの採食物と比べてそれほど高い値を示すわけではない（表5.5）．また，農作物の種類によって被害の発生時期はおおよそ決まっている（坂田，2012）といわれるように，多くの場合には農作物の利用に季節性が認められる．たとえば，イネやカキでは実りを迎える夏から秋にかけて利用のピークがみられる（小寺・神崎，2001；北村，2004；木場ほか，2009）．非営農期にあたる晩秋から初春においても農作物の利用が観察される場合もあるが（朝日，1975；北村，2004；木場ほか，2009），その多くは収穫されずに農耕地や集落周辺に遺棄された農作物の残滓，捕獲の際に用いられた餌，刈り取り後に生長し

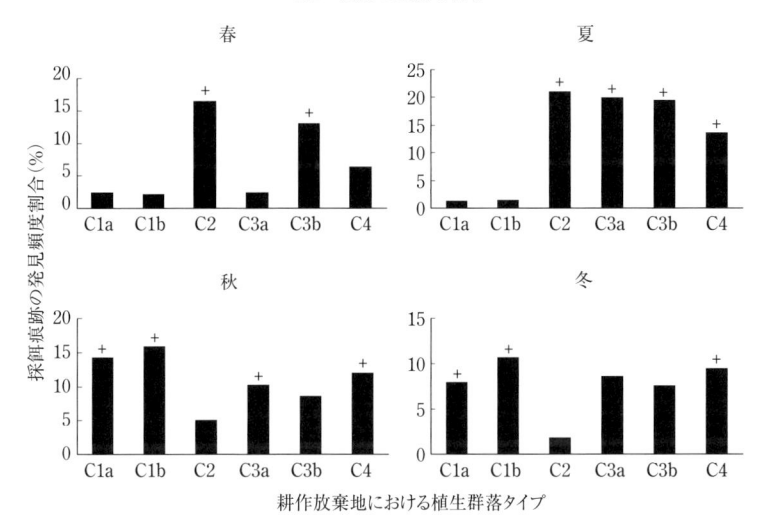

図 5.3 栃木県佐野市氷室地区における異なる植生群落タイプの耕作放棄地ごとのイノシシの掘り起こし跡の発見頻度割合（大橋ほか，2013 より作成）．耕作放棄地の管理者への聞き取り調査から，C1a から C2 ではすべての調査プロットで，C3a では約半数の調査プロットで草刈りなどの維持管理が行われていたが，C3b および C4 では維持管理作業は行われていなかった．植生群落タイプは以下のように区分される．C1a：メヒシバ–オヒシバ群落，C1b：アキノエノコログサ–ハルジオン群落，C2：イヌビエ–コブナグサ群落，C3a：ヨモギ–ヘビイチゴ群落，C3b：ススキ–セイタカアワダチソウ群落，C4：アズマネザサ群落．図中の＋はイノシシによって選択的に利用されたことを表す．

たイネの二番穂（ヒコバエ）の利用によると考えられる．

ニホンイノシシによる集落環境利用の特徴は，ほぼ 1 年を通して耕作放棄地に対して選択性を示す点である（小寺ほか，2001；大橋ほか，2013；図 5.2）．この理由として，耕作放棄地には餌資源が豊富に存在することと，隠れ場や休息場となるカバーが形成されることがあげられる．筆者らが佐野市氷室地区で実施した痕跡調査において，耕作放棄地に生育する植物群落を類型化し，イノシシの痕跡の発見率との関係を調べた．その結果，定期的に草刈りが行われている耕作放棄地（C1a, C1b, C2, C3a）ではイノシシによる利用は季節的に変化したが，草刈りが行われていない耕作放棄地（C3b, C4）は 1 年を通して利用頻度が高かった（図 5.3；大橋ほか，2013）．また，C3b, C4 の耕作放棄地では，休息場の痕跡が多数発見され（13 例中 11 例），

C1a：メヒシバ-オヒシバ群落

C1b：アキノエノコログサ-ハルジオン群落

C2：イヌビエ-コブナグサ群落

C3a：ヨモギ-ヘビイチゴ群落

C3b：ススキ-セイタカアワダチソウ群落

C4：アズマネザサ群落

図 5.4 栃木県佐野市氷室地区の耕作放棄地に形成された植物群落（写真撮影：大橋春香）.

とくに夏に選択的に利用された（大橋ほか，2013）．C3b，C4 の耕作放棄地ではススキ（*Miscanthus sinensis*）やアズマネザサ（*Pleioblastus chino*）が繁茂し，深い藪となっていた（図 5.4）．このことから，耕作放棄地のなかでも植生遷移が進行して深いカバーが形成された場所をイノシシが好むことが示唆された．

（3） イノシシの生態からみた集落レベルでの農作物被害発生のメカニズム

これまで述べたイノシシの食性や生息地利用の特徴を整理することによって，集落レベルでの農作物被害の発生メカニズム（①誘引要因の存在→②潜在的な加害個体の出現→③農耕地への侵入→④被害発生）が理解できる（図5.5）．イノシシは，臆病で警戒心の強い動物であり（江口，2008），本来は人為的な攪乱をともなう環境や人間活動が活発な時間帯を避けて活動する（Ohashi et al., 2013）．しかし，餌場やカバーを提供する耕作放棄地，あるいは人為由来の餌資源（農作物，未収穫作物，廃棄作物）など，イノシシにとって魅力的な環境や資源が利用可能な状態で集落内に存在する場合には，イノシシを集落に誘引する要因となる（図5.5の①）．とくに，定期的な草刈りが行われず遷移が進行した耕作放棄地は，人間が訪れる機会も少ないため，イノシシに対して好適な環境を提供する．このことが，イノシシの行動圏や生息地利用を変化させて，潜在的な加害個体を生み出すと考えられる（図5.5の②）．イノシシの生息地利用は個体差が大きく（Boitani et al., 1994；本田ほか，2008），ある地域に生息する個体群のすべての個体が加害個体となるわけではない．いわゆる加害個体とは，おもに林縁周辺に行動圏を構え

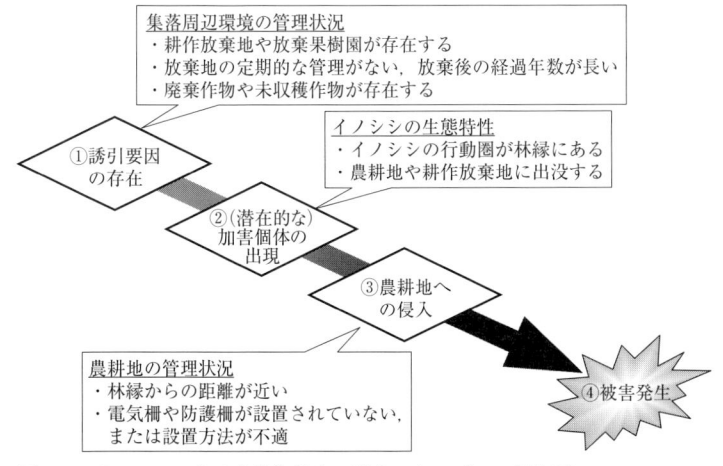

図 **5.5** イノシシによる農作物被害の発生メカニズムの概念図．

て，耕作放棄地や農耕地を利用する個体である（本田ほか，2008）．そのため，ある地域のイノシシの個体数が増えたとしても，必ずしも被害量が増えるとは限らず，逆に，全体の個体数が増えなくとも加害個体が増加すれば，被害が増加する可能性がある．集落の周辺に潜在的な加害個体が生息する状況下において，防護柵が適切に設置されていない場合には，農耕地へのイノシシの侵入を容易に許すこととなり（図5.5の③），結果的に農作物被害が発生する．

（4） 集落レベルでの効果的な被害管理に向けて

イノシシによる農作物被害対策の技術はすでに確立されており，対策を適切に行うことによって効果的に被害を軽減することができる（坂田，2012）．たとえば，隙間やぐらつきのないように防護柵を設置し，定期的にチェックやメンテナンスを実施することによって被害防除の効果は高まる（本田，2005；江口，2008）．しかし，防護柵の設置によって，ある圃場における被害をなくすことができたとしても，対策が実施されていない，あるいは不十分であるほかの圃場へと被害が移る可能性が高く，集落全体からみれば被害がなくなったことにはならない．

野生動物による農作物被害の問題を集落レベルにおいて根本的に解決するためには，前項で示した被害発生メカニズムの各段階（図5.5の①から③）への対処が必要となる．とくに，第1段階である集落環境の整備は加害個体の発生を防ぐためにも重要な取り組みであり，具体的には，防護柵によってイノシシの侵入を防いで，イノシシが農作物を利用できない状況をつくるとともに，耕作放棄地の解消と利用可能な餌資源（未収穫作物や廃棄作物）の除去を徹底する必要がある．また，集落全体の土地利用計画を見直し，野生動物が物理的・心理的に侵入しにくい土地利用形態へと導くことも検討すべきであろう．たとえば，イノシシによる農作物被害は林縁に近い農耕地において多く発生する傾向にあるため（Honda and Sugiyama, 2007；野元ほか，2010），守るべき農耕地を林縁から遠い場所に集中させて，林縁と農耕地との間に十分な緩衝帯（カバーのない開けた場所）を設けるといった土地の配置転換が考えられる．さらに，痕跡調査や自動撮影装置などから加害個体の出没場所を特定して捕獲を行うことによって，被害低減効果を高めることが

可能となるだろう．ただし，江口（2008）の指摘のように，捕獲を計画する際にはイノシシの学習能力の高さやメスと子が群れを形成することを考慮し，加害個体（または加害群）の行動的・生態的特徴（たとえば，出没の時間帯，通り道，群れの構成など）を事前によく把握する必要がある．

　集落環境の改善と防護柵による侵入防止対策を徹底し，加害個体に特化した捕獲を必要に応じて実施するという「総合的な被害管理」を集落のすべての住民が参加して取り組むことによって，集落レベルでのイノシシの被害を効果的に防ぐことができると考えられる．このような考え方は，シカやサルなどのほかの獣種の対策においても共通する部分が多いため，獣種ごとの生態や行動の特性を考慮した対策を適宜組み合わせて実践することによって，野生動物による複合的な被害への対応が可能になる．

引用文献

安藤誠也．2008．イノシシの行動特性と放置竹林の関係．奈良大学大学院研究年報，13：207-209．
朝日　稔．1975．狩猟期におけるイノシシの胃内容．哺乳動物学雑誌，6：115-120．
Baubet, E., Y. Ropert-Coudert and S. Brandt. 2003. Seasonal and annual variations in earthwarm consumption by wild boar (*Sus scrofa scrofa* L.). Wildlife Research, 30：179-186.
Boitani, L., L. Mattei, D. Nonis and F. Corsi. 1994. Spatial and activity patterns of wild boars in Tuscany, Italy. Journal of Mammalogy, 75：600-612.
Bueno, C. G., C. L. Alados, D. Gomez-Garcia, I. C. Barrio and R. Garcia-Gonzalez. 2009. Understanding the main factors in the extent and distribution of wild boar rooting on alpine grassland. Journal of Zoology, 279：195-202.
Cahill, S., F. Llimona and J. Garcia. 2003. Spacing and nocturnal activity of wild boar *Sus scrofa* in a Mediterranean metropolitan park. Wildlife Biology, 9 Supple. 1：3-13.
江口祐輔．2008．農作物被害対策——イノシシの被害管理．（高槻成紀・山極寿一，編：日本の哺乳類学②中大型哺乳類・霊長類）pp. 401-426．東京大学出版会，東京．
Fonesca, C. 2008. Winter habitat selection by wild boar *Sus scrofa* in southeastern Poland. European Journal of Wildlife Research, 54：361-366.
Genov, P. 1981. Food composition of wild boar in North-eastern and Western Poland. Acta Theriologica, 26：185-205.
Gerard, J.-F., B. Cargnelutti, F. Spitz, G. Valet and T. Sardin. 1991. Habitat use of wild boar in a French agroecosystem from late winter to early summer.

Acta Theriologica, 36：119-129.
Groot Bruinderink, G. W. T. A. and E. Hazebroek. 1996. Wild boar（*Sus scrofa scrofa* L.）rooting and forest regeneration on podzolic soils in the Netherland. Forest Ecology and Management, 88：71-80.
Herrero, J., A. Garcia-Serrano, S. Couto, V. M. Ortuno and R. Garcia-Gonzalez. 2006. Diet of wild boar *Sus scrofa* L. and crop damage in an intensive agroecosystem. European Journal of Wildlife Research, 52：245-250.
本田　剛．2005．イノシシ（*Sus scrofa*）用簡易被害防止柵による農業被害の防止効果——設置及び管理要因からの検証．野生生物保護，9：93-102．
Honda, T. and M. Sugiyama. 2007. Environmental factors affecting damage by wild boars（*Sus scrofa*）to rice fields in Yamanashi Prefecture, central Japan. Mammal Study, 32：173-176.
本田　剛・林　雄一・佐藤喜和．2008．林縁周辺で捕獲されたイノシシの環境選択．哺乳類科学，48：11-16．
Howe, T. D., F. J. Singer and B. B. Ackerman. 1981. Forage relationships of European wild boar invading northern hardwood forest. Journal of Wildlife Management, 45：748-754.
伊吾田宏正．2012．ラジオトラッキング技術．（羽山伸一・三浦慎悟・梶　光一・鈴木正嗣，編：野生動物管理——理論と技術）pp. 203-215．文永堂出版，東京．
井上雅央．2008．これならできる獣害対策．農山漁村文化協会，東京．
金子弥生・塚田英晴・奥村忠誠・藤井　猛・佐々木浩・村上隆広．2009．食肉目のフィールドサイン，自動撮影技術と解析——分布調査を事例にして．哺乳類科学，49：65-88．
神崎伸夫・金子雄二．2001．神奈川県藤野町におけるニホンイノシシによる農作物被害と被害対策の現状．ワイルドライフ・フォーラム，6（4）：155-160．
木下大輔・九鬼康彰・武山絵美・星野　敏．2007．和歌山県における獣害対策の実態と農家および非農家の意識．農村計画学会誌，26，論文特集号：323-328．
木下大輔・九鬼康彰・星野　敏・武山絵美．2009．水稲地域における集団的な獣害対策の現状と非農家の協力の可能性．農村計画学会誌，27，論文特集号：227-232．
北村美香子．2004．山梨県河口湖町におけるイノシシの食性．東京農工大学大学院修士論文．
木場有紀・坂口実香・村岡里香・小櫃剛人・谷田　創．2009．広島県呉市上蒲刈島におけるイノシシの食性．哺乳類科学，49：207-215．
小寺祐二・神崎伸夫．2001．島根県石見地方におけるニホンイノシシの食性および栄養状態の季節変化．野生生物保護，6：109-117．
小寺祐二・神崎伸夫・金子雄司・常田邦彦．2001．島根県石見地方におけるニホンイノシシの環境選択．野生生物保護，6：119-129．
九鬼康彰・武山絵美．2008．獣害対策への農家の取り組み意向と集落特性．農業農村工学会論文集，256：367-374．

引用文献

桑原考史・大橋春香・齊藤正恵・弘重　穣・小池伸介・戸田浩人・梶　光一. 2010. イノシシによる地域農業被害の実態と対策の方向性——栃木県佐野市K土地改良区の事例. 農業経済研究別冊 2010 年度日本農業経済学会論文集：305-312.

桑原考史・加藤恵里. 2012. 獣害対策コスト分析に基づく支援制度の考察——集落法人経営におけるイノシシ対策としてのワイヤーメッシュ柵設置を例に. 日本農業経営学会誌, 50 (2)：49-54.

Meriggi, A. and O. Sacchi. 2000. Habitat requirements of wild boars in the northern Appennines (N Italy)：a multi-level approach. Italian Journal of Zoology, 68：47-55.

中村大輔・吉田　洋・松本康夫・林　進. 2007. ニホンザル被害に対する集落住民の対策意識. 農村計画学会誌, 26, 論文特集号：317-322.

野元加奈・高橋俊守・小金澤正昭・福村一成. 2010. 栃木県茂木町の水田と畑地におけるイノシシ被害地点と周辺環境特性. 哺乳類科学, 50：129-135.

O'connell, A. F., J. D. Nichols and U. K. Karanth. 2010. Camera Traps in Animal Ecology：Methods and Analyses. Springer-Verlag, Tokyo.

小笠原輝・本郷哲郎. 2002. 地方都市近郊集落における土地利用の変遷と野生のサル，イノシシとの接触. 民族衛生, 68 (2)：36-42.

Ohashi, H., M. Saito, R. Horie, H. Tsunoda, H. Noba, H. Ishii, T. Kuwabara, Y. Hiroshige, S. Koike, Y. Hoshino, H. Toda and K. Kaji. 2013. Difference in the activity pattern of the wild boar Sus scrofa related to human disturbance. European Journal of Wildlife Research, 59：167-177.

大橋春香・野場　啓・齊藤正恵・角田裕志・桑原考史・閻　美芳・加藤恵里・小池伸介・星野義延・戸田浩人・梶　光一. 2013. 栃木県南西部の耕作放棄地に成立する植物群落とイノシシ Sus scrofa Linnaeus の生息痕跡の関係. 植生学会誌, 30：37-49.

大下麻子・丸山直樹. 2003. 南伊豆町におけるイノシシ被害農業の現状と将来——農業従事者からの聞き取り. 野生生物保護, 8 (1)：31-44.

坂田宏志. 2012. イノシシの管理技術. （羽山伸一・三浦慎悟・梶　光一・鈴木正嗣，編：野生動物管理——理論と技術）pp. 365-375. 文永堂出版，東京.

作野広和. 2006a. 島根県中山間地域におけるイノシシ被害と農家経営. 島根大学教育学部担当研究課題報告書 I.

作野広和. 2006b. 島根県大田市におけるイノシシ被害と集落特性. 島根大学教育学部担当研究課題報告書 II.

作野広和. 2009. 中山間地域における集落の実態とイノシシ被害. 生物科学, 60 (2)：78-88.

Samuel, M. D. and M. R. Fuller (岡野美佐夫訳). 2001. ラジオテレメトリー. （日本野生動物医学会・野生生物保護学会，監修：野生動物の研究と管理技術）pp. 437-495. 文永堂出版，東京.

Schley, L. and T. J. Roper. 2003. Diet of wild boar Sus scrofa in Western Europe, with particular reference to consumption of agricultural crops. Mammal Review, 33：43-56.

Theuerkauf, J. and S. Rouys. 2008. Habitat selection by ungulates in relation to predation risk by wolves and humans in the Bialowieza Forest, Poland. Forest Ecology and Management, 256：1325-1332.

Thurfjell, H., J. P. Ball, P.-A. Ahlen, P. Kornacher, H. Dettki and K. Sjoberg. 2009. Habitat use and spatial patterns of wild boar *Sus scrofa* (L.)：agricultural fields and edges. European Journal of Wildlife Research, 55：517-523.

徳野貞雄．2008．農山村振興における都市農村交流，グリーン・ツーリズムの限界と可能性──政策と実態の狭間で．(日本村落研究学会，編：グリーン・ツーリズムの新展開──農村再生戦略としての都市・農村交流の課題) pp. 43-93．農山漁村文化協会，東京．

角田裕志・大橋春香・齊藤正恵・堀江玲子・野場　啓・小池伸介・星野義延・戸田浩人・梶　光一．2014．栃木県佐野市新合地区および氷室地区におけるイノシシの採餌環境．野生動物と社会，1：印刷中．

上田弘則・姜　兆文．2004．山梨県におけるイノシシの果樹園・放棄果樹園の利用．哺乳類科学，44：25-33．

Welander, J. 2000. Spatial and temporal dynamics of wild boar (*Sus scrofa*) rooting in a mosaic landscape. Journal of Zoology, 252：263-271.

Wilson, C. J. 2004. Rooting damage to farmland in Dorset, southern England, caused by feral wild boar *Sus scrofa*. Mammal Review, 34：331-335.

Wood, G. W. and D. N. Roark. 1980. Food habits of feral hogs in coastal South Carolina. Journal of Wildlife Management, 44：506-511.

八木洋憲・作野広和・山下裕作・植山秀紀．2004．中山間地域における獣害対策を考慮した農地保全分級．農業経済別冊研究2004年度日本農業経済学会論文集：342-347．

山端直人．2010．獣害対策の進展が農家の農地管理意識に及ぼす効果．農村計画学会誌，29，論文特集号：245-250．

山本晃一・安岡平夫・宮本　誠．2004．集落ぐるみの獣害防護柵設置に対する農家の意識．近畿中国四国農研，4：47-53．

6 メソスケールの管理
市町村レベル

大橋春香

6.1 市町村における被害対策と集落

　市町村は，地域住民にとってもっとも身近な自治体組織である．2008年2月に「鳥獣による農林水産業等に係る被害の防止のための特別措置に関する法律」（以下，鳥獣被害防止特措法）が施行され，市町村を獣害防止施策の基礎単位とすることが明示された．これにより，市町村は農林水産大臣が策定した基本指針に即して，各市町村が単独または共同して被害防止計画を作成すれば，市町村単位で被害対策に取り組むことが可能となった．このように市町村は今後，鳥獣管理において重要な役割を担うことがいっそう期待されているが，その一方で，専門的な知識をもつ「人材の不足」や，市町村合併が進み区域が広域化することによる「目配り機能の低下」といった問題も抱えている．さらに，広域化によって同じ市町村のなかでも，地域によって社会経済的な状況にも，自然環境条件にも相違が乗じている場合が多く，最適な管理のあり方もそれぞれ異なっている．そのため，地域住民の生産の基盤となる個々の圃場を守ることに加え，「どのようにして対象地域全体の農業被害を減らしていくか」という公益を考え，科学的に施策を行うことが，市町村スケールでの野生動物管理の重要な課題となる．

　本章では，メソスケール（市町村レベル）での野生動物管理について，これまで行われてきた研究事例を紹介しながら論じる．

（1）野生動物管理における「3つの管理」とはなにか

　野生動物管理の手法には「個体数管理」「生息地管理」「被害防除」の3つがある（環境省HP特定鳥獣保護管理計画策定のためのガイドライン，

表 6.1 栃木県内の市町で行われているおもな鳥獣害対策（福原，2011 より）．被害対策類

市町村[注1]	調査時期	出所	個体数調整	被害防除	生息環境管理	普及啓発	モニタリングおよび調査・研究の推進
那須町	2009.6.10	農林振興課	●			●	
那須塩原市	2009.6.26	農林整備課	●	●	●		●
日光市	2009.5.29	農林課	●	●	●	●	
矢板市	2009.6.10	商工林業観光課，農務課	●		●		
塩谷町	2009.6.4	産業振興課	●		●		
那珂川町	2009.5.29		●	●	●	●	
さくら市	2009.6.9	農政課	●	●	●		
那須烏山市	2009.5.29		●	●	●		
高根沢町	2009.5.29	農産振興課					
鹿沼市	2009.6.3	産業課	●	●	●		
市貝町	2009.5.29		●	●		●	
芳賀町	2009.5.29		●				
茂木町	2009.5.29			●	●	●	
益子町	2009.5.29	産業観光課	●	●	●	●	●
壬生町	2009.6.5	農務課	●				
西方町	2009.6.19	産業振興課	●		●	●	
栃木市	2009.6.23	農林課	●				
都賀町	2009.6.3	経済課	●				
真岡市	2009.5.29		●	●	●		
上三川町	2009.7.9	産業振興課	●				
佐野市	2009.5.29	農政課	●	●			●
足利市	2009.5.29	農務課	●	●	●	●	
下野市	2009.6.15	農政課					
岩舟町	2009.6.9	経済課				●	
小山市	2009.6.3	農政課					
野木町	2009.6.3	産業課					

注1）大田原市，宇都宮市，大平町，藤岡町は調査未実施である．
注2）2010年度の狩猟免許適正検査および講習の場所を示す．
注3）2010年7月末現在の情報である．

型の●は，その類型の対策を当該市町で実施していることを示す．

捕獲担い手の確保(注2)	特定鳥獣保護管理地域計画（または被害防止計画）の作成(注3)	その他	補助金
	●		
	●		とちぎの元気な森づくり県民税 資材購入費補助
●	●		とちぎの元気な森づくり県民税
●	●		とちぎの元気な森づくり県民税
	●		とちぎの元気な森づくり県民税 農地・水・環境保全向上対策活動 わがまち自慢推進事業
	●	イノシシ肉の特産品化	資材購入費補助
	●		
●	●		とちぎの元気な森づくり県民税 資材購入費補助
●	●		とちぎの元気な森づくり県民税 資材購入費補助 資材購入費補助
	●		
	●		中山間地域直接支払制度 資材購入費補助
	●		
	●		とちぎの元気な森づくり県民税
	●		
●			とちぎの元気な森づくり県民税 資材購入費補助
●	●		資材購入費補助
	●	イノシシとの事故防止のための紙芝居をつくる	とちぎの元気な森づくり県民税 資材購入費補助
	●		

http://www.env.go.jp/nature/choju/plan/plan3.html).個体数管理とは，「地域個体群の長期にわたる安定的な維持と被害の低減を図るために，野生鳥獣の個体数，生息密度，分布域または群れの構造などを適切に管理する」こととされている．生息地管理とは，「野生鳥獣の生息地を適切に整備すること，あるいは野生鳥獣の生息地と農地との間に緩衝地帯を設けることによって，農地や集落への出没を減少させ，被害を減らす管理」とされている．被害防除とは，「農林業や人身に対する被害発生の原因やプロセスを解明し，様々な被害防止技術を用いて被害の低減を図る手法」とされている．被害防止計画にもとづき，この3つの管理をバランスよく総合的に実施するための調整役となることが，市町村スケールの野生動物管理の役割といえる．

3つの管理のなかで，個体数管理は都道府県と狩猟者団体，生息地管理は国，都道府県などの行政の協力が必要となる管理手法である．一方で，被害防除に関しては，自分の畑だけではなく地域の「共同で守る集落体制」により獣害に強い地域をつくることが重要であることが指摘されている（江口，2003）．また，「当事者になれない対策は無意味」であり，「非農家も含めてできるだけ多くの住民を巻き込んで集団的に獣害対策に取り組むことが必要」であるという知見もある（木下，2007）．これらの知見の蓄積から，被害防除では，農家を中心とした地域・集落の住民が一体となって主体的に取り組み，行政や農業普及指導センター，試験研究機関などがそれを支援する形態がもっとも効果的とされている．しかし，行政と地域住民との協働や農家・非農家を超えた地域ぐるみの対策にはまだ課題が多く，なかなか進展していないのが実情である．

福原（2011）は2010年に栃木県内の各市町で実施されているイノシシ害対策事業をアンケート調査により把握した（表6.1）．回答のあった26市町のうち，17の市町で「特定鳥獣保護管理地域計画等の作成」が行われていた（2010年7月末現在の情報）．また，19の市町で捕獲などによる「個体数調整」が，13の市町で里地里山の整備による「生息環境管理」が，12の市町で防護柵の設置による「被害防除」が，10の市町で「普及啓発」が，6の市町で「捕獲担い手の確保」が，3の市町で「モニタリングおよび調査・研究の推進」がそれぞれ行われていた．また，このアンケート調査のなかで，今後の展望や方向性について「地域住民との協働を望む」という声が多く聞

表 6.2 栃木県の市町におけるイノシシ害対策（獣害対策）における今後の展望や方向性（アンケート調査により作成）（福原, 2011 より）.

地域住民との協働のために積極的支援を講ずる：6 市町
- 行政だけの活動には限界があり，地域の農家や猟友会，NPO などの協力の下，住民主体の活動を行うことが重要．行政として，支援できる体制を整備したい．（那須町農林振興課）
- 防除を重視した住民主体の対策の進展を求める．行政としても普及啓発のパンフ作成など協力をする．（那須烏山市）
- 住民が個人ではなく，ある程度のまとまりとして規模を大きくすることにも対応し，支援したい．（鹿沼市農産振興課）
- 地域住民と一体となった効果的な対策を講じていきたい．（栃木市農林課）
- 住民同士の間を市が取り持つなど，住民主体の活動には積極的に支援している．全体的な対策の必要性．市全体で共通認識を持って対策していきたい．（足利市農務課）
- 住民の参加を求めている．しかし高齢化でこれ以上は動けない．（茂木町）

地域住民との協働を望むが，積極的支援はしていない：7 市町
- 地域に応じた対応が必要である．住民が主体となった取り組みの進展を望む．（日光市農林課）
- 防除に対する関心，活動が住民や地域に根付けばいい．（さくら市農政課）
- 地域住民や農林業関係団体の自主的・主体的な取り組みは，今後整備されると思う．（高根沢町産業課）
- 現状は，個人対策が主であるが，住民が主体となった被害防除の取り組みが，進展することを行政としては望む．（市貝町）
- 住民が主体となる防除対策が今後，進展することを行政側としては望む．（真岡市）
- 住民が主体となる防除対策の取り組みが，進展することを行政としては望む．特に，耕作放棄地の減少など，住民に協働意識を持ってもらいたい．（佐野市農政課）
- 被害対策は行政が中心だが，住民の参加を求めている．地域に合った取り組みを住民参加で行っていきたい．（益子町産業観光課）

各主体がばらばらに対策することへの限界を感じる（具体的な策なし）：3 市町
- 行政主体の捕獲事業には限界がある．捕獲してもきりがない．（西方町産業振興課）
- 住民が個人的に行う防除対策には費用対効果に限界がある．（塩谷町産業振興課）
- 集団的に，あるいは地域ぐるみで野生鳥獣が寄り付かない環境づくりに取り組む必要がある．（那須塩原市農林整備課）

住民の自主的対策を望む：1 市町
- 被害地域の住民が狩猟免許などを取り，自主的に防衛・対策を講じてほしい．（都賀町経済課）

住民との協働を求めない：1 市町
- 住民からのアクションに期待しているわけではない．（芳賀町）

かれた（表 6.2）．そのなかでも，「住民の主体的な取り組み」を中心とした住民と行政との協働関係を今後とも望む意見が多く聞かれた一方で，そのための支援に関してはなんの措置もとっていない市町が大半を占めることが明らかとなった．

(2) 佐野市自治体における獣害対策関連施策の展開状況

栃木県内の市町村における施策の事例として，栃木県佐野市における獣害対策関連施策の展開状況を紹介しよう．

佐野市では，2005年の市町村合併から2010年度まで，市産業文化部の農山村振興課と農政課に，獣害対策関連事業をほかの業務と兼任する担当者をそれぞれ置いていた．この間2006年には佐野市有害鳥獣被害対策協議会が設立されている．2011年，産業文化部農山村振興課に「鳥獣害対策係」が新設され，3名の職員が配置された．また，2011年度には，鳥獣被害防止計画（2010-2012年度）が作成された．

栃木県佐野市では獣害対策に関連する事業が表6.3のように実施されてい

表6.3 佐野市における獣害対策関連事業の推移．

事業主体	事業名	年度 2006	2007	2008	2009	2010	2011	備考
佐野市	有害鳥獣被害防止対策支援事業	■	■	■	■	■	■	2005年2月の市町合併以前から旧市町単位でも同様の事業を実施．
	有害鳥獣捕獲事業	■	■	■	■	■	■	2005年2月の市町合併以前から旧市町単位でも同様の事業を実施．
	イノシシ肉加工施設調査事業				■			
	イノシシ肉加工施設建設事業					■		
	明るく安全な里山林整備事業			■	■	■		
	中山間直接支払い事業	■	■	■	■	■	■	
栃木県	獣害対策モデル事業				■			
	住民参加型獣害防護対策実践モデル事業	■						
	夢大地応援団				■	■		

注：■は実施年度．

る（弘重, 2012). 市内で実施されている事業のうち佐野市が事業主体のものは，おもに住民の被害防除柵購入の費用補助を行う「有害鳥獣被害防止対策支援事業」，野生動物の駆除を行う「有害鳥獣捕獲事業」，林縁部の緩衝帯整備を行う「明るく安全な里山林整備事業」である．有害鳥獣被害防止対策支援事業の事業費は，年によって変動はあるものの，やや増加傾向にある（図 6.1). 有害鳥獣捕獲事業の事業費も，事業による捕獲実績も急激に増加している（図 6.2, 図 6.4). また，有害鳥獣捕獲事業では狩猟者には報奨金が用意されるが, 1 頭あたりに支払われる報奨金の単価も 2006 年以降に増加している（図 6.3).「明るく安全な里山林整備事業」では，「野生鳥獣被害の軽減」を目的として実施される場合がとくに多く，整備面積は図 6.5 のように推移している．また地区によっては，農地，畦畔，水路などの環境整備によって野生動物が近づきにくい里地環境の創出につながる事業であり，また，事業費を獣害防止柵の設置などにも活用できる「中山間地域等直接支払事業」や「農地・水・環境保全向上対策事業」が実施されている．市内で実施されている事業のうち栃木県が事業主体のものは，住民主体の獣害対策を推進するための事業である「獣害対策モデル事業」ならびに「住民参加型獣害防護対策実践モデル事業」，遊休農地などの地域環境整備のための市民ボランティアを地域に斡旋する事業であり，野生動物が近づきにくい里地環境の創出につながる「夢大地応援団」である．

　市内で実施されている獣害対策に関連する事業は，「個人」を対象とするものと，「集落」を対象とするものの 2 つに区分することができる．「有害鳥獣被害防止対策支援事業」のうち，電気柵の購入補助は「個人」を対象としており，希望する住民個人に電気柵の購入補助を 50% 以内で行い，設置作業は住民個人に任せている．一方，金属メッシュ柵の購入補助や，「明るく安全な里山林整備事業」は，「集落」を単位とすることが基本となっている．たとえば，「明るく安全な里山林整備事業」では，指定された場所を 5 年間，住民が整備することを条件に, 1 年目は 25 万円/ha まで, 2-5 年目は 5 万円/ha の整備費用が「とちぎ元気な森づくり県民税」から支給される. 1 年目は整備を業者に委託することが可能な金額が支給されるが, 2 年目以降は住民自身で整備作業を実施していく必要があり，その合意が地域内でできた地区で事業が実施されている．つまり，「集落」単位での合意形成の成否が,

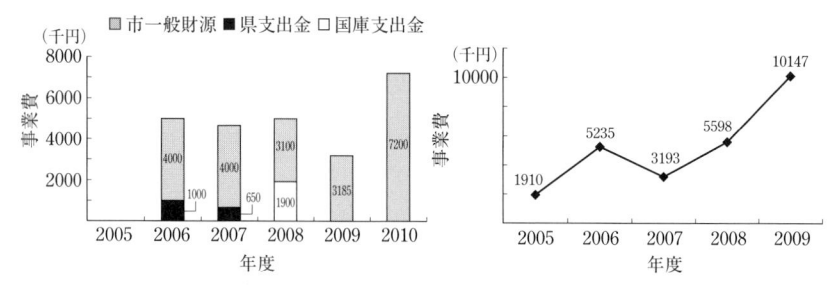

図 6.1 佐野市における有害鳥獣被害防止対策支援事業の事業費の推移（2005-2010）．

図 6.2 佐野市における有害鳥獣捕獲事業の事業費の推移（2005-2009）．

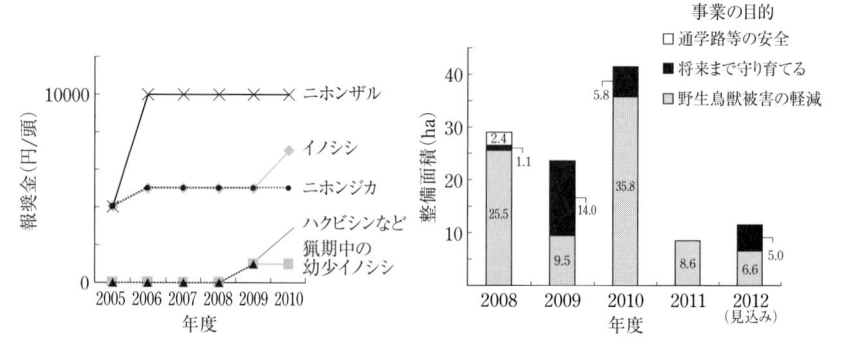

図 6.3 佐野市の有害鳥獣捕獲事業における捕獲報奨金の推移（2005-2010）．

図 6.5 佐野市における「明るく安全な里山林整備事業」による里山林整備面積の推移（2008-2012）．

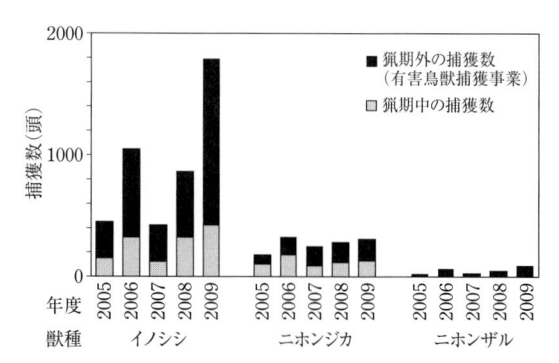

図 6.4 佐野市における有害鳥獣捕獲事業の捕獲実績の推移（2005-2009）．

多くの行政の事業メニューを導入するうえの前提条件となっており，地域ぐるみの取り組み体制が確立できていない集落では対策が進みにくいという課題を抱えていることがあらためて確認できる（詳細は第5章5.1節参照）．

（3） 獣害対策事業を実施する「集落」の単位とはなにか

一般に，農山村地域では，市町村のような基礎的自治体よりももっと小さな空間的な範囲で生産・生活の単位が形成され，自治組織として機能している（日本村落研究学会，2007）．このような自治組織は，日常生活を営むうえで重要な役割を果たしているだけでなく，「集落」を基礎単位とする獣害対策の実施主体としても重要である．第5章5.1節で紹介した栃木県佐野市下秋山地区では，現在，住民自治の中心的組織は下秋山町会であり，この組織が集落ぐるみの獣害対策（獣害対策モデル事業）の受け皿にもなっている．町会の下には，関場・渡戸・堀ノ内・栃橋・宮原・前沢・片根の7つの「坪（ツボ）」という単位が置かれている（図6.6）．坪間の地理的な境界は明確で，それぞれの坪がそれぞれ山の祠を奉っている．坪長以下の役職があり，独立した会計も備えている．冠婚葬祭や川掃除の労働供出など資源管理活動の単位ともなっている．下秋山地区では，一般的な自治会，町内会，町会の下部組織としての班や組と比較して，この「坪」の自立性が高いことが特徴といえる．一方，「下秋山町会」という地域単位は，戦後になって行政主導

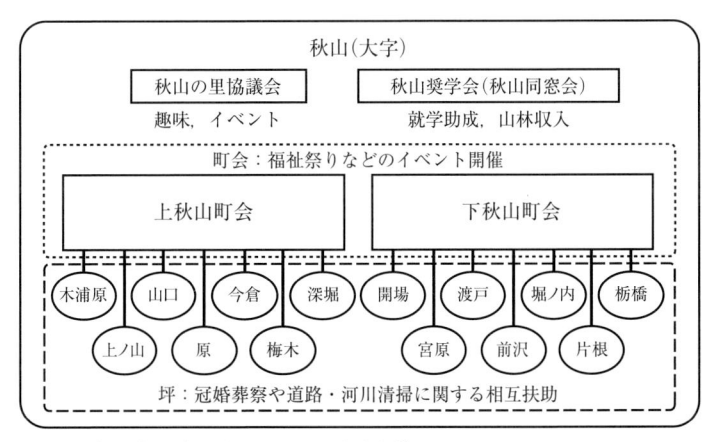

図 **6.6** 佐野市下秋山地区における地域組織．

の結果できた地域単位であり，戦前は下秋山の上流に位置する「上秋山町会」の区域を合わせた「秋山」が，近世村に由来する大字として存在していた．この「秋山」という地域単位は，共有林野（現在の「秋山奨学会」保有林）の保有単位，小学校区の範囲として機能してきた．このように，とくに農山村では，いくつかの地域単位が重層的に存在し，全体として住民自治の組織として，また行政の末端組織として機能しているのである．

　福田（2012）によれば，兵庫県北部では，自治体，町内会単位の自律性がきわめて強く，近世村由来である大字を基盤とした町内会に，意思決定，祭祀権，財政権限などの諸機能が集中している．また，その上位には，明治期の行政村が存在するが，近世村単位の連合体としての性格が強い．このように，住民自治組織の構造が地域によって大きく異なることを私たちは認識する必要がある．たとえば，島根県安来市伯太町では，住民の意思形成が大字でなされた場合は大字単位に，自治会単位（栃木の坪単位）でなされた場合には自治会単位に補助金を投入するという柔軟な対応がとられている（福田，2012）．こうした事例を参考に，地域ごとに，その地域の構造に合わせた柔軟な対応が必要と思われる．

（4）　野生動物被害に対する対応の「地域差」の社会経済的な側面

　野生動物の被害が発生した後，どのように対応するかは「個人」ごとだけでなく，「地域」ごとでも異なっていることが指摘されている（赤星，2004；藤村，2010）．たとえば，野生動物による被害を受けた後，対策を行う際に，個人で対策を行う場合と，「地域ぐるみ」で対策を行う場合がある．また，営農意欲を失い，耕作を放棄してしまう場合も少なからず存在する．このような獣害に対する対応の「地域差」は，どのような要因から生じるのだろうか．

　福原（2011）は，集落ぐるみの被害対策が成立する要因を明らかにするため，住民参加型のイノシシ対策事業が導入されている栃木県日光市の長畑地区（大字）において，地域ぐるみの被害対策が成立した集落と成立しなかった集落を含む3つの集落（この地域では「分区」とよばれる）で聞き取り調査を行った．その結果，地域ぐるみの被害対策が成立した集落では，「キーパーソン」の存在と，被害対策事業導入に際してその実施主体として住民グ

ループを結成していったことにより「担い手組織」をスムーズに確保できたことが大きな要因となっていたことが明らかになった．当初は地域ぐるみの被害対策にいたらなかった分区でも，常会（分区の役員による定例の会議）での話し合いが難航している間に分区の中心部でイノシシ被害が発生したことにより「問題意識の共有化」ができたことが大きく作用し，これをきっかけとして事業を実施する「担い手」の確保につながり，地域ぐるみの被害対策事業の実施にいたった集落がある．一方で，「キーパーソン」の存在も曖昧であり，「問題意識の共有化」や「担い手」の確保もできなかった集落では，地域ぐるみの被害対策事業の導入にはいたらなかった．

このように，集落ぐるみの被害対策が成立する要因として，「キーパーソン」「問題意識の共有」「担い手組織」「地域の農業を守る意識」「地域の『まとまり』のよさ」が重要であると考えられた．福原（2011）は，これらの要因を，宮西（1986）が提言する「地域力」を構成する3つの要素である「地域における環境条件や地域組織およびその活動の積み重ね（地域資源の蓄積力）」「地域の住民自らが地域の抱える問題を自らのことと捉え，地域の組織的な対応により解決する力（地域の自治力）」「常に地域の環境に関心を持ち，可能性があるなら向上していこうとする意欲（地域への関心力）」と関連づけて整理し，これまで漠然と獣害対策に必要だといわれていた「地域力」の概念をより具体的に実証し，その重要性を支持している（図6.7）．

イノシシ被害によって，より危機的な状況に追い込まれている中山間地域の農山村では，今後ともさまざまな要因により集落の弱体化が進行していくことが予想され，現状では被害対策の自発的な進展の見込みは薄いと考えられる．今後の課題としては，被害対策の実施を望むすべての集落が，被害対策を行えるように，地域の実情に合わせ，柔軟に支援対策を打ち出していくことが重要である．また，これまでどおり被害防除に取り組んでいくと同時に，人材，ネットワーク，組織の基盤となる社会関係資本や「地域力」の醸成が課題の1つとなると考えられる．とくに，農業を行っている世代の高齢化が進むなかで，同じ地域に住む若年層を取り込むことは重要である．仕事をもつ現役世代が被害対策にかかわれない理由としてよくあげられるのは，集落の外で仕事をしていることであり，休日は家にいながらも地域の活動には参加しないという声も多い．しかし，こうした世代を無理に対策に参加さ

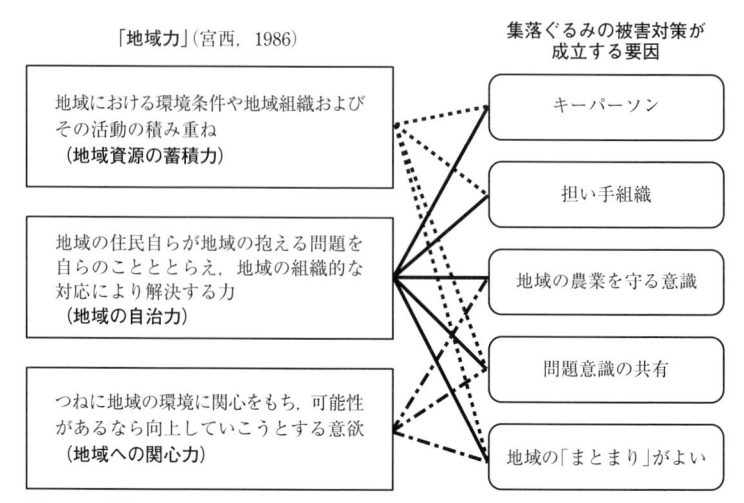

図 6.7 集落ぐるみの被害対策が成立する要因と「地域力」との関連（福原，2011 より改変）．

せることはむずかしく，仕事があっても参加しやすい環境づくりと，普段は農業にかかわっていなくとも参加したいと思わせるような仕掛けづくりを工夫するべきであると加藤（2012）は指摘している．そのためには，たとえば，農業や野生動物による被害と必ずしもかかわらないさまざまなグループ，組織，若年層を取り込んだ取り組みも重要になっていくと考えられる．集落のなかで大がかりなものではない，なにかしらの取り組みを少しずつ行っていくことが，集落内でのコミュニケーションを活発化させ，「地域力」を蓄積していくうえでのまず大切な第一歩ではないだろうか．

6.2 野生動物被害の地域差を生み出す生態学的要因

野生動物による農業被害が発生しやすい地域で農作業をしている方にお話をうかがうと，昨年はだれそれの圃場で被害が出た，一昨年はどうだった，など，さまざまな話を聞くことができる．このような被害の発生状況に関する情報を体系的に収集し，分析することによって，どのような地域で農業被害が発生しやすいかという地理的な傾向を知ることができるようになる．ま

た，このような被害の空間分布の分析をもとに，イノシシによる農業被害の発生しやすい場所を地図上に示し，発生危険度を視覚的に把握するためのリスクマップの作成も近年行われるようになった（Saito *et al.*, 2012 など）．これまでの研究から，イノシシによる農業被害は林縁や河川の近くや，山に囲まれた谷地形の場所，あるいは道路や集落など人の移動が活発な場所から離れた場所で水稲被害が発生しやすいことが，複数の研究から共通して指摘されている（本田，2007；Honda and Sugita, 2007；野元ほか，2010；Saito *et al.*, 2012）．山に囲まれた生産効率の低い農地を多く抱える地域ほどイノシシによる農業被害が集中しやすい傾向は，ある程度普遍的な現象であるととらえることができる．

（1） 個体数管理の効果はあるか

イノシシによる農業被害が発生しやすいと予測される地域であっても，実際に農業被害が発生するかどうかにはかなりのばらつきがある（Saito *et al.*, 2012）．この原因としては，対策の適切さと，イノシシの生息密度の違いの2つが指摘されている．圃場スケールでの対策については第5章5.2節でくわしく述べられているため，本章ではイノシシの個体数管理についてふれる．

イノシシはほかの動物と比べて繁殖力が非常に高く，年1回の出産で4-5頭を出産し，その半数が成獣になり，増加率が著しく高い．そのため生息環境が好適な条件下では，個体数調整により高い捕獲圧をかけても，個体群の増加をくいとめることがむずかしい（小寺，2011）．したがって，慎重に捕獲を行わないと，分布を拡大させるなどかえって事態を悪化させてしまう可能性があることが指摘されている．イノシシの「個体数管理」の目的は，「農業被害の減少」であることから，被害が発生している農地において，加害個体とその可能性のある個体を除去することによって，イノシシの生息密度を「農業被害が発生しにくくなる生息密度まで」抑制することが目標となる．したがって，被害を抑制するという目的から考えてみると，「捕獲数」という数値にはとらわれすぎないほうが賢明であると考えられる．

また，Okarma *et al.*（1995）は複数種の有蹄類の死亡個体と狩猟統計の分析を行い，イノシシの個体群動態にとって，捕食者による捕食や狩猟よりも，堅果類（ドングリ）の豊凶による影響がとくに大きいことを指摘してい

る．また，堅果を生産する樹種を含むナラ混交林の面積や生息地の多様性といった環境要因がイノシシの生息密度指標（捕獲個体数/狩猟期間）に，とくに重要な影響をおよぼすことも指摘されている（Merli and Meriggi, 2006; Acevedo et al., 2006）．これらの研究例から考えると，イノシシの場合，個体数管理を行う場合であっても，環境の要因について十分考慮する必要があるようである．日本にも堅果を生産する樹種は雑木林や自然林などに数多く存在する．たとえば集落付近にあるに林分については堅果の生産量をある程度抑制するような短いサイクルで管理を行い，奥山については餌を十分確保するように広葉樹林を確保するようなかたちに森林を徐々に誘導していく生息地管理も，今後検討が必要であると考えられる．

（2） イノシシの活動パターンは人間活動の影響を受けるか

イノシシの生息条件を考えるうえで，環境の要因だけでなく，人的な要因も重要であることが，近年の研究から指摘されている．Geisser and Reyer（2004）は，捕獲や柵，誘引餌の散布といったさまざまな対策のうち，どの対策が，どの程度被害を軽減する効果があるかについて検証を行っている．この分析によると，狩猟活動の活発さが，狩猟により実際に捕獲されたイノシシの個体数や，柵の設置延長や，誘引餌の散布といった対策よりも被害の抑制量を説明する，という結論を示している．坂田ほか（2008）も同様に，入猟密度が高い地域でイノシシの目撃効率が低下する傾向を報告しており，狩猟活動の活発さが，イノシシの活動になんらかの影響をおよぼしていると考えられる．

中国でイノシシによる被害の発生パターンの分析を行った Cai et al.（2008）は，住民が行っているさまざまなイノシシ対策のなかで，圃場に人がいることが，被害の抑制に対してもっとも効果的であったことを指摘している．また，上田・姜（2004）は，自動撮影カメラを用いて，果樹園と放棄果樹園との間で，イノシシの利用頻度と出没時間帯の比較を行っている．このなかで，放棄果樹園よりも，農作業などで人が出入りしている果樹園のほうが，イノシシの出没時間帯が遅くなることを確認している．これらのことをあわせて考えると，狩猟活動だけでなく，農作業のような日常的な人間活動もイノシシの活動パターンに重要な影響をおよぼしている可能性がある．

しかし，これまで人為的な活動がイノシシの行動に与える影響について，科学的な検証はあまりされていなかった．

そこで，Ohashi et al. (2013) は，自動撮影カメラを使って人間活動がイノシシの活動パターンに影響をおよぼしているかどうかを検証した．この研究では，土地利用状況が異なる佐野市-足利市周辺の2地域（新合地区および氷室地区）の住民の方にご協力いただき，1年間，76地点に自動撮影カメラを設置した．このうち新合地区はコナラ (*Quercus serrata*) やクリ (*Castanea crenata*) の落葉広葉樹林とスギ (*Cryptomeria japonica*) やヒノキ (*Chamaecyparis obtusa*) の常緑針葉樹の植林地が分布しており，低地の平坦地には宅地や工場，水田，畑地，果樹園が広がり，河川沿いや集落の周辺にはコナラやクリの広葉樹林にマダケ (*Phyllostachys babusoides*) やモウソウチク (*P. pubescens*) の竹林が混在するなど，森林と農地がモザイク状に分布する地域である．もう1つの氷室地区は，土地被覆の大部分を1960–1970年代に植林されたスギとヒノキの常緑針葉樹林が占め，谷沿いの狭い低地には集落と耕作地が分布するが，耕作放棄地も多い地域である．また氷室地区に比べて新合地区のほうが人口密度や自動車の交通量が多い．これら2地区で，集落の直近から集落から離れた場所まで，さまざまな場所に自動撮影カメラを設置した．この自動撮影カメラによって撮影されたイノシシの写真から，写真が撮影された日付と時間帯の情報を集計した．

これらのデータを用いて解析を行った結果，2地域とも，集落から200 m以内の場所に設置したカメラではイノシシが撮影される時間帯が夜間に偏る一方で，集落から200 m以上離れた場所に設置したカメラでは，イノシシが撮影される時間帯には昼夜の偏りはみられないことが明らかになった（図6.8）．また，猟期と非猟期を比べると，猟期にはイノシシの活動時間帯が夜間に偏る傾向が確認され，日中の狩猟活動が，イノシシの活動パターンに影響をおよぼしていると考えられた．これまで経験的に，イノシシが人の気配や環境の変化に対して敏感であり，人の活発な動きがイノシシの活動をけん制する可能性が指摘されてきた（江口，2003）．たとえば，イノシシ対策として柵で被害防除を行う際には，柵のメンテナンスが重要であることがたびたび指摘されてきたが（小寺，2011；Saito et al., 2012 など），これは頻繁なメンテナンスによる電気柵の漏電防止や，柵周辺がイノシシの潜みにくい環

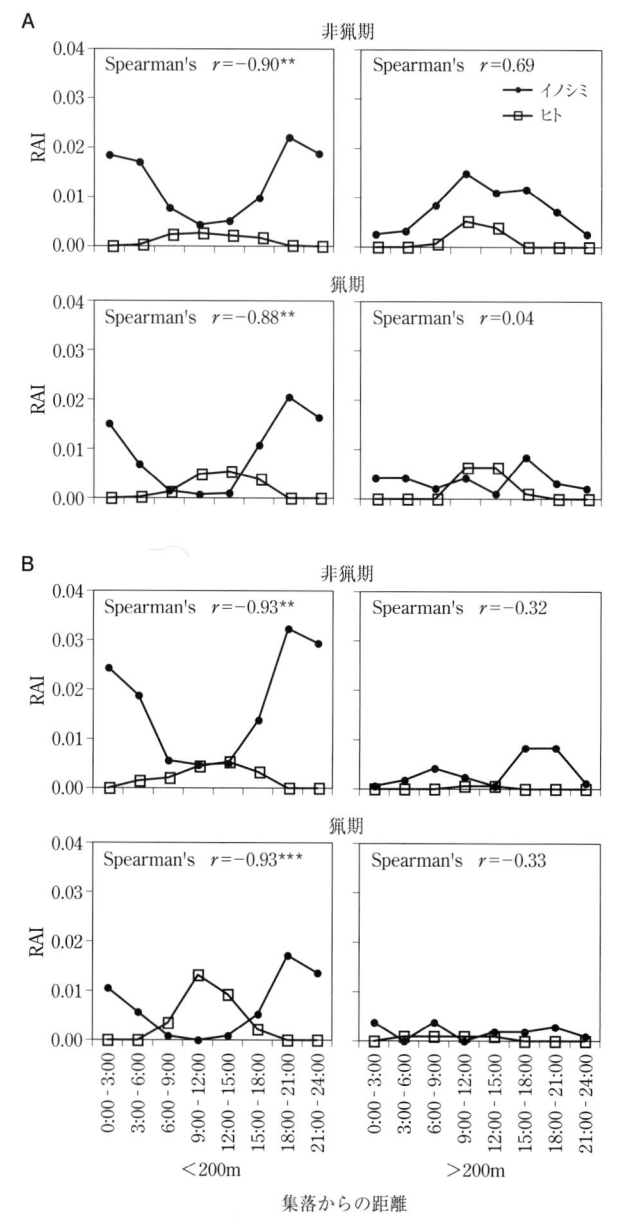

図 6.8 新合地区（A）と氷室地区（B）で集落から 200 m 以内に設置した自動撮影カメラ（左）と 200 m 以上離れた場所に設置した自動撮影カメラ（右）におけるイノシシの活動時間（●）と人間の活動時間（□）．上：非猟期，下：猟期（Ohashi *et al.*, 2013 より改変）．

境になることに加え，人の気配によりイノシシが柵周辺を避けて行動するためではないかと考えられてきた．今回の研究から，人間が活発に活動することそれ自体にも，イノシシの活動を抑制する効果がある可能性が示唆された．このことから考えると，柵の設置や環境整備，捕獲を行うだけでなく，地域社会が活性化し，圃場周辺に多くの人が通うようになるような施策をあわせて行うことが，生態学的にみても重要なのかもしれない．

本章で紹介した市町村スケールの対策は，発展途上の研究領域ではあるが，里地里山における人間活動の衰退が野生動物の行動に影響し，行動の変化が耕作放棄地による生息地拡大とともに，分布拡大の要因となっていることを示唆しているため，これからさらに研究が必要な分野である．

引用文献

Acevedo, P., M. A. Escudero, R. Muńoz and C. Gortázar. 2006. Factors affecting wild boar abundance across an environmental gradient in Spain. Acta Theriologica, 51：327-336.

赤星　心．2004．「獣害問題」におけるむら人の「言い分」――滋賀県志賀町K村を事例として．村落社会研究，10：43-54.

Cai J., Z. Jiang, Y. Zeng, C. Li and B. D. Bravery. 2008. Factors affecting crop damage by wild boar and methods of mitigation in a giant panda reserve. European Journal of Wildlife Research, 54：723-728.

江口祐輔．2003．イノシシから田畑を守る――おもしろ生態とかしこい防ぎ方．農山漁村文化協会，東京．

藤村美穂．2010．ムラの環境史と獣害対策――九州の山村におけるイノシシとの駆け引き．村落社会研究，46：73-114.

福田　恵．2012．イノシシ被害をめぐる社会学的課題．（東京農工大学農学部附属フロンティア農学教育研究センター野生動物管理システムプロジェクト，編：統合的な野生動物管理システムの構築プロジェクト平成23年度成果報告書）pp.51-54．東京農工大学農学部附属フロンティア農学教育研究センター野生動物管理システムプロジェクト，東京．

福原宜美．2011．イノシシ害対策事業における住民参加と合意形成の実態と課題――栃木県日光市長畑地区を事例として．東京農工大学大学院修士論文．

Geisser, H. and H.-U. Reyer. 2004. Efficacy of hunting, feeding, and fencing to reduce crop damage by wild boars. Journal of Wildlife Management, 68：939-946.

弘重　穣．2012．地方自治体の獣害対策施策の展開過程と課題分析（東京農工大学農学部附属フロンティア農学教育研究センター野生動物管理システムプロジェクト，編：統合的な野生動物管理システムの構築プロジェクト平成23年度成果報告書）pp.103-106．東京農工大学農学部附属フロンティア農学教

育研究センター野生動物管理システムプロジェクト,東京.
本田 剛.2007.イノシシ被害の発生に影響を与える要因──農林業センサスを利用した解析.日本森林学会誌,87(4):249-252.
Honda, T. and M. Sugita. 2007. Environmental factors affecting damage by wild boars (*Sus scrofa*) to rice fields in Yamanashi Prefecture, central Japan. Mammal Study, 32:173-176.
加藤恵里.2012.野生動物による被害に対する地域住民の認識──栃木県佐野市の3集落を比較して.東京農工大学大学院修士論文.
木下大輔.2007.和歌山県における獣害対策の実態と農家および非農家の意識.農村計画学会誌,26:323-328.
小寺祐二.2011.イノシシを獲る──ワナのかけ方から肉の販売まで.農山漁村文化協会,東京.
Merli, E. and A. Meriggi. 2006. Using harvest data to predict habitat-population relationship of the wild boar *Sus scrofa* in Northern Italy. Acta Theriologica, 51:383-394.
宮西悠司.1986.地域力を高めることがまちづくり──住民の力と市街地整備.都市計画,143:25-33.
日本村落研究学会.2007.むらの社会を研究する──フィールドからの発想.農山漁村文化協会,東京.
野元加奈・高橋俊守・小金澤正昭・福村一成.2010.栃木県茂木町の水田と畑地におけるイノシシ被害地点と周辺被害特性.哺乳類科学,50:129-135.
Ohashi, H., M. Saito, R. Horie, H. Tsunoda, H. Noba, H. Ishii, T. Kuwabara, Y. Hiroshige, S. Koike, Y. Hoshino, H. Toda and K. Kaji. 2013. Differences in the activity pattern of the wild boar *Sus scrofa* related to human disturbance. European Journal of Wildlife Research, 59:167-177.
Okarma, H., B. Jedrzejewska, W. Jedrzejewski, Z. A. Krasinski and L. Milkowski. 1995. The roles of predation, snow cover, acorn crop, and man-related factors on ungulate mortality in Bialowieza Primeval Forest, Poland. Acta Theriologica, 40:197-217.
Saito, M., H. Momose, T. Mihira and S. Uematsu. 2012. Predicting the risk of wild boar damage to rice paddies using presence-only data in Chiba Prefecture, Japan. International Journal of Pest Management, 58:65-71.
坂田宏志・鮫島弘光・横山真弓.2008.目撃効率からみたイノシシの生息状況と積雪,植生,ニホンジカ,狩猟,農業被害との関係.哺乳類科学,48:245-253.
上田弘則・姜 兆文.2004.山梨県におけるイノシシの果樹園・放棄果樹園の利用.哺乳類科学,44:25-33.

7 マクロスケールの管理
隣接県を含む

丸山哲也[7.1]・齊藤正恵[7.2]

7.1 都道府県の管理計画の現状と課題

 中大型獣の管理においては，その行動圏や分布域をふまえ，マクロスケールでの管理を視野に入れなくてはならない．「鳥獣の保護及び狩猟の適正化に関する法律」(以下，「鳥獣保護法」)においては，鳥獣管理の指針となる鳥獣保護事業計画や特定鳥獣保護管理計画を都道府県ごとに定めることとしている．このため，マクロスケールでの管理は，都道府県単位で行われることが多い．

(1) 栃木県における野生動物管理計画

 栃木県には，低標高の平野部から2500mを超える山岳部までの多様な環境が存在し，大型獣としては，北部から西部にかけての山岳部にはツキノワグマ，ニホンジカ，ニホンザル，イノシシが，東部の山岳部にはイノシシのみが生息している．これらの大型獣の分布や生息数動向などは種別に異なっており，人間活動との軋轢は，当初はニホンジカであったが近年ではイノシシが主流となるなど，年代的な変化もみられる．それらに対応するように，野生動物管理計画が策定されてきた．

 1980年代後半より，ニホンジカによる林業被害が拡大するとともに，シラネアオイに代表される高山植物の食害や立木の樹皮剥ぎなど日光国立公園内の自然植生への影響が顕著になってきた．このため県では，自然生態系のバランス回復，農林業被害の軽減，適正な密度でのシカの生息地の確保を目標に，1994(平成6)年12月に「栃木県シカ保護管理計画」を策定した．当時は鳥獣保護法において特定鳥獣保護管理計画の制度(1999年創設)が

年度	1994 (H6)	1995 (H7)	1996 (H8)	1997 (H9)	1998 (H10)	1999 (H11)	2000 (H12)	2001 (H13)
鳥獣保護事業計画	第7次			第8次				
ニホンジカ保護管理計画	一期計画（任意計画）						二期計画	
ニホンザル保護管理計画					日光・今市地域におけるニホンザル保護管理計画（任意計画）			
ツキノワグマ保護管理計画								
イノシシ保護管理計画								
カワウ保護管理指針								

図 7.1 栃木県における特定鳥獣保護管理計画などの実施状況.

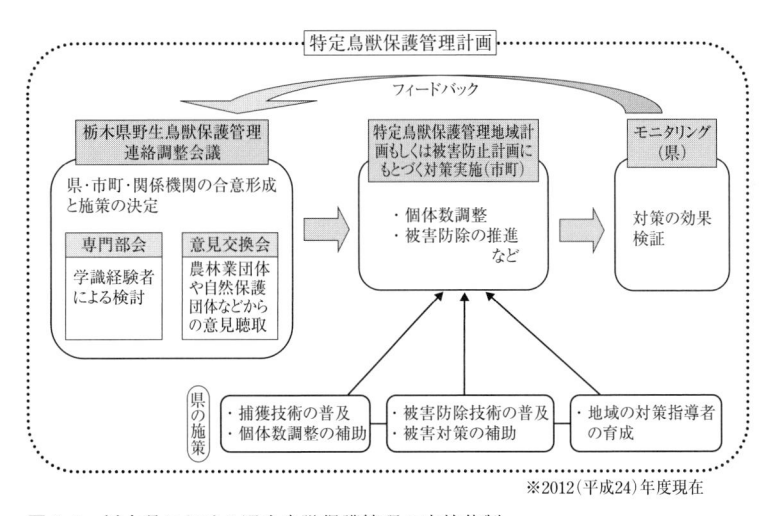

図 7.2 栃木県における野生鳥獣保護管理の実施体制.

できる以前であったことから，県の任意計画としての位置づけであったが，2000（平成12）年10月に策定した「栃木県シカ保護管理計画（二期計画）」からは，鳥獣保護法にもとづく特定鳥獣保護管理計画として作成している（図 7.1）.

保護管理の実施体制としては，大学や研究機関の専門家で構成される対策の検討機関としての「栃木県シカ保護管理検討会」や，行政機関，農林業団体，自然保護団体からなる合意形成機関としての「栃木県シカ対策協議会」を設置するとともに，市町村が捕獲や被害対策の実施主体として位置づけら

2002 (H14)	2003 (H15)	2004 (H16)	2005 (H17)	2006 (H18)	2007 (H19)	2008 (H20)	2009 (H21)	2010 (H22)	2011 (H23)	2012 (H24)
第9次					第10次					第11次
三期計画					四期計画					五期
一期計画					二期計画					三期
				一期計画				二期計画		
					一期計画			二期計画		
							指　　針			

れた．また，対策の結果については，県の試験研究機関である県民の森管理事務所が中心となってモニタリングを行い，その結果を施策にフィードバックさせる順応的管理を開始した（小金澤，1998；辻岡，1999）．この体制については，管理計画対象種が増えた現在も，組織の名称を変えてほぼそのまま継続している（図7.2）．

一方，ニホンザルについては，県西部の旧日光市および旧今市市での農業被害の激化や観光客に対する人身被害の増加に対し，1997（平成9）年10月に「日光・今市地域におけるニホンザル保護管理計画」を任意計画として策定した．本計画においては保護地区，緩衝地区，排除地区のゾーニングを行い，ゾーンごとに管理方針を立てて対策を行うこととした．この計画をもとに，旧日光市による全国初の「餌付け禁止条例」が施行され，観光客に対する普及啓発や餌付けされた群れの追い払いが行われるなど一定の成果がみられたが，年度ごとの対策の評価を行う体制が確立されていなかったため，次年度対策への反映が不十分であった．また，旧日光市および旧今市市以外の地域でも被害の拡大がみられたことから，2003（平成15）年3月に，特定鳥獣保護管理計画としての「栃木県ニホンザル保護管理計画」を策定し，ニホンジカ同様に順応的管理を開始した（図7.1）．

ツキノワグマについては，大量出没の発生や農林業被害の増加にともない，2006（平成18）年8月に個体数の維持と被害防除対策の普及を目標とする「栃木県ツキノワグマ保護管理計画」を策定し，狩猟による捕獲自粛を要請する基準や，加害個体の捕獲許可基準，捕獲後の措置（捕殺・放獣）に関す

る基準などを明確化した.

　栃木県のイノシシは，これまで東部地域のみに生息していたが，1990年代より県南西部でも確認されるようになり，西部の山地帯から県央部の低山帯まで急激に生息域を拡大するとともに，県北部でも散在的に分布が確認されるようになってきた（7.2節参照）．これにともない，農業被害も急増してきたことから，2006（平成18）年9月に「栃木県イノシシ保護管理計画」を策定し，被害の減少と生息域拡大の防止，生息密度の低下を目標とする各種対策を明記した.

　カワウは移動距離が長く，都道府県の境界を超えて移動している場合も多いことから，被害対策の区域が広範囲におよび，広域での連携による総合的な保護管理が必要不可欠である．そこで，関東の近郊地域において関連する都県（福島県・茨城県・栃木県・群馬県・埼玉県・千葉県・東京都・神奈川県・山梨県・静岡県の鳥獣保護，水産，河川の3つの分野に関連する部署）と国（環境省，水産庁，国土交通省）および関係者などが一堂に会して議論するための体制として，関東カワウ広域協議会が設置されるとともに，関東広域でのカワウ対策の指針として関東カワウ広域保護管理指針が2005（平成17）年11月に策定された．本指針において，各都県は個別に協議会を設置し，管理計画を策定することとされたため，栃木県では県の関係課，保護団体，県漁業協同組合連合会，関係県内漁業協同組合を構成員とした「栃木県カワウ対策検討会」をこれにあてるとともに，2007（平成19）年3月に任意計画としての「栃木県カワウ保護管理指針」を策定し，広域一斉追い払いの実施や捕獲上限羽数の設定，モニタリングの実施などについて記載した.

（2）　栃木県の鳥獣管理行政の体制

　栃木県においては，環境森林部自然環境課が計画の策定や関係機関との調整を行うとともに，狩猟行政全般を担っている．被害の把握と対策の実施については，林業被害は環境森林部の森林整備課において，農業被害は農政部の農村振興課において行っている．環境森林部の出先機関として，環境森林事務所および森林管理事務所が県内5カ所にあるほか，植生関係の試験研究を行う林業センターと，鳥獣関係の試験研究およびモニタリングを行う県民の森管理事務所が存在する．これらの機関はいずれも栃木県野生鳥獣保護管

表 7.1 栃木県におけるモニタリング調査の内容と実施体制.

区　分	調査項目	実　施	分　析
個体数調整個体	捕獲日・場所 性別・年齢 妊娠状況 捕獲効率（狩猟カレンダー） 胃内容・栄養状態（クマ）	捕獲従事者（一部日光森林生態系研究会*に委託）	県民の森管理事務所
狩猟捕獲個体	捕獲日・場所 性別・年齢 捕獲効率（狩猟カレンダー） 妊娠状況	狩猟者	県民の森管理事務所
生息環境	自然植生への食圧 堅果類の豊凶	林業センター	林業センター
生息密度	区画法 ライトセンサス センサーカメラ	日光森林生態系研究会* 県民の森管理事務所	県民の森管理事務所
農業被害	被害面積，被害量	市町村	農政部
林業被害	被害面積，被害量	森林組合（委託） 森林管理署	県民の森管理事務所

*日光森林生態系研究会：研究者で組織される任意団体.
注）上記以外に，狩猟者や農林業団体などに対する生息・被害状況のアンケートを3年に一度実施（自然環境課）.

理連絡調整会議の構成員となっているほか，後述する対策指導者の育成や「獣害対策モデル地区」の取り組みにおいては，環境森林部と農政部が連携して実施している．

　県民の森管理事務所の鳥獣課は，県内全域を対象とする鳥獣関係の試験研究機関として1974（昭和49）年に設置され，林業職の研究員が3名配置されている．おもにキジやヤマドリの増殖やシカなどによる林業被害対策に関する研究を行ってきたが，1994（平成6）年よりスタートした「栃木県シカ保護管理計画」において，モニタリングの実施機関として位置づけられた．現在は捕獲票の入力ととりまとめのほか，年齢査定などの各種モニタリングを実施している（表7.1）．また，植生関係のモニタリングは林業センターにおいて行っているほか，一部委託業務として実施しているものもある．

県ではこれらのモニタリングデータを種別にとりまとめ，実施してきた施策の評価と次年度以降に行うべき対策を記載したモニタリング報告書を毎年作成している．モニタリング報告書は，案の段階で栃木県野生鳥獣保護管理連絡調整会議に提案し，構成員の意見をふまえた修正を行い，合意を得たうえで正式報告書としている．また，宇都宮大学や東京農工大学と連携し，これまでに蓄積してきたデータを活用した調査研究活動を行っている．

なお，県の組織再編にともない，県民の森管理事務所鳥獣課で行ってきた業務は，2013（平成25）年度より林業センターに移管されている．

（3） 計画の推進に向けた各種施策

特定鳥獣保護管理地域計画と被害防止計画

特定鳥獣保護管理計画は対象種ごとに県が広域的な観点から策定した計画であるため，必ずしも各地域の実情を網羅したものとはなっていない．そこで，捕獲や被害対策の実施主体として位置づけられている市町村において，地域の実情に合った効率的な対策の推進を図るため，2007（平成19）年度より市町村ごとに特定鳥獣保護管理地域計画（以下，「地域計画」）を策定することとした．特定鳥獣保護管理計画は対象種ごとに作成しているが，計画対象種が複数生息し複合被害が発生している地域においては，種ごとに地域計画を作成するのは効率的とはいえないため，地域計画は複数種にまたがる内容について記載する共通編と，種別の対応について記載する種別編に分けている（表7.2）．地域計画は3年程度を計画期間とし，別に，年度別の実施計画と実施結果報告を，毎年度提出することになっている．計画に必要な対象種の分布や捕獲状況，被害状況などについては県のモニタリングデータを提供するほか，環境森林部の出先機関である環境森林事務所および森林管理事務所において，記載内容についてのアドバイスを行っている．

2008（平成20）年より鳥獣による農林水産業等に係る被害の防止のための特別措置に関する法律が施行され，市町村が同法にもとづく被害防止計画を策定することにより，交付金などの優遇措置を受けられるようになった．そこで，既存の地域計画の作成要領を変更し，地域計画の枠組みを保ちつつ記載項目を被害防止計画に合致させるとともに，被害防止計画を作成すれば地域計画を兼ねることができることとした．また，被害防止計画の協議先は

表 7.2 特定鳥獣保護管理地域計画の記載内容.

項目と内容
1．共通対応の項目
(1) 計画の対象種
(2) 計画の期間
(3) 計画の対象区域
(4) 地域の現状と課題
①現状
生息域，被害や捕獲の状況，被害対策の実施状況，対策の実施体制，普及啓発の状況
②課題の整理
(5) 計画期間の目標と対策
①体制整備の目標と対策
②被害軽減目標
③捕獲目標
④防護柵などの整備目標
(6) その他必要な事項
2．種別対応の項目
(1) ニホンジカ
①地域の現状と課題
生息状況，管理区分の設定，対策実施状況，管理区分ごとの課題の整理
②計画期間の目標と対策
(2) ニホンザル
①地域の現状と課題
各地域の現状と対策実施状況，地域ごとの課題の整理
②計画期間の目標と対策
(3) イノシシ
①地域の現状と課題
生息状況，管理区分の設定，対策実施状況，管理区分ごとの課題の整理
②計画期間の目標と対策
(4) ツキノワグマ
①地域の現状と課題
被害発生，捕獲，学習放獣の実施状況と課題の整理
②計画期間の目標と対策

注）被害防止計画として作成する場合は，必要な種を追加することができる．

農政部の出先機関である農業振興事務所であるため，環境森林部と農政部の関係課で構成する栃木県鳥獣被害防止対策連絡会議を組織し，市町村より協議を受けた被害防止計画の検討を両者で行う体制としている．

2012（平成 24）年 8 月現在，県内 26 市町のうち 17 市町が被害防止計画として，9 市町が地域計画として作成している．これらの計画においては，実施結果を評価する報告書を毎年県に提出することとしており，そこで明ら

かになった課題などは県が作成するモニタリング報告書に反映している．

「とちぎの元気な森づくり県民税」を活用した里山林整備

特定鳥獣保護管理計画において，生息地管理は，個体数管理や被害防除と並び，重要な位置づけとなっている．とくに，耕作地や集落に接する里山林については，かつては人間の持続的な利用の結果，奥山に生息する鳥獣に対する緩衝帯として機能していたが，現在は荒廃し藪となってしまっている．これらを緩衝帯として整備することの必要性については計画にも記載されていたものの，そのための支援策が存在しなかったことから，里山林の整備は進んでいなかった．

2008（平成20）年度より「とちぎの元気な森づくり県民税」がスタートし，これを財源とする事業の1つとして，野生獣被害を軽減するために不要木の除去や藪の刈り払いが行えるようになった．市町村への交付金として，1年目に整備費を1 haあたり25万円，2-5年目に管理費を1 haあたり5万円計上している．事業開始より4年が経過したが，毎年300-400 haの整備（管理を含まず）が行われている（図7.3）．事業実施箇所は10年間の森林整備協定を締結する必要があり，期間内の宅地などへの転用を不可とし，6年目以降は地域での適切な管理へ移行することを必要としている．

地域の対策指導者の育成

県では特定鳥獣保護管理計画，市町村では地域計画もしくは被害防止計画

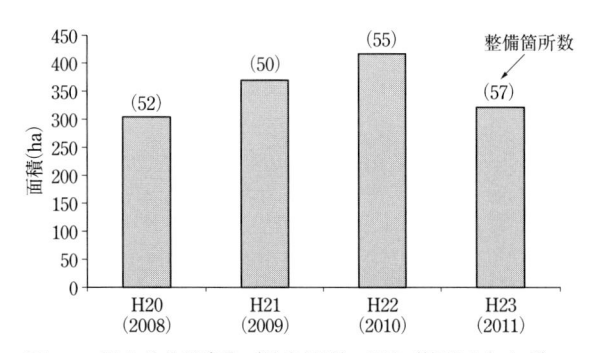

図7.3 里山林整備事業（獣害軽減）実績（管理は含まず）．

を作成しているが，集落で実際に対策を実施するうえでは，これらの計画をふまえて地域の実情に応じた効果的な対策手法を指導できる人材が必要である．そこで栃木県は宇都宮大学と連携して文部科学省科学技術振興調整費「地域再生人材創出拠点の形成」を活用し，2009（平成 21）年度より「里山野生鳥獣管理技術者養成プログラム」（2009-2013 年）を実施している．このプログラムでは，地域の情報収集，問題点の解明，解決策の提案と実施計画の策定を総合的に行うことのできる「地域鳥獣管理プランナー」と，地域ぐるみで行う総合的な防除対策を現場で指導することのできる「地域鳥獣管理専門員」を養成する 2 つのコースを設置しており，講義・演習・現地実習・インターンシップからなるカリキュラムを県と大学が共同して開講している（表 7.3）．このプログラムは，教育研究機関である地元の大学と，現場の状況に精通した県が連携して実施することにより，実効性のある人材養成を行う体制としていることが特徴である．

プログラム修了者には，一般社団法人鳥獣管理技術協会が実施する鳥獣管理士の認定試験受験資格が与えられ，2013（平成 25）年 5 月現在，51 名の鳥獣管理士が誕生している．

「獣害対策モデル地区」の取り組み

獣害に強い地域づくりを行うためには，各集落の状況をふまえたうえで適した手法の導入を図るとともに，地域住民の理解と協力のもと，地域ぐるみの取り組みとしていく必要がある．そこで，地域住民，県や市町の行政機関，鳥獣管理士などの対策指導者が連携した「獣害対策モデル地区」の取り組みを，2010（平成 22）年度より実施している（図 7.4）．本事業はゼロ予算で開始しており，柵の設置や藪の刈り払いなどが必要と考えられる場合は，既存の事業を活用する体制としている．また，事業を行ううえでは県の環境部門と農政部門の連携が必要不可欠であることから，本庁では環境森林部自然環境課と農政部農業振興課が，出先事務所では環境森林事務所と農業振興事務所がそれぞれかかわり，市町の担当課と協力して対象地区の選定や集落代表者との折衝，取り組み内容の決定などを行っている．

獣害対策モデル地区には関係機関の数が多く，また，地域ごとの被害状況や住民構成もさまざまであることから，その取り組みは試行錯誤の連続であ

表 7.3 「里山野生鳥獣管理技術者養成プログラム」カリキュラム（2012年度）.

科目名	授業の目的	地域鳥獣管理プランナー養成コース	地域鳥獣管理専門員養成コース	単位数	時間数
里山と野生鳥獣	里山における人と野生鳥獣の軋轢・被害の状況，関連する法律や制度などについて解説する導入科目．	必修	必修	1	12
里山科学論	里山の特性や，その潜在的な価値について多角的に学ぶ．	選択	選択	2	21
里山野生鳥獣生態学	野生鳥獣の生態や，関連する基本的な制度について学ぶ．	必修	選択	2	21
里山再生学特論	里山の恵みを持続可能なかたちで利用するための現代の方策について具体例を通じて学ぶ．	選択	選択	2	21
里山野生鳥獣管理学特論	とくに被害が甚大な鳥類や哺乳類の種別の生態や対策について学ぶ．	必修	選択	2	21
里山科学演習	地域住民を対象としたアンケート調査の手法や合意形成のための手法，データ処理の基本について，演習を通じて学ぶ．	選択	随意	2	21
野生鳥獣管理学演習	鳥獣害に関連する野生鳥獣の調査方法と，取得したデータの分析方法に関する技術を学ぶ．	必修	随意	2	21
野生鳥獣管理現地実習 I	鳥獣害対策の基本となる集落点検の手法や各種防護柵の設置手法など具体的な知識や技術について，現地で体験しながら修得する．	選択	必修	3	27
野生鳥獣管理現地実習 II	獣害に強い地域づくりを行うための具体的な知識や技術について，現地で体験しながら修得する．	選択	必修	3	27
里山インターンシップ	栃木県内の市町を受け入れ先として一定期間インターンシップを行い，鳥獣害対策における市町の役割や地域連携のあり方について修得する．	選択	選択	2	21

必修：コースの修了までに必ず履修しておかなければならない科目．
選択：必修科目とあわせて履修すると履修証明書が取得できる科目．
随意：履修できるがコースの修了に必要な単位には算入されない科目．

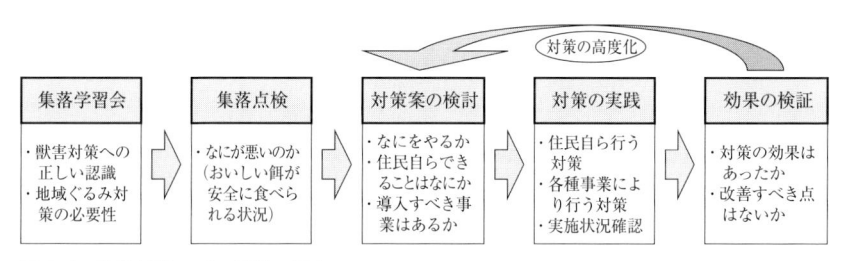

7.1 都道府県の管理計画の現状と課題

集落学習会	集落点検	対策案の検討	対策の実践	効果の検証
・獣害対策への正しい認識 ・地域ぐるみ対策の必要性	・なにが悪いのか（おいしい餌が安全に食べられる状況）	・なにをやるか ・住民自らできることはなにか ・導入すべき事業はあるか	・住民自ら行う対策 ・各種事業により行う対策 ・実施状況確認	・対策の効果はあったか ・改善すべき点はないか

対策の高度化

図 7.4 獣害対策モデル地区の流れ．

るが，これまでに開始した 6 地区では学習会や集落点検を行っているほか，不要果樹の伐採や放棄竹林の整備など，地域ぐるみでの対策が進みつつある．モデル地区は県全体で 10 地区程度の設置を予定しており，これらの取り組みを事例集としてまとめることにより他地域への波及を促すほか，将来的には地域主導での取り組みにつながるよう支援を行っていく予定である．

（4） 県境を超える広域的な取り組み

栃木県東部は茨城県と接しており，県境地域は八溝山地とよばれる低山帯で，イノシシの生息地となっている．2006（平成 18）年度に栃木県茂木町のよびかけにより，ここに位置する市町と県（環境森林部，農政部）を構成員とする「茨城栃木鳥獣害広域対策協議会」が設立された．2012（平成 24）年度現在，両県の 14 市町が加入している．当初は広域協議会を対象とする農林水産省の補助金の受け皿として機能していたが，現在は構成員からの負担金のみを活用し，時期を統一したイノシシの一斉捕獲や住民参加型研修会，また GIS を利用した広域での被害や捕獲マップの作成などを実施している．

西部に接する群馬県との間には，足利市，佐野市，太田市，桐生市，みどり市の 5 市で構成される「両毛 5 市有害鳥獣対策担当者会議」が 2011（平成 23）年度に設立され，情報交換などを行っているところである．

（5） 今後の課題

近年，野生動物の管理が大きな行政課題となっているが，行政としてどの部署がどの程度の職務を担うべきか，未整理な部分も多い．市町村において

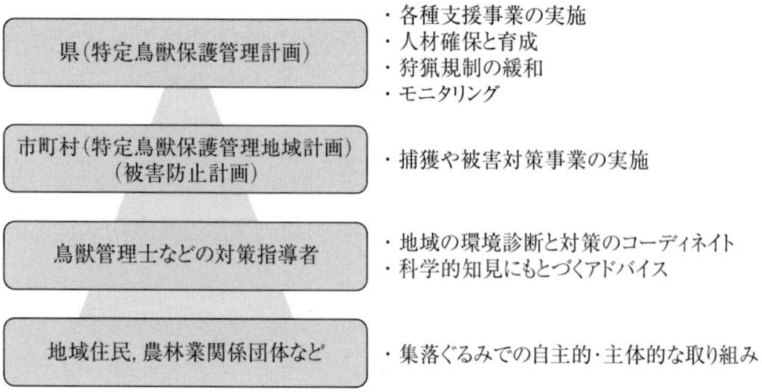

図 7.5 の階層図:

- 県（特定鳥獣保護管理計画）
  - ・各種支援事業の実施
  - ・人材確保と育成
  - ・狩猟規制の緩和
  - ・モニタリング
- 市町村（特定鳥獣保護管理地域計画）（被害防止計画）
  - ・捕獲や被害対策事業の実施
- 鳥獣管理士などの対策指導者
  - ・地域の環境診断と対策のコーディネイト
  - ・科学的知見にもとづくアドバイス
- 地域住民，農林業関係団体など
  - ・集落ぐるみでの自主的・主体的な取り組み

図 7.5 栃木県における野生鳥獣保護管理体制．

は，多くは1名から数名の担当者が農業から林業，鳥獣まで幅広く対応しなくてはならないうえ，異動により数年で配置換えになってしまうのが現状である．これに対し，都道府県であれば職員の専門性が比較的保たれており，人材の面では有利であるが，農政，林政，環境と関係部局が多岐に分かれているという欠点がある．現在は各部署の連携が進みつつあるが，あらゆる機会においてつねに協働して取り組む姿勢が必要となっている．

栃木県ではこれまで特定鳥獣保護管理計画と，それにもとづく市町村ごとの地域計画を策定する体制を整えるとともに，市町村と地域住民の仲立ちとなって対策をコーディネイトできる鳥獣管理士の養成を進めてきた（図7.5）．対策は，現場ごとの環境（誘引物や藪の配置など）や住民の状況（人数・年齢構成や職業など）により変わってくるため，鳥獣管理士などの専門家がきめ細かく対応していく必要がある．鳥獣管理士は誕生してまもなく，一部の市町においては地域の被害対策協議会のメンバーとするなどの活用が始まりつつあるものの，その認知度は低いのが現状である．今後は「獣害対策モデル地区」の取り組みを県全域に広げていくなかで，鳥獣管理士の活用についてもPRするとともに，その活動にかかる費用負担の問題についても検討しておく必要がある．

7.2 分布と生息状況

野生動物管理には，個体数管理・生息地管理・被害防除の3つの柱がある．

個体群管理に目を向けると,国内における個体群管理を担う主体は,現在のところ都道府県である.このため保護管理計画は都道府県ごとに策定されている(7.1節参照).しかし,地理的に連続して分布する動物を対象とするとき,どういった単位で管理すれば,効率よく被害を許容できる水準に個体群を減らし,かつ低い水準に維持していけるのだろうか(三浦,2008).個体群の管理単位は遺伝マーカーを使って決定されており(Moritz, 1995),多くの野生動物集団ではミトコンドリアDNAのハプロタイプ頻度の違いを指標に集団を区別している.そこで本節では,イノシシの分布とその遺伝的状況について概観しながら,県域を超えた管理の必要性について考えていきたい.

(1) 世界のイノシシ分布と遺伝的状況

世界のイノシシ(*Sus scrofa*)は,現在,16の亜種が確認されている(Wilson and Reeder, 2005).これらのイノシシは,ヨーロッパ・北アフリカの一部・中東・インドシナ半島・東南アジア・中国東部・中央アジアの一部・ロシア極東・インドネシアにかけて,広く分布している(d'Huart, 1991).このほか,アメリカやオーストラリアなどでは人為的な移入・放逐によって野生化したブタが分布しているが,ここでは割愛する.

ミトコンドリアDNAの制御領域にある塩基配列(約660塩基)を指標として,イノシシの系統関係を調べた結果が,Larson *et al.*(2005)によって報告されている.ミトコンドリアDNAは,片親(母親)からのみ受け継がれる遺伝子であるため,近縁種間や亜種間の系統を比較するのに適するとされている.ここでは,アフリカ大陸の西部・中部・東部にかけて広く分布する近縁種のイボイノシシ(*Phacochoerus aethiopicus*)を基準(根)として,世界に現存するイノシシ属の系統を調べている.その結果,現存するイノシシ属の系統は大きく4つのグループに分かれていることが明らかとなった.各グループが分岐した順序とその地理的な分布をみると,イボイノシシから最初に分岐したグループ1はインドネシアとマレーシアに,続くグループ2はインドに,グループ3はパプアニューギニア・東南アジアの一部・中国・台湾・日本に,最後に分岐したグループ4はヨーロッパ全土とトルコに分布する野生イノシシで形成されていた.

日本国内には，ニホンイノシシ（*S. s. leucomystax*）とリュウキュウイノシシ（*S. s. riukuanus*）の2つの亜種が生息している．前者は本州・四国・九州・淡路島に，後者は奄美大島・加計呂間諸島・徳之島・沖縄諸島・西表島・石垣島に分布する（Takahashi, 1980）．両亜種のミトコンドリアDNAにあるチトクロム *b*（1140塩基）および制御領域（約1045塩基）を指標として用いた系統学的な分析によって，リュウキュウイノシシのグループとニホンイノシシ・東アジアの家畜ブタで形成されるグループとの2つに分かれることが示された．このことより，リュウキュウイノシシはニホンイノシシとは異なった起源であることが明らかとなった（Watanobe et al., 1999）．以下では，本プロジェクトで対象としたニホンイノシシに的を絞ることとする．

（2） ニホンイノシシの分布

現在のニホンイノシシ（以下，イノシシとよぶ）の分布状況は，東日本と西日本とで大きく異なっている．ここでは，イノシシの分布とその変遷を概観していく．高橋（1995）によると，明治・大正期には，イノシシは東海地方から近畿地方・山口県西部・四国地方の外帯部・九州地方の南部に分布していた．当時の分布の北限は，栃木県の北部付近であった．当時の分布に影響を与えていたおもな要因として，明治時代に村田銃が普及して狩猟圧が高まったことや集約的な土地利用の拡大などの人為的な要因があげられている．

1978（昭和53）年になると，明治・大正期に比べて，イノシシの分布域が拡大した．図7.6は，環境省が実施している自然環境基礎調査によるイノシシの在・不在の情報を，約5km四方のメッシュ上に示したものである．なかでも阿武隈山地・中国地方・九州地方北部への拡大が顕著であり，西日本では連続的な分布を示すようになった．一方，東日本では，分布の北限は宮城県の南部まで達したものの，その分布域は関東地方の南部と阿武隈地方とに限られていた．栃木県では福島県・茨城県と県境を接する阿武隈山地（県東部）に分布しており，県西部および群馬県はほぼ分布がみられなかった．常田・丸山（1980）は，1978年当時のイノシシの分布しない地域が，積雪深30cm以上の日が70日間続く地域とよく適合していることを指摘している．

その後，2003（平成15）年までの25年間に，イノシシの生息域はさらに

7.2 分布と生息状況

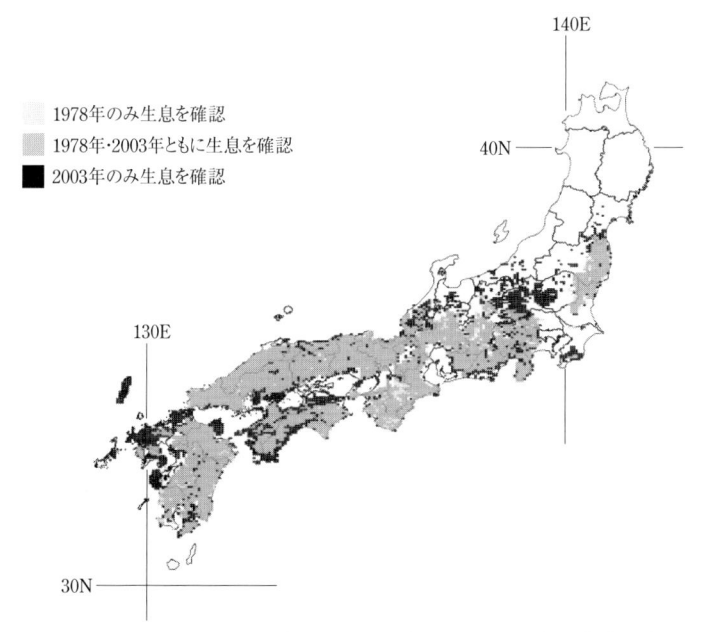

図 7.6 ニホンイノシシの分布状況.1978 年および 2003 年の自然環境基礎調査によってイノシシの生息が確認されたメッシュ（5 km×5 km）を示す（環境省,2004.環境省生物多様性情報システムウェブサイトより,第6回調査のデータをダウンロードして作成した).

約 30% 拡大した（図 7.6）.地方別には,関東・中部・四国・九州地方では 2003 年に新しく生息が確認されたメッシュが地域ごとの生息区画率で約 10 ポイント以上増えている（環境省,2004).その結果,西日本ではほぼ連続してイノシシが分布するようになった.一方,東日本においても分布域が拡大した.とくに,関東山地の分布が北上して,25 年前には分布が空白であった群馬県全体から栃木県南西部にまでおよんでおり,八溝山塊から伸びた分布の北限は宮城県北部にまで達している.イノシシの分布が拡大した要因には諸説ある.その1つとして,1950 年代以降に薪炭林施業が行われなくなった落葉広葉樹林において,手入れ不足にともなって灌木などの下層植生が繁茂したため,イノシシにとっての好適な環境が増加したことが指摘されている（小寺ほか,2001).近年のイノシシの生息地利用などの詳細については,第5章 5.2 節および第6章 6.2 節を参照されたい.

（3） ニホンイノシシの遺伝的状況

前項でみたように，地理的に連続して分布しているイノシシではあるが，その遺伝的特徴をみるとけっして一様ではなく，全国各地のイノシシは遺伝的構成の異なるいくつかの集団に分かれている．このような遺伝的構成の違いは，動物が日本に渡来した歴史，渡来後の地理的な分断や人為的な要因による遺伝子流動の制限のほか，人間による放逐や家畜個体の逃亡など，さまざまな要因が影響していると考えられる．この項では，ミトコンドリアDNAの制御領域（574塩基）の配列を指標として用いた研究を紹介していく．以下では，おもに西日本を中心としたイノシシの遺伝的状況について概観する．

西日本の遺伝的状況

現在のところ，日本全国で23の型（ハプロタイプJ1-J23）が検出されている．これら現存するイノシシの祖先はかつて，複数回に分けて日本に渡ってきたと推測されている．Watanobe et al. (2003) では，16県（群馬県・静岡県・岐阜県・福井県・兵庫県・滋賀県・三重県・奈良県・徳島県・島根県・山口県・熊本県・長崎県（対馬を含む）・大分県・佐賀県・宮崎県）で捕獲されたイノシシ計180個体の遺伝子を比較・分析している．これらの個体から全16の型（ハプロタイプJ1-J16）が検出された．系統学的な分析によって，現存するイノシシは大きく2つのグループに分かれることが示された．この2つのグループは，ハプロタイプJ1-J8で構成されるグループ1と，ハプロタイプJ9-J16で構成されるグループ2である．前者はおよそ17万年から36.7万年前にやってきた祖先型のグループで，後者は1.2万年から2.1万年前に，それぞれ朝鮮半島から伸びる陸橋を渡って九州に入り，そこから本州や四国に広がったものと考えられている．

その後，Ishiguro et al. (2002) では，大分県から新たにハプロタイプJ17とJ18（ともにグループ2）が検出された．続くIshiguro and Nishimura (2005) では，四国4県のイノシシ189個体を分析して，さらにハプロタイプJ19とJ20（グループ2）が検出された．このうちハプロタイプJ19はグループ1に属していたが，九州や本州では検出されていないことなどから，

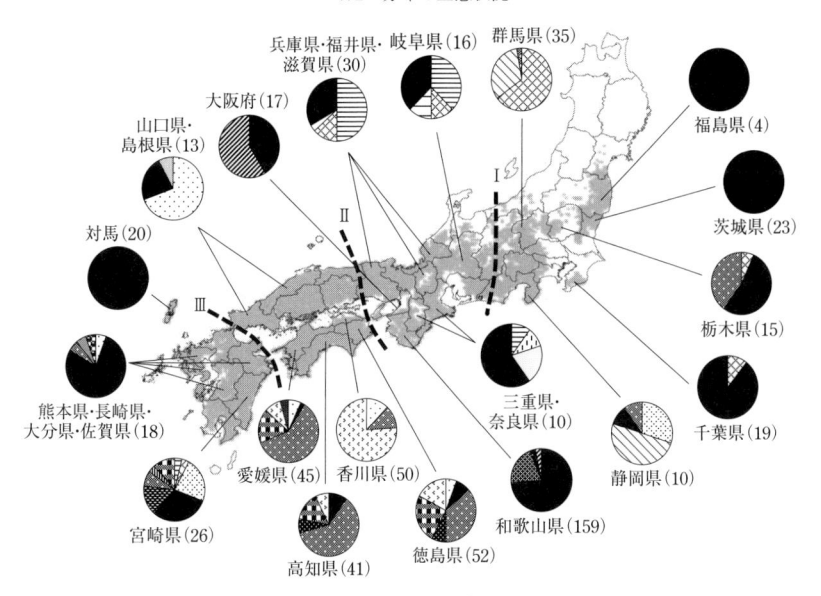

図 7.7 ミトコンドリア DNA の制御領域（574 塩基）をもとにした全国のイノシシのハプロタイプ（J1-J23）の頻度分布．カッコ内の数字は個体数を示す．点線 I-III は，Watanobe *et al.*（2003）によって示された西日本のイノシシ集団の地理的な境界を表す．地図中の灰色は 2003 年にイノシシの生息が確認されたメッシュ（5 km×5 km，環境省，2004 より作成）を示す（Ishiguro *et al.*, 2002；Watanobe *et al.*, 2003；Ishiguro and Nishimura, 2005；永田ほか，2006；Ishiguro *et al.*, 2008 より引用した計 605 個体のデータを用いて作成した）．

更新世中期（78 万-12 万 6000 年前）から後期（12 万 6000-1 万 1700 年前）にこの地で生き残った型ではないかと推測されている．さらに Ishiguro *et al.*（2008）では，和歌山県と大阪府のイノシシ 176 個体を分析して，ハプロタイプ J21-J23 が検出された．

以上の 23 の型（ハプロタイプ J1-J23）の構成を地図上にあてはめたのが図 7.7 である．この図では，Ishiguro *et al.*（2002）では 2 個体（ともに大分県），Watanobe *et al.*（2003）から全 180 個体，Ishiguro and Nishimura（2005）からはヨーロッパの家畜ブタの型（ハプロタイプ E33）をもつ 3 個体を除いた 186 個体，永田ほか（2006）から全 61 個体，Ishiguro *et al.*（2008）から全 176 個体の計 605 個体のデータ（上記の論文間で同一サンプ

ルを用いて解析していると思われるものは重複を避けて集計した)を用いている．それによると，ハプロタイプJ10(図7.7の凡例では黒色塗りつぶし)は，全国に広く分布する型であることがわかるが，それ以外の型は局所的に分布していることがみてとれる．Watanobe *et al.* (2003) は，系統地理学的な解析によって，西日本では3つの地域的な境界(図7.7の点線I-III)がみられることを示した．これにより西日本のイノシシ集団は地理的に，本州東(点線I以東)・本州中央(点線IからII)・本州西と四国(点線IIからIII)・九州(点線III以西)の4つの地域に分けられると考えられている．以上のように，西日本のイノシシ集団についてはさかんに研究されてきたが，近年，分布が拡大しつつある東日本においては，イノシシ研究そのものが立ち遅れている状況にある(永田ほか，2006)．以下では，東日本における遺伝的状況についてふれる．

東日本の遺伝的状況

東日本のイノシシ集団からも先に紹介した型のいくつかが検出されている．永田ほか(2006)は，関東以北の栃木県・茨城県・千葉県と福島県の4県のイノシシ全61個体の分析を行い，検出された型(ハプロタイプ)の出現頻度を比較することで，地域個体群間の遺伝的違いを検討した．4県からは3つの型(ハプロタイプJ3, J10, J12)が検出されたが，これらの出現頻度は一様ではなく，関東平野を境界にして東西で遺伝構成が大きく異なることを示唆した．永田・落合(2009)では，千葉県南部に孤立して分布しているイノシシ集団(図7.7)の遺伝解析が行われている．その結果，千葉県の博物館が所蔵していた剝製標本から昭和20年代には関東で特徴的な型(ハプロタイプJ8)が存在していたことがわかったが，1970年代の個体数激減(もしくは絶滅)の後に，現在ではハプロタイプJ3およびJ10が多くを占めるようになったことが報告されている．

本プロジェクトでは，北関東の3県(栃木県・群馬県・茨城県)と南東北の2県(福島県・宮城県)において，有害・狩猟によって捕獲されたイノシシ計335個体のミトコンドリアDNAの塩基配列(約1045塩基)を決定した．これらの塩基配列を比較した結果から，9つの型(ハプロタイプ2, 6, 7, 8, 12, 13, 14, 37, 45)が検出された(図7.8)．ここでのハプロタイプ名は

7.2 分布と生息状況　　121

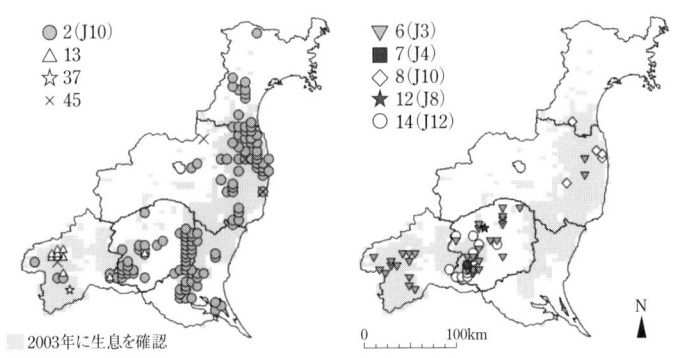

図 7.8 北関東 3 県（栃木県・群馬県・茨城県）および南東北 2 県（福島県・宮城県）におけるミトコンドリア DNA（約 1045 塩基）のハプロタイプの分布．凡例のハプロタイプ番号は Okumura et al.（2001）にしたがった．また，先行研究（Watanobe et al., 2003）と比較するため，対応するハプロタイプの名前をカッコ内に記した．地図中の薄い灰色は，2003 年にイノシシの生息が確認されたメッシュ（5 km×5 km；環境省，2004 より作成）を示す．

Okumura et al.（2001）にしたがった．検出されたハプロタイプ数は栃木県が 5 つともっとも多く，次いで群馬県と福島県が 3 つ，宮城県が 2 つ，茨城県が 1 つであった．イノブタや家畜ブタでは，2 つの型（ハプロタイプ 37 と 45）が検出された．

　永田・落合（2009）は，東日本の各地域で検出されたハプロタイプとそのハプロタイプをもつ個体群を報告している．そこで，本プロジェクトで分析した配列のなかから永田・落合（2009）と相同な領域（574 塩基）を取り出し，それらを含めて東日本各地の集団のハプロタイプの構成を地図上にあてはめた（図 7.9）．個体群は，永田・落合（2009）を一部改変して，静岡・東京・群馬・塩原（栃木県北西部）・両毛（栃木県南西部）・八溝（栃木県東部・茨城県北部・福島県）・筑波（茨城県南部）・千葉・宮城の 9 つの個体群に分類した．ハプロタイプの分布をみると，約 70% は全国的に広く分布している型（ハプロタイプ J10）が占めており，この型をもつ個体は東京を除くすべての個体群で検出された（図 7.9）．一方，残りのハプロタイプは局所的に分布していた．ハプロタイプ J3 は宮城・八溝・筑波を除く 6 つの個体群から，J4 は両毛個体群のみから，J7 は東京と静岡から，J8 は群馬・両

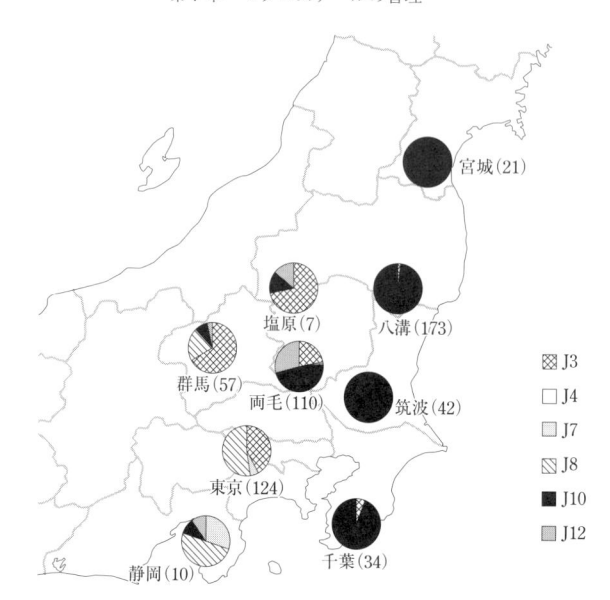

図 7.9 ミトコンドリア DNA の制御領域（574 塩基）をもとにした東日本のイノシシのハプロタイプの分布．永田ほか（2006）より引用したデータ（249 個体）と本プロジェクトの結果（329 個体）の合計 578 個体を使用した．個体群は，永田・落合（2009）を一部改変して，静岡（Watanobe *et al.*, 2003）・東京（遠竹ほか，2003）・群馬・塩原（栃木県北西部）・両毛（栃木県南西部）・八溝（栃木県東部・茨城県北部・福島県）・筑波（茨城県南部）・千葉・宮城の 9 つに分類した．カッコ内の数字は個体数を示す．凡例のパターンは，図 7.7 と対応している．

毛・東京・静岡から，J12 は群馬・塩原・両毛・静岡から検出された．個体群別にハプロタイプの構成割合をみると，宮城・八溝・筑波・千葉ではハプロタイプ J10 が優占しており，塩原・群馬ではハプロタイプ J3 が，東京・静岡ではハプロタイプ J8 が多く検出されていた．残る両毛個体群は，隣接する個体群の中間を示していた．これらの結果は，永田ほか（2006）が示唆したように関東平野（ここでは両毛付近）を境界に東西に大きく遺伝構成が異なっていた．これらのことから，栃木県内に分布拡大した集団は，東の阿武隈山地と関東南部の隣県の両方から分布が拡大した可能性が考えられた．

家畜ブタ遺伝子による遺伝的攪乱

イノシシは野生種も家畜種も世界中に広くみられる．また，狩猟対象種としても人気があるため，イノシシの人為的な移入や家畜ブタの放逐などによって，世界規模で遺伝的攪乱を受けてきた（高橋，1995）．小寺・神崎（2001）によると，日本においてもイノシシやイノブタの飼育場は全国各地にみられる．昭和30年代から60年代までの間に，じつに33都道府県でイノブタの野生化が確認されている．Okumura et al.（2001）では，ミトコンドリア DNA の制御領域を用いた系統学的な分析によって，西日本のイノシシ集団中に家畜ブタに由来する個体が検出された（ハプロタイプ 13, 30, 40）．また，Ishiguro and Nishimura（2005）でも四国の野生イノシシを用いて同様の分析が行われ，ヨーロッパ系統の家畜ブタ品種の型をもつ個体（ハプロタイプ E33）が愛媛県において確認された．

本プロジェクトにおいても，福島県・群馬県で家畜ブタに由来する可能性が高い個体（ハプロタイプ 37, 45）や，栃木県・群馬県で Okumura et al.（2001）によってブタ遺伝子の浸透の可能性が疑われている型（ハプロタイプ 13）が存在する結果が得られた（図 7.8）．こうしたことから，近年，ニホンイノシシ集団において人為移入による遺伝的攪乱が起こったことが示唆される．イノシシ集団の遺伝的攪乱を防ぐためには，交雑種の存在についてさらに調査を続けていく必要がある．ただし，先の科学的根拠が得られたどの集団についても，家畜ブタとの交雑が疑われる個体が検出された割合は非常に低い．また，家畜ブタは産子数が多いことが知られているが，これらの個体が野外の餌条件下においてもその産子数を維持できる栄養状態でいられるか疑問である．これらのことから，このレベルの個体の繁殖がイノシシ集団の個体数増加や分布拡大に寄与しているかどうか早急に結論を下すことはできない．

以上のように，本節ではミトコンドリア DNA を指標として，日本全国のイノシシ集団の遺伝的特徴を概観してきた．これにより地理的に連続して分布しているイノシシ集団は，遺伝的構成をみると隣接した数県というスケールで地域的なまとまりをもっていることがわかった．ミクロスケールやマクロスケールの章で紹介されてきたように，短期的には農業被害を原因とした

離農に歯止めをかけるためにも，イノシシの被害管理を集落ぐるみ（ミクロスケール）で行うことが効果的であり，これを最優先する必要がある．しかし，中長期的な視点で個体群管理を考えるうえでは，イノシシ集団の遺伝的構成を指標として，関係する都府県が県域を超えた広域の管理ユニットを設定して連携していくことも必要である．とくに，分布域が北上している東日本においては，分布の拡大先においても新たな農業被害が発生して問題となる可能性がある．このため，今後もイノシシ集団について科学的なモニタリングを続け，個体群管理のための基礎的な情報を蓄積していくことが重要である．

引用文献

d'Huart, J. P. 1991. Habitat utilization of old world wild pigs. In (Barrett, R.H. and F. Spitz, eds.) Biology of Suidae. pp.30-48. IRGM, Briancon.

Ishiguro, N., Y. Naya, M. Horiguchi and M. Shinagawa. 2002. A genetic method to distinguish crossbred Inobuta from Japanese wild boars. Zoological Science, 19 (11)：1313-1319.

Ishiguro, N. and M. Nishimura. 2005. Genetic profile and serosurvey for virus infections of Japanese wild boars in Shikoku Island. Journal of Veterinary Medical Science, 67 (6)：563-568.

Ishiguro, N., Y. Inoshima, K. Suzuki, T. Miyoshi and T. Tanaka. 2008. Construction of three-year genetic profile of Japanese wild boars in Wakayama prefecture, to estimate gene flow from crossbred Inobuta into wild boar populations. Mammal Study, 33 (2)：43-49.

環境省．2004．第6回自然環境基礎調査——種の多様性調査　哺乳類分布調査報告書．環境省自然環境局生物多様性センター，富士吉田．

小寺祐二・神崎伸夫．2001．イノシシ，イノブタ飼育とそれらの野生化の現状．Wildlife Conservation Japan, 6 (2)：67-78.

小寺祐二・神崎伸夫・金子雄司・常田邦彦．2001．島根県石見地方におけるニホンイノシシの環境選択．野生生物保護，6 (2)：119-129.

小金澤正昭．1998．栃木県におけるニホンジカ保護管理計画と管理方法．哺乳類科学，38 (2)：317-323.

Larson, G., K. Dobney, U. Albarella, M. Fang, E. Matisoo-Smith, J. Robins, S. Lowden, H. Finlayson, T. Brand, E. Willerslev, P. Rowley-Conwy and L. Andersson. 2005. Worldwide phylogeography of wild boar reveals multiple centers of pig domestication. Science, 307：1618-1621.

三浦慎悟．2008．ワイルドライフ・マネジメント入門——野生動物とどう向きあうか．岩波書店，東京．

Moritz, C. 1995. Uses of molecular phylogenies for conservation. Philosophical

Transactions: Biological Sciences, 349: 113-118.

永田純子・丸山哲也・浅田正彦・落合啓二・山崎晃司・山田文雄・川路則友・安田雅俊. 2006. 栃木県および近隣県におけるイノシシの遺伝学的特徴. 栃木県野生鳥獣紀要, 32:58-62.

永田純子・落合啓二. 2009. 千葉県における昭和20年代のイノシシ頭骨をもちいた遺伝解析——近年のイノシシ個体群との比較. Wildlife Conservation Japan, 12 (1):27-31.

Okumura, N., Y. Kurosawa, E. Kobayashi, T. Watanobe, N. Ishiguro, H. Yasue and T. Mitsuhashi. 2001. Genetic relationship among the major non-coding regions of mitochondrial DNAs in wild boars and several breeds of domesticated pigs. Animal Genetics, 32: 139-147.

Takahashi, S. 1980. Recent changes in the distribution of wild boars and the trade of their flesh in Japan. Geographical Sciences, 34: 24-31.

高橋春成. 1995. 野生動物と野生化家畜. 大明堂, 東京.

遠竹行俊・宮崎亜紀子・青塚正忠. 2003. 東京都西部におけるニホンイノシシ個体数増加の原因について. 東京都林業試験場年報 平成15 (2003年) 度版:51-52.

常田邦彦・丸山直樹. 1980. イノシシの地理的分布とその要因. *In* (環境庁, 編:動物分布調査報告書 (哺乳類) 全国版 (その2)) pp. 97-120. 環境庁, 東京.

辻岡幹夫. 1999. シカの食害から日光の森を守れるか. 随想舎, 宇都宮.

Watanobe, T., N. Okumura, N. Ishiguro, M. Nakano, A. Matsui, M. Sahara and M. Komatsu. 1999. Genetic relationship and distribution of the Japanese wild boar (*Sus scrofa leucomystax*) and Ryukyu wild boar (*Sus scrofa riukiuanus*) analysed by mitochondrial DNA. Molecular Ecology, 8: 1509-1512.

Watanobe, T., N. Ishiguro and M. Nakano. 2003. Phylogeography and population structure of the Japanese wild boar *Sus scrofa leucomystax*: mitochondrial DNA variation. Zoological Science, 20 (12): 1477-1489.

Wilson, D. E. and D. M. Reeder. 2005. Mammal Species of the World: A Taxonomic and Geographic Reference 3rd ed. Johns Hopkins University Press, Baltimore.

8

イノシシ管理からみた
野生動物管理の現状と課題

大橋春香

8.1 DPSIR+C スキームからみた現状と課題

イノシシによる農業被害は，生態的要因と社会的要因が複雑に絡み合って起こっている問題である．野生動物と人間の関係性という観点から縄文時代以降の歴史を整理した小寺（2011）によると，イノシシは縄文時代から江戸時代にかけては本州全域と四国，九州，対馬，五島列島，琉球列島に広く分布しており，農耕が開始された弥生時代からすでに農作物被害が発生していた．しかし，明治時代以降，イノシシは全国的に減少し，その分布は本州南部，四国，九州，琉球列島に縮小した（Tsujino *et al.*, 2010）．この分布域縮小の原因としては，明治政府による野生動物の捕獲解禁（千葉，1995）や，人間による強度の山林利用による好適生息地の縮小（高橋，1980）などがあげられている．そのため，明治時代から太平洋戦争後しばらくの間まで，イノシシによる農作物被害は局所的なものだったとされている．

しかし，その後1970年代から現在の間に，イノシシの急激な分布域の拡大とともに農作物被害が全国的に問題化した．栃木県西部では，明治時代にイノシシが一度絶滅したため，ほぼ分布がみられなかったが，1990年代より分布が確認されるようになり，西部の山地帯から県央部の低山帯まで急激に生息域を拡大した（第4章4.2節，第7章参照）．これにともない，農業被害も急増してきたことから，栃木県は2006（平成18）年9月に「栃木県イノシシ保護管理計画」を策定し，被害の減少と生息域拡大の防止，生息密度の低下を目標とする各種対策を明記した（第7章7.2節参照）．しかし，イノシシの分布拡大を抑制するにはいたっておらず，イノシシによる被害は依然として横ばい，あるいは拡大する傾向にある．なぜ，近年になってイノ

シシによる農業被害が増加に転じたのか．その背景となる社会経済環境の変化との関係性を，小寺（2011）を参考に第3章3.3節で解説したDPSIRフレームワークに地域の住民や行政の能力（C）を加えたDPSIR+Cスキーム（図8.1）に沿って述べる．

イノシシは臆病で警戒心が強い動物であり，本来は人為的な攪乱をともなう環境を忌避することが多い．しかし，イノシシにとって魅力的な環境や資源が利用可能な状態で集落内に存在する場合は，イノシシは集落に誘引されて，農業被害（Impacts）を発生させる要因となる（第5章5.2節参照）．つまり，イノシシによる農業被害の背景には，集落周辺の環境がイノシシにとって好適な状態（State）となっていることがあげられる．ではなぜ，集落周辺の環境がイノシシにとって好適な状態となっているのだろうか．

小寺ほか（2001）は，イノシシの好む環境が，放棄薪炭林，竹林と水田放棄地の3つであることを明らかにしている．薪炭林は，エネルギー革命以前には重要な燃料である木炭や薪を生産する場であったが，薪炭需要の急減によって利用されなくなった．化学肥料の普及により，それまで堆肥として利用するための落葉採取が行われなくなり，林床管理が停止し，下層植生が繁茂するようになった．竹もエネルギー革命以前は資材や日用品の素材として重要な役割を果たしていたが，プラスチック素材の普及により利用されなくなり，現在は放棄竹林の拡大が問題となっている．エネルギー革命以降，機械化などによって農業の生産性は飛躍的に上昇した．とくに水稲は1970年には国内自給率100%に達した．これ以降減反政策が開始され，耕作放棄地が急激に増加した．また，耕耘に耕耘機やトラクターが利用されるようになったことにより，役畜としての牛馬が必要なくなり，それまでの牛馬の飼料や敷料としての草利用が激減した．さらに，産業構造の転換にともない，農村から都市へ労働人口が流出し，農村では過疎化・高齢化が進行した．現在の集落周辺の環境の状態をつくりだしている直接の負荷（Pressures）となっているのは，1970年代に始まった自然資源の過少利用であり，その背景となる駆動因（Drivers）は，エネルギー革命以降の社会経済的な環境の変化であるといえる（図8.2）．

それでは，地域住民や市町村・都道府県の行政によって行われている対策（Responses）は，DPSIR+Cスキーム上にどのように位置づけられるのであ

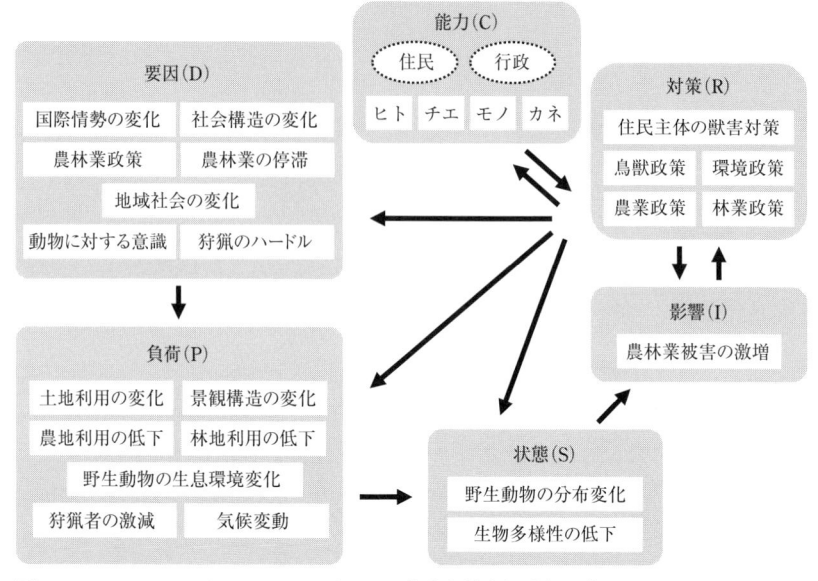

図 8.1 DPSIR+C スキームでみるイノシシ被害と社会経済的な背景の関係性.

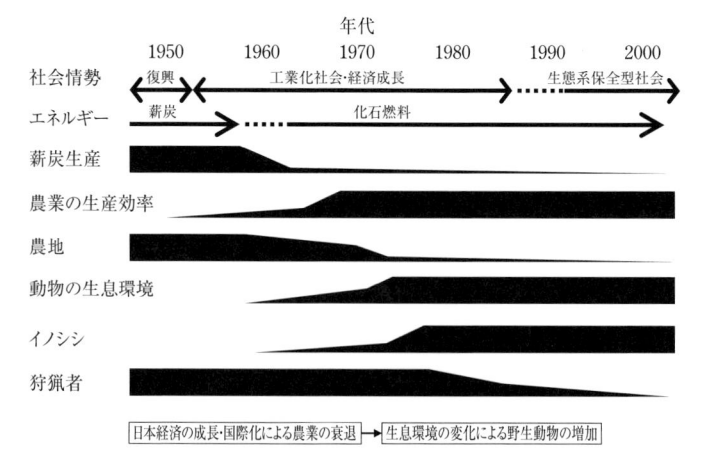

図 8.2 イノシシの分布域の拡大の背景となる 1950 年代以降の社会経済環境の変化（小寺，印刷中より）.

ろうか．現状では，対策の大部分は，「影響 Impacts」である被害を物理的に防ぐ柵の設置と，柵の効果を高めるための環境整備，および周辺に生息するイノシシを捕獲し個体数を管理するなど，（相対的に）対症療法的な施策であり，それを確実に実施するだけでもきわめて困難な状況である（第 6 章 6.1 節，第 7 章 7.1 節参照）．しかし，イノシシによる農業被害問題を真の意味で解決に近づけていくには，「状態 State」「圧力 Pressures」にかかわる集落内にイノシシを誘引しない環境づくりおよび土地利用の空間的な配置のあり方の検討や，さらに問題の根源に近い「駆動因 Drivers」にかかわる農林業の収益構造，人の経済活動やライフスタイル，価値観のあり方の変革まで視野に入れた総合的な施策が必要であると考えられる．

このような一見，途方もなく大きな問題を解決していくための力は，じつは地域のなかにこそ眠っているのではないだろうか．ここで，集落などのミクロスケールを基本として，地域に基本的な獣害対策技術を普及し，住民主体・地域ぐるみで対策を実践していくことで，地域住民の獣害対処能力（Capacity）を引き出し，さらに意識改革を促す取り組みがなされている事例を次節で紹介したい．

8.2 地域主体の取り組み事例

（1） 価値観の変革につながる小さな一歩――益子町 S 地区の事例（弘重ほか，2012a より）

栃木県益子町 S 地区は，人口 298 人，世帯数 81 戸，60 歳以上人口 36%，農業就労人口の平均年齢 66.2 歳の過疎高齢化が進む平地農業地域である．町では 2005 年以降，イノシシによる農業被害が急増しており，町役場では被害防止計画を作成し対策に取り組んでいる．このようななか，2009 年から獣害対策の専門家によって，S 地区の住民を対象に獣害対策手法の講習会などを実施する「支援プログラム」（以下，プログラム）が開始された．このプログラムは，住民 14 名（男女 7 名ずつ，60-80 歳代，農家 13 名，非農家 1 名）が参加している（表 8.1）．

このプログラムでは，「獣への餌づけをやめること」の意識づけならびに，

表 8.1 学習グループのメンバー一覧（弘重ほか，2012a より）．

	性別	年齢	同居家族内の農業従事者	農産物販売の有無	農地面積（単位：アール）			
					田		畑	
					作付	休耕	作付	休耕
No. 1	男	65	本人夫婦，義母	×	50	10	50	0
No. 2	男	61	本人	○	30	30	20	20
No. 3	女	81	本人，息子	×	20	5	10	10
No. 4	女	81	本人，息子	○	80	45	3	100
No. 5	男	60	本人，父	○	90	0	50	100
No. 6 ┐	男	69	本人夫婦	×	35	3	30	30
No. 7 ┘	女	63						
No. 8 ┐	男	78	本人夫婦	○	60	45	10	0
No. 9 ┘	女	77						
No. 10 ┐	男	73	本人夫婦	○	65	35	34	0
No. 11 ┘	女	73						
No. 12	男	63	なし（非農家）	×	0	0	0	0
No. 13	女	77	本人，孫	○	30	20	50	50
No.14	女	—	—	—	—	—	—	—

注1）農業従事者の属性は本人からみた属性．
注2）「—」は不明を表し，「□」は夫婦であることを表す．

獣の餌となるものの種類とその除去，獣害に強い営農，環境整備，防除柵の設置，人慣れ防止など，餌づけをやめるための理論と実践方法を学習するため，住民が獣害対策を学習する場が設けられた．具体的には，①座学，②集落点検，③畑での実習が行われ，④集落内の畑を活用して，柵の囲い方などの獣害対策のお手本となる「モデル農園」の設置が行われた．また，⑤住民が学習グループを組織してモデル農園を管理・活用しながら獣害対策の学習ならびに交流活動を行っている．

S地区で伝達されている対策手法は，住民の実践を促す動機づけの仕掛けを随所に内包しており，住民の主体性を喚起する工夫がなされている．S地区で伝達された防除柵の設置技術は，野生動物の行動学的知見にもとづいたものであるが，特別な資材を使わず，体力的に老人・女性も実践可能な「住民が自分でもできると直感できる技術」となっている．たとえば，トタン柵には，あえて市販のものを用いずにビニルハウスの廃材パイプを手軽に加工し，柵の支柱に再利用するといった技術が伝達されていた．

また，被害防除だけでなく営農技術改善（作業負担減・収穫量増など）を

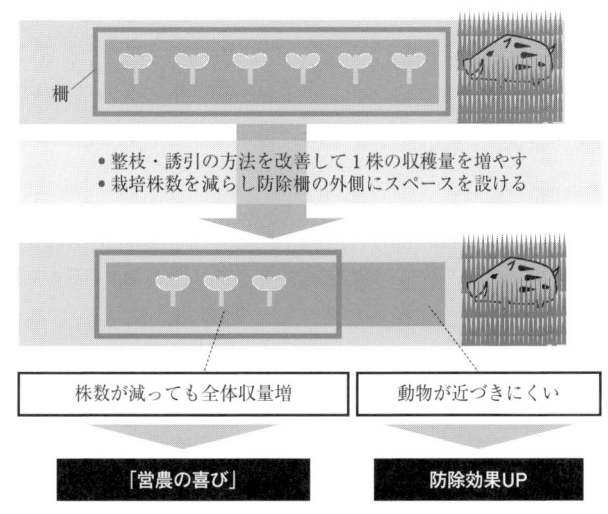

図 8.3 益子町 S 地区で伝達された対策手法の例(弘重ほか, 2012a より).

表 8.2 プログラム参加者の獣害対策状況(弘重ほか, 2012a より).

	対策手法	知らなかった	指導後に実践
被害防除柵の設置	場合によっては,防除柵の設置位置を圃場の内側にする	13	4
	圃場の作物がみえないように目隠しをする(トタンなどの設置)	12	5
	電柵:線の高さを下から 20 cm,40 cm に設置	10	11
	電柵:碍子を圃場の外側に向ける	13	11
	電柵:獣がアスファルトに脚をついている状態では感電しない	10	―
	電柵:雑草抑制シートで管理を楽にする	13	1
餌の除去	野菜クズは餌になるので放置しない	1	12
	放任果実は餌になるので放置しない	0	2
	稲のヒコバエは餌になるので耕起して生えないようにする	13	10
	緑草はイノシシの餌になる	12	―
	冬の餌場となる緑草帯をつくらないために,秋以降は畦畔などの草刈りをせずに冬枯れさせる	13	1

注)数字は,学習グループ 14 人中 13 名に聞き取った結果.

表 8.3　住民ヒアリングの結果（弘重ほか，2012a より）．

住民 No.	1 取り組みに参加してよかったこと	2 取り組みに参加して楽しかったこと
No. 1	交流が増えたこと．電柵のことなど，対策で初めてわかったことがいろいろあったこと．①②	みんなで集まって協力して作業したり，持ち合ったもので雑談したりすること．①
No. 2	電柵の張り方や防草シートなど，目の前で見れたことが勉強になった．①	普段あまり接しなかった人とも会話できるようになったこと．①
No. 3	対策に関していろいろためになったこと．①	みんなといろんな話をすること．近所隣りとは付き合いがあるが，離れた所の人と交流できるようになった．①
No. 4	みんな集まってやることで知らないこともわかる．営農の話もする．またモデル農園の見回りに行ってくれる人から，どこでやられたという情報も入る．②	みんなで集まって話して，冗談言ったりすること．①
No. 5	柵の張り方や防草シートなど勉強になった．①	特にない．
No. 6 No. 7	対策意識がある程度上がっただろうということ．どういう方法でやれば防げるという一つの目印ができたこと．みんなでやれば，一人でやるより楽にできるという認識を持ったと思う．協力の精神が生まれてきたと思う．①②	みんなでわきあいあいと話ができること．勤めをやめてから外に出ることがなかったから，お茶飲みに会うのが楽しみ．目的が一つで，みんなで同じことができること．①
No. 8 No. 9	防草シートのことや，電柵以外に網を使ったことなど勉強になった．ハクビシンにも効果あると思うし．①	みんなで集まって話ができること．①
No. 10 No. 11	みんなが集まっていろんな意見が出るから，やっていて面白い．部落が違うから今までそんなに交流はなかったが，モデルがきっかけでいろんな交流ができて，行ったり来たりもするようになった．②③	みんなで収穫すること．①
No. 12	いろんな人との交流が増えたこと．③	地域の人といくらか親しくなれた気がする．これまで離れたところの人とあまり交流がなかったから．①
No. 13	近所の人以外にも，イノシシの話などをしながら交流ができたこと．③	みんなで作業した後にお茶のんだり，話し合ったりすること．①
No. 14	―	―
集計	①対策手法の情報収集　8人 ②住民間の情報交換・協力　5人 ③住民間の交流　5人	①住民間の交流　12人

注）各意見の文末についている数字は集計項目の数字と対応．夫婦の意見は 2 人分として集計．

3 取り組みに参加して苦労したこと	4 今後取り組みたいこと	5 取り組みを継続する意思
モデル農園に行くまでが大変．	輪を広げていきたい．電柵の外にもクリがあるので，そこにハーブを植え，実験圃場という感じでできたらいいと思う．成功すれば発信できるし．②	続けたい．①
特にないが，作業自体が真剣になり，必ず出席になると困る．①	持ち主の意向に添いたい．	みんながやるなら続けるが，忙しいときは抜け出したい．①
特にないが，モデル農園に行ったり，作業したりすることが大変なことも．	若い人がやるといいと思う．（モデル農園で）夏は野菜作ってもあまりやられないから，イモ類を作るのがいいと思う．②	私は歳だから大変だが，息子が退職したらやるかもしれない．
特にない．作業もみんなでやるから．①③	売れるものなら作って出す．①	みんながやるならやりたい．みんなと話したりできるから．①
自分の意見を主張して，他人の意見を受け入れないこと．②	もっと多くの人を入れてやりたい．②	みんながやるなら続ける．①
特にないが，意思疎通がうまくとれないこと．②	みんなで積極性を持ってやりたい．意思疎通をうまくとりたい．もっと集まる場が必要だと思う．イノシシも新しい子供が生まれるから，こっちも新しいものを考えていきたい．	せっかくだから続けたい．①
自分の田畑もあるので，モデル農園での作業は，夏場は負担になることもあるかもしれない．意見が合わないこと．②	サツマイモ以外にイノシシが好むものを作る．作ったものを売るのもいいが，売れるかどうかが問題．①	難しい．みんなと話すのは楽しいが，いざやるとなるといろいろ問題が出てくる．ただ，まだ勉強することはあると思うし，お互い話し合って何かするためにも継続した方がいいと思う．①
特にない．みんなでやるから楽しくやれる．かえって一人でやっているとふぬけるくらいで，話しながらやっているとあっという間．①③	話し合いが大事．別の野菜を作って直売所で販売しようかという話も．①	続けたい．役員も頼まれれば続ける．年寄りだし，役持っているとはげみになるかもしれない．①
特にない．①	モデル農園だけでなく，個人の田畑をどうするかということ．	続けてくれと言われたら続けるかな．①
特にない．（モデル農園が）自分の畑だからいろいろ気は遣う．①	畑の空いているところに，いろいろな作物を作って，何が適しているということを勉強しながら作って，売ったり，個人で分けたりしたらいいと思う．①	やれる限り続けたい．楽しいから．①
—	—	—
①苦労なし　5人 ②合意形成　5人 ③集うことで苦労減　2人	①モデル農園の農産物販売 6人 ②取り組みをまわりへ広げる　3人	①継続意思あり　12人

同時に達成する技術を伝達し，住民に「営農の喜び」を喚起する工夫もなされていた．たとえば，ナス栽培について，整枝・誘引・施肥の方法を改善して一株あたりの着果量を増やすことで，これまでと同じ，もしくはそれより多い収穫量を確保しながら植え付け株数を減らし，株数を減らした分，栽培面積ならびに防除柵で囲う面積をせばめ，柵の外側にスペースを設け，イノシシが接近しづらい圃場設計を可能とする技術などが伝達されていた（図8.3）．

さらに，S地区に設けられた学習の場は，獣害対策の理論と実践，悪い例とよい例の両面を知ることができる場となっている．専門家の指導と住民グループの自主的な学習活動が並存していることで，普遍的な情報とローカルな情報を入手できる場ができている．また，モデル農園の設置によって被害防除の成功体験を得て，よいイメージをもって住民自身のグループ活動や個人実践を行っている．このように多元的な情報や経験が提供される学習の場となっている．

以上のプログラムの住民への効果として，以下の3点が確認できた．第1は，獣害対策に関する知識の向上である（表8.2）．第2は，住民による自主的な学習活動の継続である（表8.3）．13名中12名の参加者が学習活動の継続意思をもっていた．第3は実践意欲の向上である．学習活動を集落全体に広げていきたい意思をもつ参加者がおり（3名），また，モデル農園で栽培した農産物を直売所で販売したいという意見をもつ参加者もいた（6名）．このように，獣害対策を超えて，営農や地域活性化に対する意欲の向上もみられた．またモデル農園での住民の学習活動によって，地域内に住民の新しい集いの場ができた．参加者はここでの交流が楽しいと感じており（13名中12名），「みんなで集まってのコミュニケーションが楽しい．だから畑もできるだけ続けようと思う」（77歳女性）という参加者もいる．このように「地域で集う喜び」を喚起する場が学習の継続ならびに獣害対策や営農の意欲向上につながり，ひいては獣害対策を地域活性化の契機にもできることが示唆された．

村おこしの支援活動の現場から，つぎのようなことがいわれている．「『村落は病気だ』→だから対症療法を行う，というように村落をただ問題化するだけの視線はダメ．それは『助けている』ようでじつは『くじけさせて』い

る」(関原, 2010). この言葉は, とくに過疎高齢化が進む地域の獣害対策を支援する際, 行政や専門家などが肝に銘じておく必要のある言葉であると考えられる. 村の景観の美しさには目を向けることなく, 地域を獣害の観点で問題化するだけのアプローチでは, 村落が衰退していく現実を前にして地域の未来に希望を失いかけている住民をさらに悲観的にさせてしまう. 益子町S地区の取り組みは, 地域をただ問題化するのではなく, 人々に喜びをもたらす取り組みを基本にしていた. その喜びとは, 日々の営農活動や地域の人々とのつながりといった, 身近なものを深めていくことによってもたらされた喜びであった. そうしたささやかな暮らしの再創造の過程と獣害対策とを結びつけていく試行錯誤が各地に広がっていくことが望まれる.

(2) 地域の獣害対処能力向上を支援する行政のあり方とは──滋賀県の事例 (弘重ほか, 2012b より)

地域に対して必要な支援とは, ①情報提供, ②学習促進, ③対策意欲の向上を促す動機づけ, ④地域の合意形成促進を通じて, 獣害対策に対する地域の能力向上と意識改革を促すこと, であった. 近年, 侵入防止柵の設置といったハード的な施策に加えて, 圃場設計や栽培技術を含めた総合的な営農管理手法を鳥獣害の観点から見直し, 地域の獣害対処能力 (Capacity) を向上させていく「営農管理的アプローチによる鳥獣害防止技術」の必要性が指摘されている (中央農業総合研究センター・農林水産技術会議事務局, 2010). また, 市町村や都道府県の行政が組織的に地域を支援する体制をどのようにして構築していくかが, 今後の重要な課題の1つとしてあげられる.

このような「営農管理的アプローチ」を実践する地域の獣害対策の支援の担い手として, 地域の営農形態を熟知し, 農家との日常的なアクセスチャンネルが確保されているなどの特性をもつ「農業の普及指導員」(以下, 普及員) の役割が注目されている (井上, 2007). 普及員は, 営農管理の知識・技術をもち, その普及を担っていることから, 地域の獣害対策支援に参画することがますます望まれる状況にあるといえる. しかし, 普及員が地域の獣害対策支援を組織的・制度的に展開している都道府県は部分的にみられるものの, 必ずしも全国的に一般的とはいえない. その理由としては, ①獣害対策が農業普及組織の担当業務として位置づけられていなかった過去の状況を

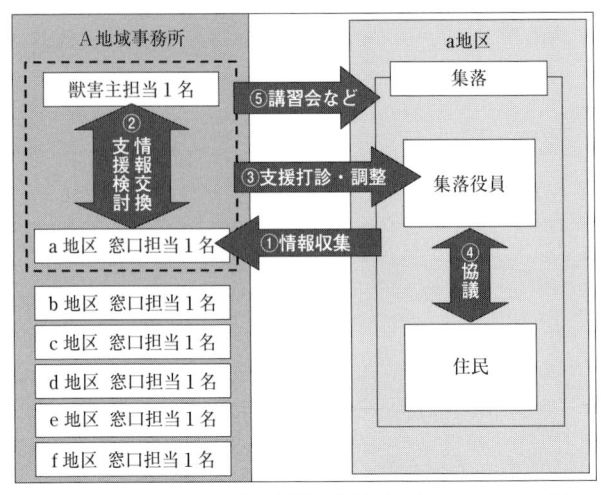

図 8.4 滋賀県における地域支援の体制（弘重ほか，2012b より）．

背景に，業務の「縦割り」を変革できない自治体があることや，②普及員による農業者支援は，中山間地の小規模・自給的農家よりも生産額の大きい平場産地に重点化する普及事業の動向を背景に，獣害が深刻な中山間地域への支援は手薄になっていること，などが考えられる．

では，現在すでに普及指導員が地域の獣害対策支援を組織的・制度的に展開している都道府県では，前述のような障壁にもかかわらず，どのような過程で組織の体制が形成されたのだろうか．滋賀県の事例を紹介し，地域の獣害対策支援のための体制整備に資する知見を提示する．

滋賀県では，県の環境行政部局が個体数管理を，農政部局が地域の獣害対策リーダーの人材育成と集落ぐるみの体制づくりの支援を行っている．柵の設置などのハード整備は，おもに市町村の協議会が国の事業を活用して実施している．

滋賀県内の各普及センターの所管地域はいくつかのエリアに分割されており，各エリアごとに「技術支援担当」と「窓口担当」に分けて活動を行っている．「技術支援担当」は，担当する専門分野をもち（野菜担当，花卉担当など），所属する普及センターの所管地域全体を対象にして自分の専門分野に関する業務を行う．「窓口担当」は，専門分野を限らずに包括的に担当エ

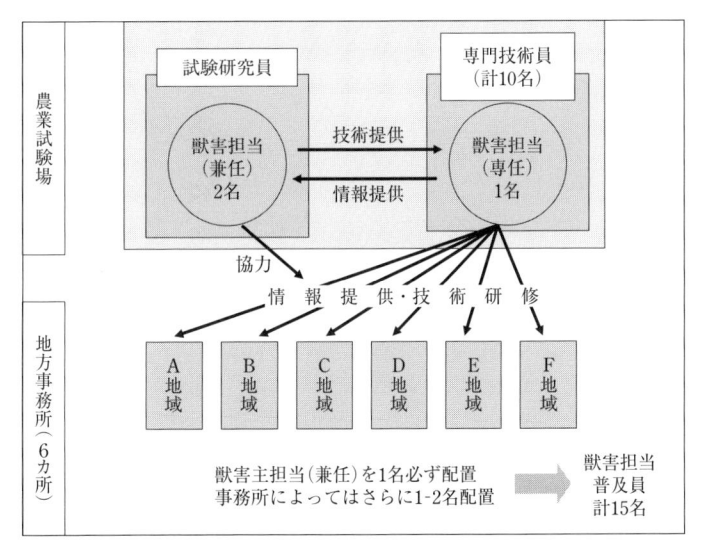

図 **8.5** 滋賀県における普及組織全体の体制（弘重ほか，2012b より）．

リアとかかわり，専門知識が必要な場合は「技術支援担当」と随時協力し合って業務を行う．この「技術支援担当」のポジションに，獣害対策を専任で担当する「獣害対策主担当」が基本的に1名ずつ配置されている（図 8.4，図 8.5）．センターによってはさらに 1-2 名配置しているところもあり，県全体では合計 15 名の「獣害対策主担当」が配置されている．そして，「窓口担当」は，担当エリアで獣害対策にかかわる業務が必要になれば，「獣害対策主担当」と協力しながら業務を行う．また「獣害対策主担当」は，所属する普及センターが所管する地域全体の獣害対策関連業務を統括する役割を担う．農業試験場には，獣害対策を専任で担当する専門技術員が1名配置され，県内の普及員へ獣害対策ノウハウを伝達する研修会を開催している．農業試験場には，兼任で獣害対策の試験研究を行う研究員2名が配置されている．県の普及事業の実施方針（2009 年 4 月 1 日改正）ならびに各普及センターの活動計画には，地域の獣害対策支援を実施する旨が明記されている．このような体制の構築プロセスを表 8.4 に示す．

①未対応段階（1998 年ごろ以前）

滋賀県で普及員が獣害を認識し始めたのは 1989 年ごろであった．1996 年

表 8.4 普及組織・農業試験場の活動年表（弘重ほか，2012b より）.

年(平成)	活動主体	活動内容	活動カテゴリ	活動段階
8	県庁	市町村から県農政部局に獣害対策の要望が出たが，環境行政部局で対応すると返答.	—	未対応段階
9				
10	県庁	農政部局での対応も必要という認識が始めめ，初めて獣害対策の方針ができる.	④	
10	試験研究機関	先進自治体を視察し，農業試験場や普及機関の役割の重要性を認識.	②	
11	試験研究機関	獣害対策の試験研究を開始.	①	研究活動段階
12	試験研究機関	研究成果が出始める.	①	
13	試験研究機関	獣害対策の勉強会を開始．被害のひどい地域の普及員ならびに市町村職員も参加．畜産，林業試験機関にも参加よびかけ.	②	
14	普及機関	新人普及員の研修メニューに獣害対策を加える.	②	
15	試験研究機関	県林業試験機関からの情報収集をはじめ，交流が始まる.	②	
15	普及機関	獣害対策担当専門技術員（兼任）の設置.	②	普及第一段階
15	普及機関	副主幹から課長補佐対象の獣害対策研修が開始.	②	
15	普及機関	獣害対策の試験研究担当者が普及担当に異動し，自らの研究成果技術の普及を始める.	③	
16	試験研究機関	部局横断型の獣害対策支援チームの設立.	④	
16	普及機関	中堅職員対象の獣害対策研修が開始.	②	
17				
18	試験研究機関 普及機関	集落点検活動の開始.	③	普及第二段階
19	試験研究機関 普及機関	集落環境点検を県内各地で実施.	③	
20				
21	試験研究機関 普及機関	獣害対策担当の設置.	④	

凡例：活動カテゴリ①試験研究，②組織内の知識・認識の醸成，③地域への技術普及，④体制整備.

ごろ県地方事務所から県本庁の農政部局に対して獣害への対応要請が初めて出され，その後も要請が続くようになった．それに対し県農政部局では，個体数管理の業務を担当していた環境行政部局が対応するという回答を出して

いた．また，このころ農業試験場に獣害対策の研究を実施してほしいという要望が現場から寄せられるようになっていったが，要望はすべて却下されていた．

②研究活動段階（1998-2004年ごろ）

獣害への対応要請が増加するなか，中山間地域の課題を扱っていた農業試験場K分場（以下，K試験場）では，2000年に獣害対策の試験研究を開始した．また2003年ごろからはK試験場において，職員による獣害に関する勉強会や獣害対策に関する普及組織の研修が行われるようになった．研究員のT氏は，研究を始める前には，「やったことがない仕事というのは不安で，正直できない」（T氏口述）と考えていた．そのとき，先行的に獣害対策の研究を始めていた奈良県の農業試験場に視察に行き，その「物まね」をすることから始めた．T氏は，「先駆者がいたからできたと思う」という．そしてK試験場では，徐々に研究成果が出始めると，研究員から普及センターに対して対策技術を地域へ普及するように要求した．しかし普及センターはそうした働きかけに応じなかった．

③普及第一段階（2003-2006年ごろ）

2003年の段階では獣害対策は普及センターの活動計画に入っていなかったが，K試験場の研究員T氏が普及センターに異動となり，計画に定められていない一般の普及活動として自主的に地域の獣害対策を支援する活動を始め，被害を止めるなどの実績をつくっていった．しかし時間が経つにつれ，一度被害が止まった地域でも徐々に対策がおろそかになり，被害が再発するなど，技術が地域に根づかないという状況が生じてきた．

④普及第二段階（2005年ごろ以降）

前述の状況への反省から，住民の主体性や合意を形成しながら技術を普及する必要性を感じた農業試験場の研究員Y氏は，それを実現するための手法として「集落環境点検」を実施することを考え，2006年に賛同する普及員とともに各地で実践し始めた．これは研究員Y氏の自発的なよびかけにもとづく活動であり，賛同のあった普及員に「お願いして無理やりやってもらった」状況であった（Y氏口述）．一方で，普及組織が地域の獣害対策支援を実施することについて，行政組織内での位置づけは確立されておらず，住民や市町村自治体がどこに支援を求めたらよいか明確になっていない状況

にあった．さらに議会や各種団体からの獣害問題解決への要望の高まりもあいまって，2009年に現在の組織体制が確立された．

組織体制の確立までの間に組織変革の基盤をつくるサイクルが回っていた．そのサイクルとは，(a) 課題発生→(b) 技術開発をともなった新たな取り組み→(c) 新たな取り組みが組織内での正当性を獲得→(d) 行政システムへの組み込み，というフィードバックの仕組みである．その動因として，(1) サイクルの起動時に「職員個人の自発性による運動的な取り組み」があり，(2) それを促す「組織内外での知的交流」があった．このように行政組織においても，自律的な「知識創造」が組織変革の基盤となっていた．

滋賀県で普及組織・農業試験場の組織体制の変革を促した直接の契機は，議会や自治体などからの要望が激しくなったことであったが，組織内のノウハウ・経験・人材などの体制の「中身」については，組織体制の変革までの13年間の取り組みによって徐々につくられていった．そしてその取り組みは農業試験場が核となった知識創造が重要なポイントとなっていた．このようなトップダウンによる新たな組織体制は整ったものの，まだ課題は多い．住民の主体性と合意をつくりながら地域の力をつけていくためのボトムアップを促す支援はいまだ試行錯誤の段階にある．

これから普及組織による獣害対策支援の体制づくりを考えている自治体は，「営農管理的アプローチ」の適用に向けた知識創造を農業試験場で開始し，それを起点に普及組織の体制を整備していくことが組織改革の戦略として有効かもしれない．

8.3　地域主体の管理の課題

（1）　地域の人では手出ししづらい土地をどうするか

前節では，地域主体の「営農管理的アプローチ」による取り組み事例を紹介してきた．しかし，このような地域住民を主体とした獣害対策を実施するうえで，土地所有の問題が障壁となってしまうケースが少なからず存在する．イノシシ被害対策を行ううえで，農地周辺の耕作放棄地や農地付近の山林の管理が重要であることは先に紹介した（第5章5.2節参照）．地域内に土地

所有者が居住している場合，農地の管理意識・規範にもとづき，維持管理がなされていることが多い（閻，2012b）．たとえば所有者が地域内に居住していない，いわゆる不在村所有者である場合，管理が行われず遷移が進行し，イノシシの生息に好適な環境となってしまうケースが少なからず存在する（第5章5.1節参照；大橋ほか，2013）．横田ほか（2005）は，宮城県の山間農業地域において不在地主の実態と所有農地への意向についてアンケート調査を行い，居住地と農地までの距離や転居時期の違いのような地縁の深さの違いによっても農地の管理状況や今後の意向に違いがみられることを明らかにしている．また，農地所有については自己所有を希望する地主が多い一方で，管理については町内の農家へ一任したい不在地主が多いことをあげ，不在地主の農地を地域の農家へ管理一任させるようなコーディネート機能の必要性を指摘している．

2009年の農地法の改正以降，遊休農地，耕作放棄地については農業委員会が中心となって総合的な対策を行うこととなっており，不在地主と地域の農家との間のコーディネートを農業委員会が行うための仕組みが整いつつある．改正農地法では遊休農地を解消するための措置として，年1回，区域内にある農地の利用の状況について農業委員会が調査を実施することが義務づけられており（農地法30条1項，2項），農業委員会による遊休農地の把握に始まり，農業委員会の指導（30条3項），遊休農地である旨の通知（32条），通知に対する利用計画の届出（33条）へ続く．利用計画が提出されなかったり，計画が不十分であったりする場合には勧告（34条）がなされ，勧告にしたがわない場合などについては所有権移転などの協議や，都道府県知事の裁定による特定利用権の設定へといたる規定が設けられている．改正農地法移行後，「指導」だけでなく，より踏み込んだ措置である「通知」と「利用計画届出書の提出等」といった一連の遊休農地対策規定が実際に適用され，それまで管理が停止していた不在村者が所有する遊休農地が，農業委員会の仲介により地域在住の農家に貸し出されることにより，利用されるようになった事例も報告されるようになっている（緒方，2013）．

このように，農地に関しては地域で土地を管理するための体制の整備は進みつつあるものの，ゴルフ場用地として買収された農地が計画の頓挫により「荒地」となった場合（桑原，2012b）など，改正農地法の下であっても解

決がむずかしい問題を抱える地域も少なくない．また山林についても，転売が進み，地域住民にとって「見えにくくなっている」ことが指摘されている（閻，2012a）．さらに近年，河川の攪乱が減少したことにより河川敷の「樹林化」も進行しており（李ほか，1999），河川敷にイノシシがすみつく危険性も考えられる．日本では土地所有者の権利が強いことから，農地以外であっても必要に応じて地域で土地を管理するための仕組みの整備が早急に必要であると考えられる．

（2） 個体数管理の担い手とは

一方で，地域住民を主体とした「営農管理的アプローチ」だけでは解決できない課題も，数多く存在する．とくに，イノシシ集団は隣接した数県というスケールで地域的なまとまりをもっていることが遺伝的構成から明らかにされている（第7章7.2節参照）．つまり，イノシシ個体群は県域を超えたスケールで交流しており，ある地域でイノシシによる農業被害の問題が解決したとしても，ほかの地域にイノシシが移動し，新たな農業被害が発生して問題となる可能性がある．かりに局所的にイノシシの個体数を抑えることができたとしても，ほかの地域からイノシシが侵入し，再び農業被害を発生させることになる．都道府県の枠を超えて個体群が広域に分布または移動するような鳥獣の保護管理については，地域個体群ごとに広域指針の作成による広域的な保護管理の実施が効果的であると考えられる．このような広域的な取り組みは，鳥獣保護法の基本指針にもとづくものであり，現在，カワウ（*Phalacrocorax carbo*）2地域，ツキノワグマ（*Ursus tibetanus*）1地域，シカ（*Cervus nippon*）1地域で広域指針が作成されている．しかし，イノシシの場合，現状ではこのような取り組みは行われていない．

　近隣自治体や関係する国の機関が足並みをそろえ，一定の管理目標に向けて対処し，かつ生息環境の改善や被害に関係して，森林，農政，水産，河川，自然公園といった部署との分野横断的な連携が必要不可欠であり，関係者間での連絡・調整といったマネジメントが課題になる．広域的な個体数管理の体制を強化していくには，これに加え，情報共有の仕組みづくりや，確実に問題解決につながる具体的な目標設定と実施計画の策定，その実行にあたっての役割分担の明確化が鍵となる（羽澄，2013）．たとえば，関東山地をモ

デル地域としたニホンジカの広域保護管理では，環境省の事業として，1都4県の鳥獣，森林，農政の部署と，国有林，農政局，環境省自然公園部署，野生生物部署の協働参画する広域協議会が設置され，戦略的実施計画の立案と関係機関の調整が進められている（奥村・羽澄，2013）．現状では，だれが広域管理のマネジメント役を担うかでさえ試行錯誤の段階であるが，特定の行政機関だけでなく，企業やNPOといった団体を含めてマネジメント役の担い手候補を探っていく必要があるだろう．このような体制の確立を全国一律，すべての獣種に対して展開することはむずかしいと考えられるが，今後，イノシシ集団の遺伝的構成を指標とする個体群の連結性や（第7章7.2節参照），前提となる地域の社会経済的な再生ビジョンにもとづいた新たな土地利用のゾーニングをふまえ，そこで必要とされるイノシシとの効果的なすみわけにつながる管理の体制を組み込むことが必要であると考えられる．

このような個体数管理を進めるうえで必要な捕獲やモニタリングデータの収集といった実務は，実際には狩猟者が引き受けている．今後，個体数管理を実施する体制（Capacity）を強化するためにも，狩猟者の実態把握は急務である．

狩猟者は，鳥獣被害対策のうえで重要な役割を担っているが，1970年には約53万人存在した狩猟者は，2009年の段階で約18万人にまで減少しており（環境省の鳥獣統計による），地域によっては期待された効果を上げることがむずかしい状態が想定されるなど，捕獲の担い手としての狩猟者の持続性に警鐘が鳴らされている．上田ほか（2012）は2008年と2009年に3年に一度の狩猟免許更新時期に，更新することなく狩猟を辞めてしまった元狩猟者を対象にアンケートを実施し，狩猟を辞めた理由として，高齢化や病気，仕事が忙しいといった要因以外にも，猟銃の規制強化と狩猟にかかる経費の高さが重要な要因としてあげられたことから，猟銃の規制強化に対する組織としての対応力の向上を促進する施策や，狩猟者が個人的に負担している猟具の購入費用とその維持管理の経費，狩猟税など，捕獲活動に生じる経費を上回るような利益を得られるような仕組みの構築の必要性を指摘している．

また，個人的な趣味による狩猟と，行政からの依頼によって実施される有害鳥獣捕獲（個体数調整）は大きく異なるものであるが，有害鳥獣捕獲への参加が狩猟者にとってどのような意味をもつものであるのか，彼らの参加を

引き出すためにどのような仕掛けや仕組みが必要なのか，といった具体的な対策とかかわる論点については明らかでなかった．大橋（2012）は，実際に狩猟者として彼らのなかに入り込んで参与観察を行い，より実際的な狩猟および狩猟者の実態に迫る研究を行った．その結果，①狩猟者のうちとくに銃猟者は，狩猟者が狩猟を行ううえで事故の防止に細心の注意を払い，私的な集団を形成して狩猟を実施するのが一般的であること，②狩猟を行うにあたっては，発砲，解体などの非日常的な行為が必要となるため，狩猟者は地域住民と良好な関係を築くことの重要性を認識していること，③有害鳥獣捕獲を行う狩猟者に対しては，地域住民などから評価する意見が聞かれ，有害鳥獣捕獲による地域貢献の重要性が認められつつあり，狩猟者の側にも義務感が生じているなど，狩猟者が地域住民との人間関係を形成しながら狩猟を行っていること，④しかし，狩猟者の減少および高齢化が深刻な地域などでは，不十分な有害鳥獣捕獲によって地域住民側に有害鳥獣捕獲の実施状況に対する不満が蓄積していること，を明らかにした．

大橋（2012）はこの研究のなかで，狩猟者は，趣味で狩猟を行う一方で，地域貢献として有害鳥獣捕獲に従事しており，また制度上においてもあくまで捕獲協力者という扱いであること，行政としては，狩猟者に協力を願っているという立場と，自らは捕獲技術をもたないことなどから，狩猟者と密な協力体制を構築しにくいという問題が生じていることを指摘している．この問題を緩和する糸口として，「有害鳥獣による農林水産業等に関わる被害の防止のための特別措置に関する法律」によって規定される鳥獣被害対策実施隊を正しく運用し，狩猟者を市町村職員として任命し，有害鳥獣捕獲を行うことを提案している．野生動物の捕獲は，高度な専門性を必要とする技術である．管理捕獲に従事する狩猟者はその目的と責務を正しく理解する一方で，行政は管理捕獲従事者を「専門的捕獲技術者」として正当に評価するかたちで雇用することにより，行政担当者ともより密な協力関係を築けるようになることが期待される．

それまで生息していなかったイノシシが近年になって生息するようになった神奈川県大磯町において狩猟者の実態を把握した柏木（2012b）は，地縁的な集団である集落や自治組織とは異なり，狩猟者は，鳥獣の生態に合わせて山系や水系を通じ，行政界を超えて活動する，いわば越境的な集団である

ことを指摘している．すなわち，町内でイノシシ猟を実施している狩猟者の多くが町外に在住しているという現状と，行政が地縁的な集団である猟友会との関係性のみに頼って有害鳥獣捕獲を実施しようとした場合，それまでイノシシを対象としてこなかった，いわば経験の浅い狩猟者が有害鳥獣捕獲に従事することになり，捕獲体制が機能しない可能性について言及している．上田ほか（2012）は，一種猟銃免許所持者で狩猟を始めたころの狩猟対象が鳥であった人のうち，シカやイノシシといった「大物」に転向した人は3割弱であることを指摘し，大物猟の講習会や大物を対象とした有害鳥獣捕獲への参加のよびかけにより，狩猟対象の転向を促す政策や，大物猟専用の猟犬や猟銃に対する経費補助の重要性を指摘している．とくに，神奈川県大磯町のように近年になってイノシシが生息するようになった地域では，捕獲技術の向上や担い手の確保に向けた積極的な促進策が重要であるといえよう．これまで，個体数管理の担い手として狩猟者の重要性は認識されてきたものの，その実態は未知の点が多く，実態に即した狩猟者の負担軽減と地域住民・行政担当者との間の十分な協力関係の構築，狩猟者の実態をふまえた体制の構築が必要である．

　野生動物管理にかかわる主体は，それぞれの特性に応じて，責任をもてる管理の内容や，対象とする地理的範囲が異なっている．計画の策定にあたる立場の者に専門性があれば，予算の執行にむだがなくなり，それぞれの市町村に専門性のあるスタッフを置けば限られた予算のなかで工夫していくことが可能となる（羽澄，2013）．多様な主体が連携しながら，それぞれの対応力（Capacity）を最大限に活用することで初めて，統合的な野生動物の管理が実現可能になるのだろう．

　本節では，イノシシ管理の現状と課題をDPSIR+Cスキームにあてはめながら概観した．しかし，DPSIR+Cスキームを用いる際の重要な点の1つである（Kohsaka, 2010），「なにをもって獣害対策を成功とするのか」という指標は現在のところ，どこにも存在しない．柵の設置距離，捕獲数，被害額など，確実に目に見え，「わかりやすい」指標は確かに存在する．しかし，本質的な問題解決に近づくほど，目に見える指標でその効果を量ることはむずかしい．これからさまざまな研究が進んでいけば，より的確な指標がみつかるのかもしれない．このプロジェクトに従事した研究員のきわめて個人的

な意見としては，その値が大きくなるほど，地域の方の笑顔が増えるような指標であってほしいと，心から願う．

8.4　社会-生態システムからみた現状と課題

　エネルギー革命以降の社会経済環境の変化は，伝統的な営農活動によって維持されてきた「里山生態系」における生物多様性の喪失をもたらしている（図8.1）．里山生態系が持続的に保全されていくには，地域社会が持続可能な状態であり，営農活動が継続されることが前提となる．しかし，現状では，農業被害を発生させる鳥獣の生息数が調整しきれておらず，被害軽減効果が十分に得られていない．本節では，中山間地域における社会-生態システムの持続可能性という観点から，野生動物管理の現状と課題を概観する．

　中山間地域における営農活動の持続可能性を考えるうえで，農業被害を受けた住民がどのように反応するかは重要である．小寺（2011）は野生動物による農業被害に対する人間側の対応として，対策を行って営農活動を継続する場合（すみわけ），営農活動をあきらめる場合（撤退），被害を許容して対策をせずに営農活動を継続する場合（受忍）といった選択肢が考えられることを指摘している．加藤（2012）は，同じ中山間地でも，集落活動が活発な地区よりも，「弱体化」が進んだ地区では，将来への懸念が生まれやすく，対策に関しても消極的であるなど，被害を受けた後，営農意欲を失いやすいことを指摘している．一般に，行政による「集団的な」獣害対策事業は，政策の受け皿組織がすでに存在するなど，結果として，条件のよい集落でのみ導入できる設計となってしまっており，現状では，「弱体化」が進んだ集落は取り残されてしまう危険性が高い（福原，2012）．しかし，このような「弱体化」は必ずしも過疎化・高齢化や耕作放棄地の比率のみで評価できるものではない点には注意が必要である．たとえば，都市近郊では，人口が多い半面，都市住民の流入や農家の離農によって多様な来歴や生活様式をもつ住民の「混住化」が進行し，集団的な対応を行うための合意形成がむずかしい場合もある（柏木，2012a）．一方で，高齢化・世帯縮小が進行し，一見「弱体化」した地域であるかのように思われる地域であっても，兼業従事者や他産業従事・他出経験者，他出近傍居住家族，新規就農者を含むかたちで

重層的に農地保全の担い手が確保されている場合もある（第5章5.1節参照；林ほか，2012）．必ずしもすべての地域で「地域ぐるみ」の対策を実施する必要はないにしても，広い意味での地域住民が集落全体の農地の状況を認識し合い，土地利用の方向性を決めていく場をつくることが，どのような状況の集落であっても共通して必要であると考えられる．

また，農業被害を受けても営農を断念せず，対策のために柵を設置し，被害を防止できた場合であっても，その資材費や，維持管理への労力といった対策コストは農業経営を圧迫する．農業収入に対する対策コストの大きさも，営農活動の持続可能性を考えるうえで，非常に重要である．八木ほか（2004）が島根県H村Y地区におけるイノシシ対策の電気柵設置実態をもとに構築した，地区農業所得を最大化する数理計画モデルによれば，山際から50m以内の圃場に電気柵を設置する場合，経費は農業所得の6%に相当し，管理作業は秋季労働投入の約3割を占める．また，桑原（2012a）は，佐野市内で団地的な土地利用下で実施された対策と，一筆ごとに実施された対策の2つの事例のコストを試算し，団地的な土地利用でコストが低く，そのコスト差が4.3倍にも達することを指摘している．

一方，山間にある圃場整備がされていない細く小規模な谷津田のような環境は，生産性が低いうえに，イノシシによる被害が発生しやすく，団地的な土地利用となっていないことから対策コストも高くつく．そのため，もっとも耕作が放棄されやすい場所であると考えられる．しかし，このような環境は，多様な生きものの生息する場としての重要度が高い場合がある．経済的な観点からは，圃場整備がなされ生産性の高い平場の農地でのみ団地的に耕作を継続し，徹底的に被害防止対策を行い，ほかはすべて放棄する，という選択がもっとも効率的ではある．しかし，その選択肢では，中山間地域において営農活動によって維持されてきた生物多様性を維持することはむずかしくなる．いかにこのトレードオフを解消する仕組みをつくっていくかが，今後の中山間地域の生物多様性と農業活動を考慮した社会-生態システムの持続可能性を考えていくうえでの鍵の1つとなる．

たとえば，栃木県市貝町では，NPOと行政，地域住民の協力により「サシバの里」づくりが行われている．サシバは，カエル類，ヘビ類，トカゲ類，モグラ類，昆虫類などを捕食する猛禽類であり，里山に生息するさまざまな

生きものと食物連鎖でつながっているため，里山の豊かな自然環境を指標するといわれている．しかし，近年サシバの生息数は激減しており，2006年に国のレッドリストの「絶滅危惧Ⅱ類」に指定されている．サシバが減少した原因としては，都市開発などによる生息地の消失，耕作放棄による狩場の減少などが疑われている（オオタカ保護基金，2012）．この活動では，サシバの生息状況と農業活動の2つの面から，「生きものエリア（谷の奥部の小規模な谷津田）」「農業と生きものの共存エリア（谷の中部の中規模な谷津田）」「農業エリア（河川沿いの広い水田）」の3つのゾーンに分けて，保全と利用を行うことを提案している．また，「生きものエリア」において耕作が中断されている場所で，谷津田の復元や草地の管理を行い，谷津田環境に依存する多くの生物が再び生息するようになったことを報告している．さらに，市貝町は2011年6月に「サシバの里」を地域ブランドとして商標登録を行い，今後，減農薬や減化学肥料で栽培された町内産の農作物やそれを原料とした加工品などを「サシバの里」ブランドとして認証し，売り出す予定となっている（オオタカ保護基金，2012）．このように，中山間地域を「獣害」が多発する場という悲観的なとらえ方をするだけでなく，多様な生きものがすむことが，地域の価値として認められるような，価値観の転換も重要だろう．

　現在，野生動物の管理はほかの自然資源の管理から独立して行われているが，将来的にはより広範な自然資源管理・生態系管理のなかの一部として位置づけられ，統合されていく必要がある．しかし，農林業生産，野生動物の被害防除，生物多様性の保全といった複数の目的を最大限に達成するような地域のランドスケープ計画のあり方を模索していくうえで必要となる生態学的な知見も，社会科学的な知見も，あるいは両者を統合した知見も，まだ十分には得られていない．社会-生態システムという概念そのものが，人間社会と生態系の間で起こっている問題を普遍的に表現するための枠組みであり，それぞれの地域の抱える固有の事情をとらえきれないという課題は残る．そのため，実際に地域づくりの現場での実践につなげていくには，想定できるさまざまな選択肢のなかから住民自身が地域の将来像を選んでいけるような合意形成のあり方，および地域の対応能力を考慮した順応的ガバナンスの検討も必要である．また，複数の目的の最適化を目的とした自然資源管理に向

けた制度設計と体制整備には，森林（鳥獣），農政，水産，河川，自然公園といったさまざまな部署の分野横断的な連携も課題となる．このような統合的な生態系管理を実現するうえで必要となる科学的なデータの収集および合意形成のあり方と順応的ガバナンスの検討については，今後の検討すべき課題としていきたい．

引用文献

千葉徳爾．1995．オオカミはなぜ消えたか．新人物往来社，東京．

中央農業総合研究センター・農林水産技術会議事務局．2010．「営農管理的アプローチによる鳥獣害防止技術の開発」成果報告書．中央農業総合研究センター，つくば．

福原宜美．2012．イノシシ害対策事業における住民参加と合意形成の事態と課題──栃木県日光市長畑地区を事例として．（東京農工大学農学部附属フロンティア農学教育研究センター野生動物管理システムプロジェクト，編：平成22-23年度文部科学省特別教育研究経費（連携融合事業）「統合的な野生動物管理システムの構築」プロジェクト平成23年度成果報告書）pp. 83-84. 東京農工大学農学部附属フロンティア農学教育研究センター野生動物管理システムプロジェクト，東京．

林 聖麗・中島正裕・弘重 穣．2012．中山間地域における持続的な農地保全手法に関する基礎的研究．（東京農工大学農学部附属フロンティア農学教育研究センター野生動物管理システムプロジェクト，編：平成22-23年度文部科学省特別教育研究経費（連携融合事業）「統合的な野生動物管理システムの構築」プロジェクト平成23年度成果報告書）pp. 115-117. 東京農工大学農学部附属フロンティア農学教育研究センター野生動物管理システムプロジェクト，東京．

羽澄俊裕．2013．日本における野生動物管理の制度設計──生物多様性と少子高齢化時代を踏まえた野生動物管理システムの構築．人間科学研究，26（Suppl.）：158-159．

弘重 穣・三宅里奈・千賀裕太郎．2012a．住民主体・地域ぐるみの獣害対策に向けた地域支援プログラム．（東京農工大学農学部附属フロンティア農学教育研究センター野生動物管理システムプロジェクト，編：平成22-23年度文部科学省特別教育研究経費（連携融合事業）「統合的な野生動物管理システムの構築」プロジェクト平成23年度成果報告書）pp. 107-110. 東京農工大学農学部附属フロンティア農学教育研究センター野生動物管理システムプロジェクト，東京．

弘重 穣・美和将弘・千賀裕太郎．2012b．地域の獣害対策を支援する普及指導員の体制に関する研究．（東京農工大学農学部附属フロンティア農学教育研究センター野生動物管理システムプロジェクト，編：平成22-23年度文部科学省特別教育研究経費（連携融合事業）「統合的な野生動物管理システムの構築」プロジェクト平成23年度成果報告書）pp. 111-114. 東京農工大学農

学部附属フロンティア農学教育研究センター野生動物管理システムプロジェクト，東京．
井上雅央．2007．鳥獣害対策において求められる普及指導員の役割と稲作，果樹，野菜別の対策．技術と普及，44：20-23．
柏木　優．2012a．混住化地域における鳥獣被害と住民の対応——栃木県足利市大久保町を事例として．(東京農工大学農学部附属フロンティア農学教育研究センター野生動物管理システムプロジェクト，編：平成22-23年度文部科学省特別教育研究経費（連携融合事業）「統合的な野生動物管理システムの構築」プロジェクト平成23年度成果報告書) pp. 97-99．東京農工大学農学部附属フロンティア農学教育研究センター野生動物管理システムプロジェクト，東京．
柏木　優．2012b．神奈川県大磯町の鳥獣被害対策と狩猟者の実態．(東京農工大学農学部附属フロンティア農学教育研究センター野生動物管理システムプロジェクト，編：平成22-23年度文部科学省特別教育研究経費（連携融合事業）「統合的な野生動物管理システムの構築」プロジェクト平成23年度成果報告書) pp. 100-101．東京農工大学農学部附属フロンティア農学教育研究センター野生動物管理システムプロジェクト，東京．
加藤恵里．2012．野生動物による被害に対する集落単位の認識とその違いを構成する要素——栃木県佐野市の3集落を比較して．(東京農工大学農学部附属フロンティア農学教育研究センター野生動物管理システムプロジェクト，編：平成22-23年度文部科学省特別教育研究経費（連携融合事業）「統合的な野生動物管理システムの構築」プロジェクト平成23年度成果報告書) pp. 88-91．東京農工大学農学部附属フロンティア農学教育研究センター野生動物管理システムプロジェクト，東京．
小寺祐二．2011．イノシシを獲る——ワナのかけ方から肉の販売まで．農山漁村文化協会，東京．
小寺祐二・神崎伸夫・金子雄司・常田邦彦．2001．島根県石見地方におけるニホンイノシシの環境選択．野生生物保護，6 (2)：119-129．
Kohsaka, R. 2010. Developing biodiversity indicators for cities：applying the DPSIR model to Nagoya and integrating social and ecological aspects. Ecological Research, 25：925-936.
桑原考史．2012a．農業構造がイノシシ農業被害対策コストにもたらす影響．(東京農工大学農学部附属フロンティア農学教育研究センター野生動物管理システムプロジェクト，編：平成22-23年度文部科学省特別教育研究経費（連携融合事業）「統合的な野生動物管理システムの構築」プロジェクト平成23年度成果報告書) pp. 60-64．東京農工大学農学部附属フロンティア農学教育研究センター野生動物管理システムプロジェクト，東京．
桑原考史．2012b．農地潰廃・耕作放棄とイノシシ農業被害の因果関係．(東京農工大学農学部附属フロンティア農学教育研究センター野生動物管理システムプロジェクト，編：平成22-23年度文部科学省特別教育研究経費（連携融合事業）「統合的な野生動物管理システムの構築」プロジェクト平成23年度成果報告書) pp. 65-69．東京農工大学農学部附属フロンティア農学教育研

究センター野生動物管理システムプロジェクト，東京．
緒方賢一．2013．2009 年農地法改正における遊休農地対策規定とその適用の現段階．高知論叢，106：75-103．
大橋春香・野場　啓・齊藤正恵・角田裕志・桑原考史・閻　美芳・加藤恵里・小池伸介・星野義延・戸田浩人・梶　光一．2013．栃木県南西部の耕作放棄地に成立する植物群落とイノシシ *Sus scrofa* Linnaeus の生息痕跡の関係．植生学会誌，30：37-49．
大橋未紀．2012．有害鳥獣捕獲に関わる狩猟者の実態．（東京農工大学農学部附属フロンティア農学教育研究センター野生動物管理システムプロジェクト，編：平成 22-23 年度文部科学省特別教育研究経費（連携融合事業）「統合的な野生動物管理システムの構築」プロジェクト平成 23 年度成果報告書）pp. 92-96．東京農工大学農学部附属フロンティア農学教育研究センター野生動物管理システムプロジェクト，東京．
奥村忠誠・羽澄俊裕．2013．関東山地におけるニホンジカの広域保護管理．哺乳類科学，53：155-157．
オオタカ保護基金．2012．サシバの里物語――市貝町とその周辺の里山の四季．随想舎，宇都宮．
李　参熙・藤田光一・山本晃一．1999．礫床河道における安定植生域拡大のシナリオ――多摩川上流部を対象にした事例分析より．水工学論文集，43：977-982．
関原　剛．2010．集落支援の先行現場から NPO「かみえちご山里ファン倶楽部」．農業と経済，76（11）：58-62．
高橋春成．1980．イノシシ肉の商品化――中国地方を事例として．史学研究，149：73-90．
Tsujino, R., E. Ishimaru and T. Yumoto. 2010. Distribution patterns of five mammals in the Jomon period, idle Edo period, and the present in the Japanese Archipelago. Mammal Study, 35：179-189.
上田剛平・小寺祐二・車田利夫・竹内正彦・桜井　良・佐々木智恵．2012．日本の狩猟者はなぜ狩猟を辞めるのか？――狩猟者の維持政策への提言．野生生物保護，13：47-57．
閻　美芳．2012a．水源地山村の水利用にみる山と生活の保全への課題――佐野市下秋山地区を事例として．（東京農工大学農学部附属フロンティア農学教育研究センター野生動物管理システムプロジェクト，編：平成 22-23 年度文部科学省特別教育研究経費（連携融合事業）「統合的な野生動物管理システムの構築」プロジェクト平成 23 年度成果報告書）pp. 70-74．東京農工大学農学部附属フロンティア農学教育研究センター野生動物管理システムプロジェクト，東京．
閻　美芳．2012b．中山間地域における耕作放棄地の管理の仕組みの構築に向けて――栃木県佐野市下秋山地区を事例に．有害鳥獣捕獲に関わる狩猟者の実態．（東京農工大学農学部附属フロンティア農学教育研究センター野生動物管理システムプロジェクト，編：平成 22-23 年度文部科学省特別教育研究経費（連携融合事業）「統合的な野生動物管理システムの構築」プロジェクト

平成23年度成果報告書）pp.75-78. 東京農工大学農学部附属フロンティア農学教育研究センター野生動物管理システムプロジェクト，東京.

八木洋憲・作野広和・山下裕作・植山秀紀. 2004. 中山間地域における獣害対策を考慮した農地保全分級——中国山地におけるイノシシ害を対象として. 2004年度農業経済学会論文集, 342-347.

横田悦子・泉澤弘子・小池　修. 2005. 山間農業地域における不在地主の実態と所有農地に対する意向——宮城県A町の不在地主を事例にして. 東北農業研究, 58：255-256.

9
学際的な野生動物管理システム研究の進め方

中島正裕

9.1 学際研究の方法論的アプローチの必要性

「統合的な野生動物管理システムの構築」を大目的とした本研究プロジェクトは，野生動物管理学や植生管理学といった生態系管理の専門家にとどまらず，造林学，林政学，農村計画学，農業経済学，農村社会学，歴史学など多様な分野の研究者が集い遂行されてきた．専門分野が異なる研究者どうしが1つの目的に向けて共同で研究を進めることを学際研究（interdisciplinary research）というが，そのプロセスにおいてはさまざまなコンフリクトの発生が想定される．たとえば，ある専門分野では自明としてきた前提やしきたり，専門用語の定義，調査対象とする空間スケール，研究手法，アウトプットの還元先や方法などがほかの専門分野では異なることがあり，コンフリクトの"題材"は枚挙に暇がない．おそらく，近しい専門分野の研究者どうしのコミュニティでは，このようなコンフリクトは発生しないであろう．しかし，コンフリクトを乗り越えた先には，個別研究（mono-disciplinary research）では解明できない事象が明らかとなったり，解決できなかった問題が解決されたりする．これが学際研究の魅力である．

「お互いに知識と知識でぶつかってはダメだ．各分野の最先端の知識をもち出したら，他の分野の人にすぐに分かるはずがない．まず，方法論の議論をしなさい．問題の解答や結果としての知識ではなく，問題そのもの，あるいはプロセス，方法論などを中心に学際的コミュニケーションをすればよい．」

これは，『超情報化時代のキーワード——入門学際研究』という著書の監修者である一松　信氏が巻頭で引用していた，氏の恩師であるハーバート・

サイモン教授（1978年ノーベル経済学賞）の言葉である．この言葉に代表されるように学際研究を円滑に遂行していくうえで，その方法論は重要なファクターとなる．イギリス[注1]やアメリカでは学際研究の方法論に関する議論や研究が進んでいる（National Academy of Sciences, 2005; Lowe and Phillipson, 2006; Myra, 2010）．一方，わが国における学際研究の方法論に関する著書をみると，『学際研究──社会科学のフロンティア』（シェリフ，M., シェリフ，C. W. 編，1971），『学際研究のすすめ──成功のための方法論』（中村信夫，1985），『研究経営論』（梅棹忠夫，1989）などもあるが，今日において学際研究の方法論が1つの研究テーマとして認知されるまでにはいたっていないのが現状である．

本章では学際研究の方法論という観点から，本研究プロジェクトの3年間のプロセスを整理し，学際研究を遂行するうえでの"マネジメント"の重要性について考えてみたい．

9.2 学際研究を遂行する手順の体系化

前節の問題提起を受けて，本研究プロジェクトの3年間の遂行過程を2つの軸（時間，作業）を用いて体系化したものが図9.1である．時間軸では3年間のプロジェクトを第一段階（1年目），第二段階（2年目前期-），第三段階（2年目後期-）に区分した．それぞれの段階には「おたがいを知り，プロジェクト内での立ち位置を明確にする」「統合化に向けた準備をする」「研究成果の統合化と実践・学術・政策的観点からのフィードバックを考える」という主たる目的がある．

また，作業軸では本研究プロジェクトで実施した作業を「学際研究のマネジメント作業」「学際研究の実作業」「学際研究成果のフィードバック作業」

注1） イギリスの Rural Economy and Land Use Programme（http://www.relu.ac.uk/）は先駆的な取り組みであるといえる．「学際研究の方法論は研究になるのか」「学際研究で得た研究成果はどこに投稿すればよいのか」というような学際研究を実施するうえでの共通課題に対しても，たとえば Journal of Agricultural Economics というジャーナルで Special Issue：Rural Economy and Land Use：The Scoping of an Interdisciplinary Research Agenda を組み，方法論や実際の学際研究の成果など13報が学術論文として掲載されている．このほかにも複数のジャーナルと交渉して Special Issue を組むことで，同様の取り組みを行っている．

9.2 学際研究を遂行する手順の体系化　　155

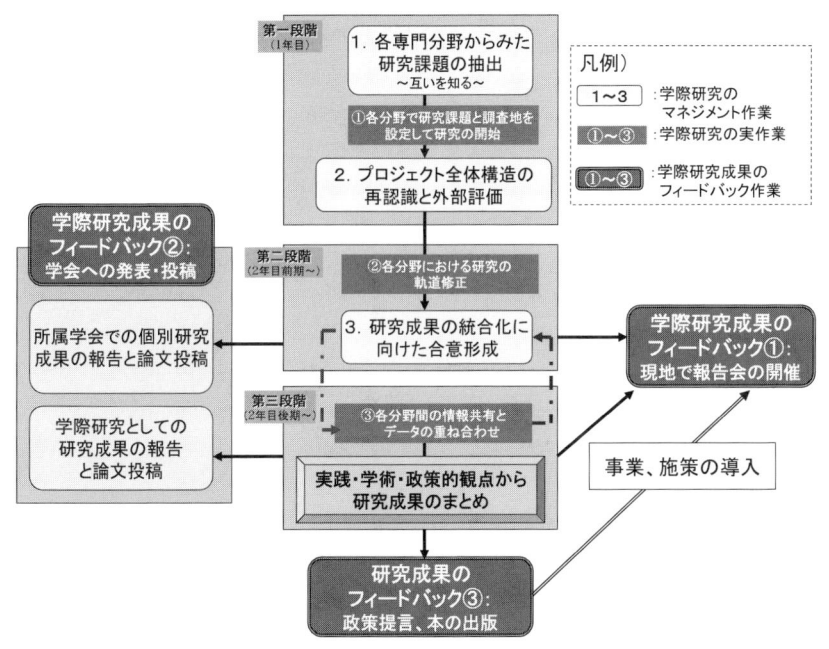

図 9.1 学際研究の遂行過程の体系化.

という 3 つのカテゴリーに区分した.

「学際研究のマネジメント作業」（以下，マネジメント作業）は，プロジェクトを学際的に遂行していく過程において，野生動物あるいは生態系を直接的に研究対象とする研究者と直接的には研究対象としない研究者が「統合的な野生動物管理システムの構築」という大目的の達成に向けておたがいを知り，そして協力し合いながらプロジェクトを遂行していくための作業である. 具体的には「各専門分野からみた研究課題の抽出——互いを知る」「プロジェクト全体構造の再認識と外部評価」「研究成果の統合化に向けた合意形成」という 3 つの作業である.

「学際研究の実作業」（以下，実作業）は，各人がつねにプロジェクト全体のなかでの研究分野および個人研究の位置づけを意識し，各研究成果がプロジェクトの大目的から逸脱せず最終的に統合化され，実践・学術・政策的観点から研究成果をとりまとめていくための作業である. 具体的には，「各分野で研究課題と調査地を設定して研究の開始」「各分野における研究の軌道

修正」「各分野間の情報共有とデータの重ね合わせ」である.

「学際研究成果のフィードバック作業」(以下, フィードバック作業)は, 社会的および学術的という2つの側面からの学際研究の成果の還元作業である. 具体的には現地での報告会の開催, 個別研究および学際研究としての成果報告と論文投稿, それらをふまえたうえでの政策提言や本の出版などがある. これらに内包すべき共通点は, 従来の枠組み(mono-disciplinary)では解明できなかった知見, あるいは議論されてこなかった論点を明示することである.

次節以降, 段階ごとの作業内容を述べていくこととするが, 紙面の制約上, おもに「マネジメント作業」に焦点をあてることとする.

9.3　第一段階(1年目)

第一段階は, プロジェクトの1年目であり起動期にあたる. ここでは, 3つの作業のなかからマネジメント作業1と2の結果を述べる.

**(1)　マネジメント作業1　各専門分野からみた研究課題の抽出
　　　──互いを知る**

マネジメント作業1は, 2つの手順により実施した. 手順1では, ワークショップ形式によりプロジェクトメンバーが各班に分かれて研究課題の構造図の作成を行った. 手順2では, 手順1で班ごとに作成した研究課題の構造図を1つに統合化した.

手順1　研究課題の構造図の作成

研究課題の構造図の作成[注2]は, 本プロジェクトの栃木県現地検討会(2009年6月12日(金)-14日(日))の一環として, 13日(土)に約3時間にわたりワークショップ形式(「第1回全体ワークショップ」)で実施した. この作業の主たる目的は, これまで学術的交流がなかった異なる専門分野のメンバーどうしがたがいの専門知識・技術や本プロジェクトでの問題意識な

注2)　具体的な作業フローは紙面の制約上, ここでは割愛する. くわしくは, 「統合的な野生動物管理システムの構築」プロジェクト平成21年度報告書(pp. 284-286)を参照されたい.

2つの視点からみたシステムの実践(戦)的課題
=大学(研究)と県(管理実施主体)、人と動物

[クマ班] 教員:S氏, N氏, I氏, C氏, Y氏, M氏,
学生:SN氏, K氏, YG氏
2009年6月13日 栃木県現地検討会

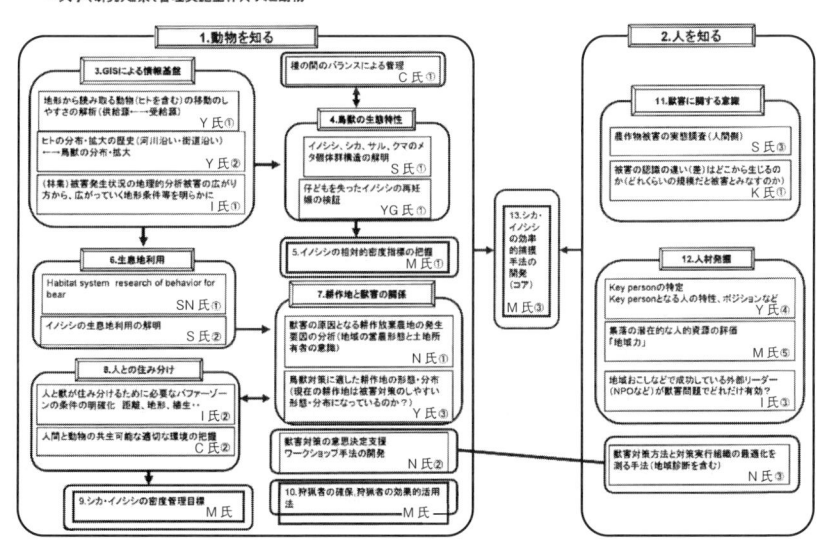

図 9.2　2つの視点からみたシステムの実践(戦)的課題(クマ班).

どを共有することである.

　ワークショップには, プロジェクトの3分野(生態系分野, 社会経済分野, システム計画分野)のいずれかに所属する教員とポスドク, さらには教員の研究室に所属する学生(学部, 大学院生)と栃木県職員(M氏)も参加し総勢37名であった. 班編成の際には専門分野や身分が偏らないよう考慮し, 4つの班(シカ組, イノ組, クマ組, サル組)をつくった.

　研究課題の構造図の一例としてクマ班で作成した内容(図9.2)を概説する. クマ班ではメンバー間による意見交換と議論を経て, 最終的には合計23個の研究課題が提案された. そのなかに,「イノシシの相対的密度指標の把握(M氏①)」など栃木県で特定鳥獣保護管理計画の策定に携わる県職員(M氏)の"現場目線"からみた5つの喫緊課題がある. 当班では"大学と県との連携"と"人と動物の対立構造"を意識しながら, これらの5つの課題をコアとした「研究課題の構造図」を作成した. 構造図の中身をみると, 動物だけでなく人を知ることの重要性を前面に出したグループ分けとなっており, 動物を知るグループのなかにもヒューマン・ディメンジョンを意識し

た研究課題が数多く見受けられる点が特徴である．

手順2 コアメンバーによる「研究課題の構造図」の統合化

第1回全体ワークショップにおいて各班が作成した合計4つの「研究課題の構造図」を統合化するために，プロジェクトのコアメンバー（事務局，分野長，ポスドク）による作業を行った．この作業の主たる目的は，本プロジェクトとして取り組む可能性のある各研究課題とそれらの関係性を本プロジェクトの研究構造図として整理し，プロジェクトメンバー全員が共有できるようにすることである．

このようにして完成した「統合化した研究課題の構造図」を図9.3に示す．「B生態系」と「Cくらし」という各々の大枠のなかに，第1回ワークショップにおいて異分野どうしの研究者がおたがいを知り合うなかで出された全83個の研究課題が整理された．「統合化した研究課題の構造図」はメンバー全員に配信され，研究分野（生態系分野，社会経済分野，システム計画分野）ごとに具体的な研究課題を検討し研究を開始する際の基礎データとしてこの構造図を活用することとなった（実作業①）．

マネジメント作業1の効果の検証

マネジメント作業1に携わったプロジェクトメンバーの意見からおもに「他メンバーのもっている知識やスキルを知り，コラボレーションのきっかけとなった」「提示された研究課題間の関係性（分野間，分野内）を概括的に認識することができた」という2つの共通した効果がみられた．

また，多様な専門分野の研究者が参加する学際研究のプロジェクトでは各自が"自分の立ち位置"を見出すことに苦労するが，これに関しても以下のような効果がみられた．

- 植物の専門家として生態系分野に所属しながら，社会経済分野との中間に位置し，両分野で得たデータや研究成果をどうつなぐかが，自分の役割だということが認識できた（生態系分野：ポスドク）．
- 野生動物の専門家ではないので研究課題の設定が手探り状態のなか，日光での第1回全体ワークショップは大きなヒントになった．生態系の人たちがどのようなテーマで研究してきたのかもわかり，専門外の立場か

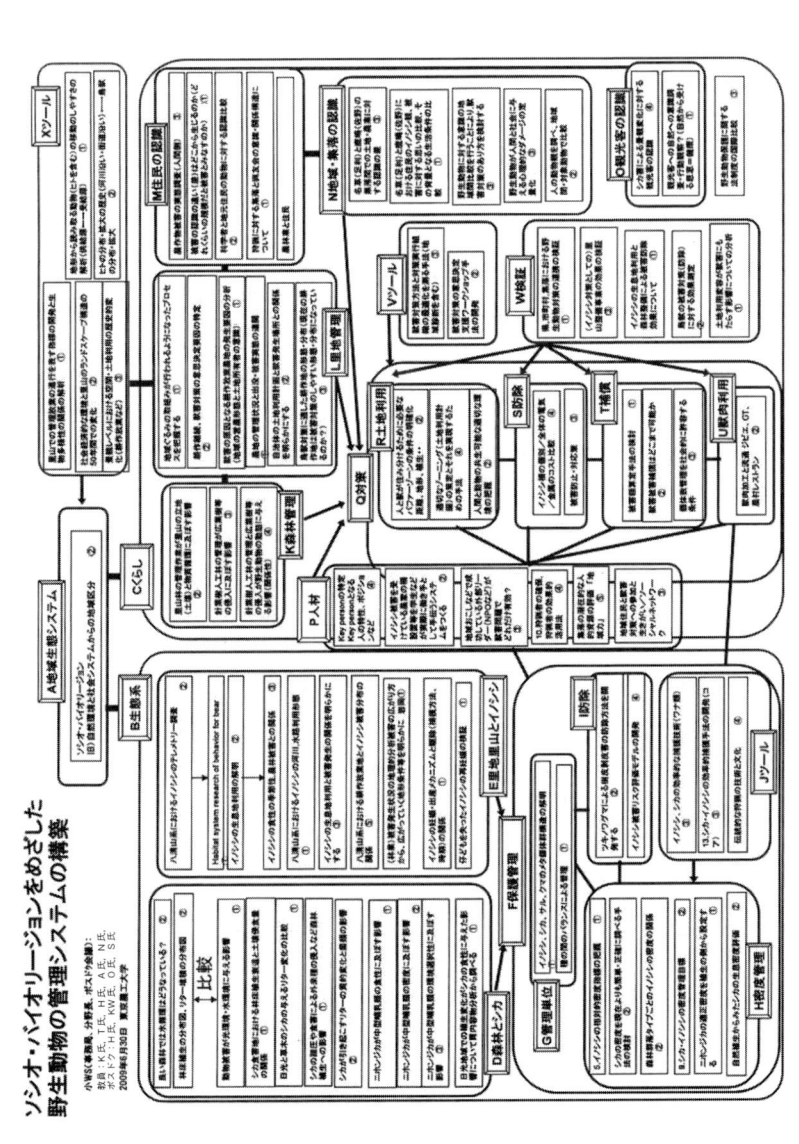

図 9.3 統合化した研究課題の構造図.

らどのようなテーマを求められているのかがわかった．統合化した研究構造図が完成して分野と自分のやるべきことが明確になった（社会経済分野：ポスドク）．

以上のことから，学際研究プロジェクトの起動期では，異なる専門分野のメンバーどうしで各論について議論をするのではなく，まずはおたがいの考え方や存在そのものを認め合い，現時点での各メンバーの考えの総和を認識することから始めることが必要であるといえる．

また，本プロジェクトが立ち上がった当初から，リーダーによるプロジェクトの理念と大目的が示されており（第1章参照），こうした「上から降りてきた枠組み」にもとづいて研究分野ごとに研究計画を立てる体制が整っていた．一方で，マネジメント作業1での一連の作業は，研究分野にとらわれず各メンバーが知識，経験，問題意識にもとづき各研究課題を積み上げてプロジェクトの理念と大目的を考える，いわば"下から積み上げた枠組み"を構築することをねらいとしている．起動期において「上から降りてきた枠組み」と「下から積み上げた枠組み」とをつき合わせることで，各メンバーが本プロジェクトの方向性についての共通認識をもつことができたといえる．

（2） マネジメント作業2　プロジェクト全体構造の再認識と外部評価

マネジメント作業1の後，実作業①として，研究分野ごとに研究課題と調査対象地を設定して研究を開始していく．そして第二段階（2年目前期−）になると，研究分野ごとに調査・分析を進めて具体的な研究成果をあげるとともに，研究成果の統合化に向けた合意形成が求められてくる．このため，その事前準備として，第一段階の期末にマネジメント作業2を以下に示す3つの手順で実施した．手順1では，野生動物問題の各発生原因の関連性をワークショップ形式により整理して要因関連図式を作成した．手順2では，外部評価委員による本プロジェクトの評価を実施した．手順3では，要因関連図式と外部評価委員による評価結果にもとづきながら「DPSIR（Driving Forces-Pressures-State-Impacts-Responses）」（第3章参照）のフレームワークを用いて複雑な要因からなる野生動物問題を体系的に整理した．

9.3 第一段階（1年目）

手順1　要因関連図式の作成

要因関連図式の作成は，本プロジェクトの2009年度成果報告会（2010年3月26日）のなかで，3時間にわたりワークショップ形式（第2回全体ワークショップ）で実施した．この作業の主たる目的は，本プロジェクトにおいて各研究分野で取り組む研究課題の位置づけを明確にすることである．

ワークショップには生態系分野，社会経済分野，システム計画分野のいずれかに所属する教員とポスドク，さらには教員の研究室に所属する学生（学部，大学院生），栃木県職員，外部評価委員も含めて総勢28名が参加した．第1回全体ワークショップと同様に専門や身分が偏らない横断的な班構成により4つの班（A–D班）をつくった．

各班では「野生動物の激増」「農林業被害の激増」「農林業の停滞」「生物多様性の低下」「耕作放棄地の拡大」「里地里山の未利用地の増加」「過疎化・高齢化」「狩猟者数の激減」という8つのキーワードを最初の手がかりとして図9.4に示すような要因関連図式を作成することができた．

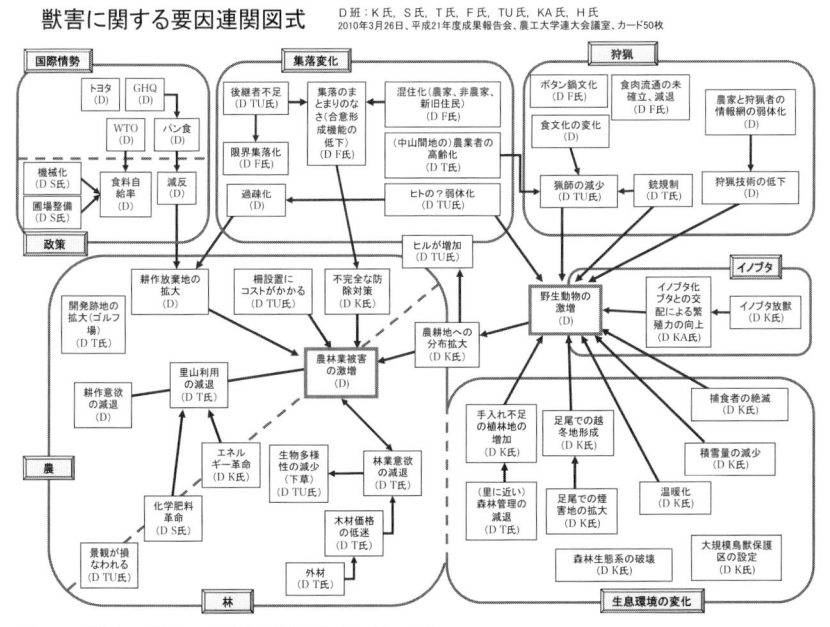

図 9.4　獣害に関する要因関連図式（D班の例）.

手順2 外部評価委員による評価

2009年度成果報告会のなかで、本プロジェクトに対する外部評価委員（4名）からの評価を実施した。次年度以降のプロジェクト推進に向けた各委員からのコメントは表9.1に示すとおり、「プロジェクトの問題意識」「対象とする空間スケール」「自然科学と社会科学の融合」の3つに大別することができた。共通していえることは、"野生動物管理と農村地域振興に関する問題の親和性を図り、そのなかで各研究分野のテーマをどこに位置づけるの

表9.1 外部評価委員からのおもなコメント．

1. プロジェクトの問題意識
① このプロジェクトは、野生動物管理とうたっているが、地域活性化とか持続可能な社会を中山間地でつくるということが非常に大きな問題で、それが野生動物の問題に劣らない比重をもっているということ、それが最初のお話に明確に示されていて、非常によかった（T氏）．
② 被害に関係する話が多いかと思っていたのだが、実際には地域活性化を図っていかないと、たんに獣害をなくすためにがんばろうというだけでは、コストもかかるし動かないものである。そういうときにI氏の事例は、非常に大切だと思う。そういうときに大事だと思うのが、地域の人は自分の地域のどういうところを大事に思っているのかという話と、シカ・イノシシの被害の問題をどういうふうに結びつけていくかということ（T氏）．
③ システム計画分野での達成目標とは？ 管理システムの担い手との関係？ おもにだれにとってとくに役立つ管理システムを提案していくのか？（S氏）

2. 対象とする空間スケール
④ 話のなかにいろいろなスケールがあったが、やっている場所が違うとか、栃木県のなかでも場所が違うとかいうことは、今年中に修正して、集中投下をするかたちでやってほしい。無理があるかもしれないが、よくよく協議して今のうちに戦略を立ててほしい（M氏）．
⑤ 元締めとなっている鳥獣保護法の観点からすると、国が基本方針、都道府県が計画、そのなかに市町村が入っていない。そういう法制度を念頭において、いわゆるスケールの問題を含めて来年以降みていただけたらと思う（A氏）．

3. 自然科学と社会科学の融合
⑥ 研究者は（事例研究をしている人は別だが）、自然科学系は大まかなスケールの話は好きだが、地域固有の話はあまり知らない。そういう状態で地域の方にお話を聞くと、地域の大事さがわかる。そういう意味で、小さなスケールと大きなスケールをつなぐしくみがあると将来的に非常に大事になると思う（T氏）．
⑦ どのようなスケールで、どのレベルで社会科学的な切り口を入れていくのかが一番大きな問題だと思う。あまり踏み込んでいくと、個別農家レベルでどういう柵の張り方をしていったらよいのかというようなコンサルタントレベルの話になってしまうものから、はたまた、一番上はWTOどうするのというような話まであるが、その間にはいろいろな階層性がある。それをこの3年のなかでまとめていくという点では、よくよく考えていっていただかないと非常に散漫なものになるおそれがある（M氏）．

か""自然科学と社会科学の調査・分析スケールの相違をどのように埋めるのか"ということであった.

手順3 「DPSIRスキーム」の作成とその活用

手順1と点順2をふまえて本プロジェクト1年目の成果と課題,2年目以降の将来的課題を議論するために別途日を設けて,各研究分野に所属するポスドク4名を中心に「DPSIRスキーム」の作成を行った.「要因連関図式」の図中から,グループのタイトルをすべて抜き出し,それらをDPSIRスキーム(「要因(D),負荷(P),状態(S),影響(I),対策(R),能力(C)」)にあてはめて,図9.5に示すとおり整理した.このDPSIRスキームにより,本プロジェクトにおける各研究分野の位置づけと役割を明確にすることができた.

また,これは各研究分野における研究成果を学際的に報告する際にも役立つこととなった.その成果の1つが,「第16回野生生物保護学会・日本哺乳類学会2010年度合同大会」の自由集会(本プロジェクトが主催)である

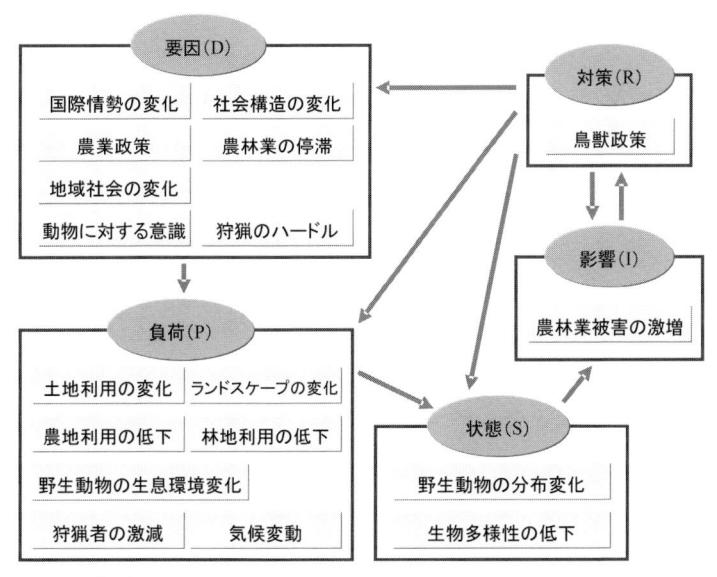

図9.5 本プロジェクトのDPSIRスキーム.

（齊藤ほか，2011）．同集会は研究対象地や空間スケールが異なる自然科学と社会科学の双方アプローチからの研究報告であった．DPSIRスキームを用いることで，本プロジェクトにおける野生動物問題に対する各研究分野の位置づけを参加者に対して体系的に示すことができた．発表後の議論では，システム計画分野に対して質疑が集中し，なかでも農業普及指導員による獣害対策支援について参加者の関心の高さがうかがわれた．

マネジメント作業2の効果の検証

第1回全体ワークショップの実施後，研究分野ごとに研究課題を設定して遂行してきたため，プロジェクトが1年を経過するタイミングで各分野および各自がプロジェクトのなかでどのように貢献してきたか，そして今後どのように貢献していくべきか，が大きな課題となっていた．以下の3つのコメントに代表されるように，DPSIRスキームの作成はこうした課題が解決でき，学際研究として本研究プロジェクトの成果を考えていく重要なステップであった．

- 「国内外の社会・政治的な問題（要因（D））」と「現場で発生している生態系の問題（状態（S））」の間にある問題（負荷（P））として，「土地利用の変化」「ランドスケープの変化」「森林利用の低下」「農地利用の低下」「野生動物の生息環境変化」などを把握できた．これにより全体の問題構造のなかでの自分の研究の位置づけ（負荷（P））とプロジェクトにおける役割（生態系分野と社会経済分野をつなぐ）が明確化できた（生態系分野：ポスドク）．
- このDPSIRの整理を行ったことで，各自・各分野での研究プロセスにおいて，つねにほかの分野との連携を意識するようになった．この整理がなければ，各自，分野ごとに突っ走っていたと思う（生態系分野：ポスドク）．
- 現場での野生動物被害の問題構造のなかで分野および自身の研究がどのように位置づくかがわかった．さらに分野ごとにDPSIRのなかで各自の研究を位置づけることで分野間の連携の必要性もみえてきた（社会経済分野：ポスドク）．

このように，第一期で1年間にわたり実践してきた各研究分野での研究課

題を最終的に DPSIR スキームのなかに位置づけることでほかの研究課題とのつながりが明確になり，分野間の連携を考えていく際の見取図となった．

9.4 第二段階（2年目前期-）と第三段階（2年目後期-）

図 9.1 をみると，学際研究プロジェクトの第二段階と第三段階にある「マネジメント作業 3　研究成果の統合化に向けた合意形成」と「実作業③　各分野間の情報共有とデータの重ね合わせ」は，プロジェクトの全体会議と研究分野どうしの会議を重ねていくなかで，プロジェクトの現状と課題を"反芻"しながら実施していった．ここでは，これら 2 つの作業結果について述べる．

（1）マネジメント作業 3　研究成果の統合化に向けた合意形成

マネジメント作業 3 として，各研究分野間の研究成果の統合化に向けた議論を表 9.2 に示すとおり 2010 年 12 月から本格的に開始した．プロジェクトリーダーおよび各研究分野の分野長からの話題提供（各自の専門分野に立脚

表 9.2　成果の統合化に向けた議論の時系列的整理．

教員	1. 統合化【課題抽出，システム提案】に向けた議論（2010 年 12 月） ※話題提供者：教員 K 氏 2. 統合化【課題抽出，システム提案】に向けた議論（2011 年 2 月） ※話題提供者：教員 N 氏 3. 統合化【課題抽出，システム提案】に向けた議論（2011 年 4 月） ※話題提供者：教員 K 氏 4. 統合化【課題抽出，システム提案】に向けた議論（2011 年 5 月） ※話題提供者：教員 T 氏，教員 H 氏，教員 F 氏
ポスドク	5. 統合化【課題抽出，システム提案】に向けた議論（2011 年 6 月） ※話題提供者：システム計画分野ポスドク 6. 統合化【課題抽出，システム提案】に向けた議論（2011 年 7 月） ※話題提供者：システム計画分野ポスドク
全体	7. 統合化【課題抽出，システム提案】に向けた議論（2011 年 8 月） 8. 統合化【課題抽出，システム提案】に向けた議論（2011 年 8 月） 9. 統合化【課題抽出，システム提案】に向けた議論（2011 年 10 月） 10. 統合化【課題抽出，システム提案】に向けた議論（2011 年 11 月） 11. 統合化【課題抽出，システム提案】に向けた議論（2012 年 1 月）

しながらプロジェクトの問題点やめざすべき方向性など），ポスドクによる研究分野での研究成果を題材にして議論を行った．

そのなかで具体的な論点となったのが，①プロジェクトのアウトプットと到達点，②専門用語の意思統一，③統合化に向けたデータの重ね合わせ，であった．以下，プロジェクトメンバー間で，これら3つの論点を議論した結果を述べる．

「プロジェクトのアウトプットと到達点」に関する議論

プロジェクトの第二期の半ばを過ぎたころから，"リーダーのもつアウトプットのイメージが理解できているか""各メンバーがどのようなアウトプットのイメージをもっているか""各メンバーが最終的なアウトプットをどれくらい意識して研究を進めてきたか"などといった疑問や不安を，メンバーが抱くようになった．

アウトプットのイメージは，プロジェクトリーダーの専門性に大きく依拠すると考えられる．本プロジェクトのリーダーは，もともと北海道庁の研究機関出身であり，また「個体数管理」「生息地管理」「被害防除」のなかでも，「個体数管理」を専門としてきたシカの研究者である．同リーダーは統合的な野生動物管理システムの構築に向けて，これら3つの管理の重要性を唱え，議論のなかでは「個体数管理，生息地管理，被害防除を効果的に実行するためには，集落，市町村，都道府県，あるいは複数の都府県の組み合わせによる広域単位など，異なる社会的な階層間での連携を図る仕組みづくりが重要である」ことを各メンバーに対して述べてきた．

こうしたプロジェクトリーダーのもつ問題意識について，当初，プロジェクトのメンバーからは"アプローチは，法制度，行政システムに傾斜しており，本プロジェクトのアウトプットはシステム構築よりもむしろ政策提言にあるのか""制度論の側面での整理であり，これはシステムそのものではなく，システムのバックボーンであるのでは""法制度で集落を管理することはむずかしいのでは"などの意見が聞かれた．

また，これに付随して問題となったのが，"統合的野生動物管理システムの構築を本プロジェクトの最終的な到達点とするのか"，それとも"こうしたシステム構築のための課題抽出までを到達点とするのか"という点である．

これに関して，プロジェクトメンバー間で意見が分かれたが，最終的には時間の制約上，後者となった．

「専門用語の意思統一」に関する議論

本プロジェクトの大目的である「統合的野生動物管理システム」の構築をめざすうえで，それぞれの専門用語についての意思統一に向けた議論が必要となった．そのなかで，とくに"管理"と"システム"については意思統一を図るのが困難であった．

"管理"という用語については，鳥獣保護法が改正（1999年）された際に「個体数管理」「生息地管理」「被害防除」という3つのアプローチから野生動物を管理していく方針が決まっていること，またこれら3つの「管理」は補完的であり時間・空間スケールが異なること（梶・戸田，2009）を全体会議などにおいて，メンバーはプロジェクトリーダーから何度も説明を受けていた．もちろん，これら3つの「管理」には明確な定義もある．しかしながら，実際には"なんとなく動物の専門家が使っているのをそのまま理解しているだけ"という意見に代表されるように，生態系分野以外のメンバーがこれらの専門用語を真の意味で理解したうえで，各々の研究を遂行していたかは疑問であった．

"システム"という用語については，行政システム，村落自治システム，および経済・流通システムの3システムにより野生動物管理システムは構成される（図9.6），という考え方がシステム計画分野から提案された[注3]．また，他研究分野からもシステムに対するさまざまなイメージが出された．たとえば，社会経済分野からは"人，農業のある空間領域でシステムを考える．社会（ヒト）や経済（モノ，カネ）がどう動くか，その仕組みがシステムである"という意見が出された．しかし，けっきょくは"システムについてのイメージがつかめない．その結果としてプロジェクトとしてのビジョンが合意できていないことが一番不安でした"という意見に代表されるように，システムの共通認識を本プロジェクトのメンバー間でもつことができなかった．

このように，各々の専門的見地から議論して各専門用語の意思統一を図ろ

注3) システム計画分野から提案された野生動物管理システムのイメージは（図9.6），佐藤（2002），澤井（2004），古沢（2009）を参考にして作成されたものである．

```
         ┌─────────────────────────────────────┐
         │         個人・世帯                   │
         │ （農家/非農家、地元/よそ者、居住者/   │
         │   非居住者、老/若/男/女）            │
         └─────────────────────────────────────┘
```

【共的セクター】
（地縁集団, NPOなど）

村落自治システム

野生動物管理システム

行政システム　　　経済・流通システム

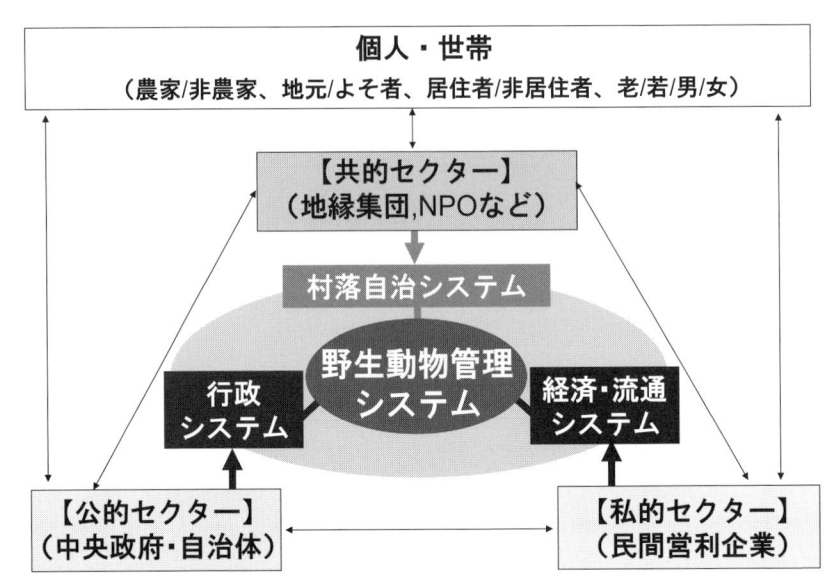

【公的セクター】　　　**【私的セクター】**
（中央政府・自治体）　　（民間営利企業）

図 9.6　システム計画分野から提案した野生動物管理システムのイメージ．

うとしたが，困難であった．むしろ，"管理""システム"といった専門用語そのものについて議論する前に，管理システムがあることによって地域がどう変わってほしいのか，メンバー全員でビジョンを共有する機会を十分にもつことが必要であったと考えられる．

「統合化に向けたデータの重ね合わせ」に関する議論

　各研究分野におけるデータの最終的な取得状況を表 9.3 に示すように整理した．その結果から，研究分野によっては，データが十分に取得できなかったことを示す▲印，まったく取得できなかったことを示す×印が一部の項目でみられた．たとえば，痕跡・植生分析における×印は，動物班の人員と作業量の都合により 2 カ所で実施できなかったためである．各研究分野の体制や調査地域の意向などから生じたさまざまな制約条件により，各研究分野間でのデータの取得状況に差がみられた．

　このようにデータの取得状況を第二段階の半ばから可視化していくことで，今後とるべきデータ，とれるデータ，とれないデータの明確化について議論

9.4 第二段階(2年目前期-)と第三段階(2年目後期-)

表 9.3 ミクロ・メソレベルでの各分野の研究データ取得状況.

分野	項目	地名			
		下秋山	下彦間	牧	戸奈良
動物	テレメ	計画どおりにデータとれず			
	痕跡・植生分析	●	●	×	×
植物	カメラ	●	●	×	▲
	植生図	●	●	●	●
	対策図	●	●	●	▲
社経	集落社会構造	●	▲	▲	▲
システム	行政施策	●	▲	▲	▲

した.それを受けて,佐野市内の4地区(下秋山,下彦間,戸奈良,牧)のうち,相対的にみて各分野でのデータが取得できた下秋山地区と下彦間地区の集落スケール(ミクロレベル)のデータを用いて「統合化のやり方」「統合化に向けて現在不足していること」「今後の作業プロセス」などについて討論した.そのなかで,「現状では各論にとどまっている.分野間を合わせるのはこれからで,そこが一番重要になる.そこに一番大きなウェイトを置いておいて,ボトムアップでみていったときに,私たちのプロジェクトでは集落単位の個々のケースの研究で終わっているのではなく,市-県-複数県にまたがる仕組みをつくるためにはどうすればよいかを考える」というプロジェクトリーダーのコメントに代表されるように,各分野間の情報共有とデータの重ね合わせが学際研究の遂行において重要であることがメンバー間で確認できた.

しかし,既述したとおり,最終的なシステムそのものについての共通認識がプロジェクトメンバー間で共有できていなかったため,"統合化"においても目的(なにのため),対象(なにを),方法(どのように)が定まらず,各研究分野の研究成果をどのように統合化するのかについて結論が出ず,統合という意味においてはおもに集落スケールでの研究成果の統合化にとどまった.

(2) 実作業③ 情報・データの重ね合わせ

統合化に向けたデータの重ね合わせ議論をふまえたうえで,情報・データ

の重ね合わせの実態をみる．「重点的に調査する集落を決めていたため，1年目を終えて重ね合わせ自体はある程度できました．しかし，計画当初はどうしても自然科学の考え方で範囲を区切ってしまったため，おたがいの成果をつき合わせてみると，社会科学的にはこっちも入れたかったという場所がもれていた部分もあったかと思います」あるいは「里や集落といったときのスケールが，同じ分野でもかなり異なることがわかり，それによる誤解が多々起きたのがたいへんでした」という意見に代表されるように，各分野間での情報共有とデータの重ね合わせの実作業において空間スケールは大きな問題となった．

たとえば下秋山集落において，連携研究のプラットフォームとしてGISを活用した．植生調査（1プロット：4 m×4 m）と社会構造調査（約50世帯の悉皆調査）では，調査対象とする空間スケールが異なるため調査に要する時間や労力に大きな差があり，学際研究の本質であるデータの重ね合わせを行うことが困難であった．社会経済分野の事情をみると，社会構造調査は基本的に空間スケールというより生活組織の重層性や住民どうしの関係（地縁・血縁関係）を重要視した調査のため，そもそも空間スケールという軸でのデータの重ね合わせがなじまないという面があった．

また，同じ生態系分野でも動物班と植生班では重点的に対象とするスケールが異なっていた．生態系分野の動物班ではマクロレベルでの研究が主であり，イノシシの県境を超えた管理の必要性を指摘し，行政施策への提言を目的に研究を行った（第7章参照）．一方で，植生班ではミクロ・メソレベルでの研究が主であり，イノシシの対策を考えるうえでの知見を得ることをおもな目的に研究を行った（第6章6.2節参照）．

生態系分野のように同一の研究分野内であっても，研究課題や個人の関心によって重点的に対象とする空間スケールは異なるものである．各分野がすべてのスケール（ミクロ，メソ，マクロ）をカバーしてデータを取得するというのではなく，各研究分野間で情報交換を恒常的に行うなかでたがいの強みと弱みを補完し合いながら，横軸（ミクロとミクロなど同じスケール）だけではなく縦軸（マクロとメソなど異なるスケール）でのデータの重ね合わせの可能性も検討しながら作業を行うことが必要であった．

9.4 第二段階(2年目前期–)と第三段階(2年目後期–)

マネジメント作業3と実作業③の効果の検証

既述したマネジメント作業3と実作業③の内容,および実際のスケールごとの結果が述べられている第5–7章をみる限りでは,研究成果の統合化に向けた合意形成,そして実際の情報・データの重ね合わせは十分ではなかったといえる.

しかしながら,社会経済分野のリーダーによる下記コメントにもあるように,個人の意見をみると統合化に対して肯定的な評価も多い.

- 集落レベルでは,統合化が実をあげていたように思います.具体的にいえば,生態班とシステム班のポスドク研究員の存在が非常に大きかった.下秋山での調査にあたって,生態班のポスドクからは,各農家の田畑の位置を示すGISや公図の提供,イノシシの侵入経路,生息地の情報,それに日頃の調査時に得た各農家の生活状況に関する情報をいただいたし,システム班のポスドクからは農地に関する調査の視点に関するアドバイスをいただき,調査票の内容や調査手法に反映させることができました.社会経済班だけでやっていたら,これまでの家族の就労や作付けの変化,世代をさかのぼった世帯のヒストリーに関心が集中してしまい,ときには実際に田畑のある現地に行っての確認も含めた,土地にこだわった調査はできなかったと思います.そして,この悉皆聞き取り調査の結果は,生態班の方の調査結果の修正などにも活用されており,統合化へ向けての作業が具体的にできたと自負しています.
- 確かに,メソスケールやマクロスケールでの統合化に関しては,圧倒的に時間と労力が足らず,また,手法的なアイディアもしっかり考える暇がなく,内実のあることはできなかったと思いますが,じつは私はかなり楽観的なのです.パーソナルな信頼関係を基盤として,おたがいの視点のすり合わせ,共有ができることがミクロスケールで実証できたので,なんらかのやり方でスケールアップしていくことは,この協働関係が維持発展できれば可能ではないか,との希望的観測を抱くことができたからです.

本プロジェクトの目的,それに予算や人員の規模を考慮すると,実施期間3年という短期間のなかで研究成果の統合化という点では多くの課題が残ったといえるだろう.しかし,同リーダーのコメントにあるように,現時点で

そこにいたらずとも今後，継続的に学際研究を進めていくうえでの"道筋"ができたことが本プロジェクトの大きな効果であったといえる．実際，本プロジェクトが終了してから，社会経済分野のメンバーが中心となり研究会が結成されており，そこには生態系分野のメンバーなども参加している．

9.5 学際研究プロジェクトを有効に進めるうえでの方法論の必要性

本章では，学際研究プロジェクトの方法論的観点から本プロジェクト研究の遂行プロセスをみてきた．あくまで相対的ではあるが，生態系分野（動物班，植生班）の各メンバーにとっては，これまでの各自の研究テーマの延長線上に今回のプロジェクトは位置づけられ，研究課題の設定から研究開始までのプロセスは他分野（社会経済，システム計画）よりもスムーズであったといえる（むろん，当事者たちからすると，対象動物がシカやクマからイノシシに代わることでさまざまな困難や苦労はあったと思うが）．

一方で，社会経済分野とシステム計画分野のメンバーには，これまでに野生動物（獣害問題含む）そのものを対象とした研究の経験者はほとんどおらず，とくに若手メンバーは関連する知識のストックも十分ではなかった．このような状況で，"はたしてこのプロジェクトに貢献できるのか""学術的なアウトプット（学術論文）を出すことができるのか"といった不安を，若手を中心に多くのプロジェクトメンバーが抱えていたことは否めない．

このようにプロジェクトに参加した時点での前提条件や参加者のモチベーションが各分野，年齢階層間で異なる状況下で本プロジェクトは始まった．しかし，プロジェクトを遂行していく過程において，図9.1に示したマネジメント作業と実作業を研究分野ごとの調査・研究活動の間に組み込むことで，各研究分野間，そして自然科学と社会科学の親和性を図るということに関しては一定の効果がみられた．また，こうした作業を通して，学際研究の遂行プロセスをマネジメントする重要性を，本プロジェクトへの参加メンバーがあらためて認識できたといえる．

本章の冒頭でもふれたが，このような学際研究のマネジメントに関する議論や研究はすでにイギリスやアメリカで進んでいる．今回，イギリスのRural Economy and Land Use Programme の Professor Philip Lowe (Director of RELU, ニューカッスル大学), OBE と Jeremy Phillipson (Assistant Director RELU, ニューカッスル大学) からさまざまな情報提供やアドバイスを受けることとなり, 本章のようなかたちでプロジェクトの成果の1つとしてとりまとめることができた. 今後, 日本でもこのような学際研究マネジメントの必要性に対する認識が高まっていくことを期待したい.

引用文献

古沢広祐. 2009. グローバリゼーションと地球温暖化. 共生社会システム研究, 3 (1): 45.

一松 信 (監修). 1997. 超情報化時代のキーワード——入門学際研究. 文園社, 東京.

梶 光一・戸田浩人. 2009. 統合的な野生動物管理システムの構築に向けて——ヨーロッパの政策・北海道のエゾシカ保護管理を踏まえて——宇都宮大学・栃木県との連携融合事業. Bio City, 42: 74-81

Lowe, P. and J. Phillipson. 2006. Reflexive interdisciplinary research: the making of a research programme on the rural economy and land use. Journal of Agricultural Economics, 57 (2): 165-184.

Myra, S. 2010. Interdisciplinary Conversations: Challenging Habits of Thought. Stanford University Press, California.

中村信夫. 1985. 学際研究のすすめ——成功のための方法論. 善本社, 東京.

National Academy of Sciences, National Academy of Engineering, and Institute of Medicine. 2005. Facilitating Interdisciplinary Research. The National Academies Press, Washington, D.C.

齊藤正恵・小池伸介・梶 光一. 2011. 統合的な野生動物管理システムの構築. 哺乳類科学, 51 (1): 197-200.

佐藤慶幸. 2002. NPOと市民社会——アソシエーション論の可能性. 有斐閣, 東京.

澤井安勇. 2004. ソーシャル・ガバナンスの概念とその成立条件. (神野直彦・澤井安勇, 編: ソーシャル・ガバナンス——新しい分権・市民社会の構図) p.49. 東洋経済新報社, 東京.

シェリフ, M., シェリフ, C.W. (編) (南 博監訳). 1971. 学際研究——社会科学のフロンティア. 鹿島出版会, 東京.

梅棹忠夫. 1989. 研究経営論. 岩波書店, 東京

III
政策編

10

北米とスカンジナビアの野生動物管理
2つのシステム

小池伸介

10.1 北米での野生動物管理システム

(1) 北米システムとは

アメリカとカナダでの野生動物管理システムは，この1世紀の間に発展してきた．その発端は，皮肉にも野生動物の乱獲であり，それに対し狩猟者や釣り人は先人により破壊された自然資源を守るために，それまでになかった野生動物の管理システムをつくりあげてきた．現在の北米での野生動物管理システム（以下，北米システム；Geist, 1995; Geist et al., 2001）の本質は，伝統的な狩猟獣だけでなく，すべての生息する野生動物とそれらの生息地を持続的に保全することを目的としている．本節では，Geist and Organ (2004)，Organ et al. (2006)，The Wildlife Society (2010) などを参考に，北米システムの背景と現状について，アメリカの事例を中心に記した．

歴史的背景

北米システムには北米の社会的な歴史背景が強く影響し，これまでの人々の土地および自然資源の利用の仕方の変遷を反映している．15世紀から17世紀にかけての北米探検時代は，野生動物は上流階級の私有財産であるという文化をもつ，イギリスやフランスの入植者の上陸によって始まった（Manning, 1993）．これらの入植者は，無限に広がる自然資源を利用しながら北米大陸の開発を進めた．

自然資源の開発は，産業革命とともに北米大陸内での人間活動の拡大を促進した．その結果，1820年にはアメリカ人の約5%が都市に居住していた

が，1860年には約20%と増加した（Riess, 1995）．それに対し，野生動物市場は食料や装飾品をこれらの都市住民に提供していた．都市住民の増加にともない，商業狩猟者は，活動の場を大西洋沿岸や東部の森林地帯から西部に移し，バイソン，エルク，その他の野生動物を捕獲しては，鉄道によって東部の都市へ輸送した．結果的にこれらの商業狩猟の進行は多くの種を絶滅の淵にまで追いやった．しかし1886年8月，モーゼス・ハリスが騎兵隊をイエローストーン国立公園（国立公園の指定は1872年）に派遣し，その管理を本格的に開始することで，それまで横行していたこの地域での密猟を止め，アメリカでのバイソン，ムース，エルクの絶滅を止めた（U.S. Dept. Interior, 1987）．軍隊によってイエローストーン国立公園の管理が主導され始めたことは，アメリカの野生動物を絶滅から守るというシンボル的な活動となったのである．

一方，都市住民は農民などがもてなかった余暇をもつことができたため，彼らは趣味としての狩猟を始めた．この趣味としての狩猟に対し都市住民は，これまでの商業狩猟のような資源を枯渇させる狩猟とは異なり，持続的に行うことができる狩猟を望んだ．しかし，生きた野生動物に価値を置き，狩猟をスポーツあるいは娯楽とする「狩猟者」の出現は，死んだ野生動物から富を得る「商業狩猟者」との間で軋轢を発生させた．これらの増加し続ける新しく出現した「狩猟者」は，「商業狩猟者」から狩猟獣を守るために，狩猟者協会を組織したり，商業狩猟者による野生動物の乱獲を規制する法律や規則の制定を推進した（Reiger, 1975; Trefethen, 1975）．

20世紀初頭までに，今日の野生動物保護に関する多くの法的な基盤が整った．しかし1920年代には，限定的な狩猟獣に関する法律だけでは野生動物の減少を食い止めるには不十分であると考えられるようになり，生態学者であるアルド・レオポルドなどは，1930年に"American Game Policy"（Leopold, 1930）を出版し，法律を補うためのいくつかのプログラムを提案した．それには，

- 大学での野生動物管理のためのカリキュラム導入
    1933年にウィスコンシン大学が初めての野生動物管理カリキュラムを導入し，その後，野生動物管理を教えるプログラムはほかの大学でも

一般的となった.
- 資金の確保

 連邦政府や州による野生動物管理・保全に対する確実な予算を保証するための法律を策定した.
- 野生動物研究共同ユニットの導入

 1935年に制定された連邦法によって,連邦政府や州機関,大学が魚類や野生動物研究および大学院教育において相互に協力できる,現在 Cooperative Research Unit として知られている全国規模のネットワークを確立させた.
- 専門団体の設立

 1937年に初めての野生動物管理や保全の科学的専門団体として,野生動物学会（The Wildlife Society）が設立された.

これらにより,職業としての野生動物管理の専門職を確立するとともに,将来の専門家を育成するための教育課程が確立された.

(2) 北米システムの7つの原則

北米の野生動物管理に関する法律などは,以下の7つの北米システムの根本的な原則の上に築かれている（Geist et al., 2001）.

①共有財としての野生動物

 野生動物は個人の所有物ではなく,現在および未来の世代の利益のために国や州が保有しているという概念.

②狩猟獣市場の排除

 狩猟鳥獣の無秩序で持続不可能な商業利用の存在が,肉やそれら野生動物の部位の取引を規制した連邦や州の法律の制定を促進させた.このような規制下での狩猟や野生動物の部位の取引は,乱獲という人間と野生動物の軋轢を減少させる管理手法としての狩猟の世間的評価を高めることとなった.

③法律による決定

 政府（連邦政府あるいは州政府）は野生動物の管理者として,現在および将来にわたる公益や市民の利害関係を考慮して,法律にしたがって野生動物

図 10.1 ホームセンターなどで販売されているさまざまな猟具．写真は大型猟でもよく用いられる洋弓．

を管理する必要がある．
④捕殺は合法的な目的の場合に限る
　狩猟者倫理として軽薄な理由で野生動物を殺すことは許容されておらず，さらに，狩猟者は捕獲した動物をむだなく利用しなくてはいけない（Organ et al., 1998）．
⑤国際的な自然資源としての野生動物
　1918 年に制定された陸生野生動物資源の国際的管理に対する初めての重要な条約である渡り鳥条約（Migratory Bird Treaty）およびワシントン条約（CITES）によって野生動物は国際的な自然資源として扱われている．
⑥科学的根拠をもとにした野生動物管理指針の策定
　科学は野生動物管理における政策決定の基礎的な情報として扱われている（Leopold, 1933）．
⑦一般に開かれた狩猟
　狩猟は土地所有権や地位の違いにかかわらず，すべての人々にその機会が保障されている（図 10.1，図 10.2）．

　これらの原則は，これまでの長い間の社会および生物の変化に対して柔軟に対応しつつも，守られてきた（Mahoney, 2009）．野生動物管理の北米シ

図 10.2 ホームセンターなどが，タグ（狩猟権）のステーション（販売場所）にもなっており，狩猟者が獲物を狩猟した際には，獲物とともにタグをこういったステーションに提出することが決められている．

ステムは狩猟獣が絶滅の危険にさらされた時代に発展し，最終的には北米大陸の野生動物の回復を先導してきた．それはシカ類，水鳥，クマ類，その他の種の個体群が回復していることがシステムの有効性を立証している．さらに，近代では北米システムは，狩猟獣という枠を超え，北米大陸の生物多様性保全にも貢献してきた．北米システムは，前述したように狩猟者が中心となってつくりあげてきた．現在でも北米での野生動物管理システムは狩猟獣に関しては狩猟を中心として運用されていて，狩猟者は欠かせない存在となっていることからも，北米システムは狩猟者が中心の野生動物管理システムといえる．

（3） アメリカでの狩猟を中心とした野生動物管理

アメリカ各州の野生動物管理は，自然資源管理などを実践している機関（自然資源局 Department of Natural Resources や魚類野生動物局 Fish and

表 10.1 2010 年のミネソタ州での狩猟に際して必要となるライセンス料金体系（抜粋）．

対象種	猟具	狩猟者の年齢	料金	その他の事項（ミネソタ州在住者のみ）
ミネソタ州在住者の場合				
オジロジカ				
	銃器	18 歳以上	26 ドル	狩猟期：11 月 5 日から 12 月 31 日（地区によっては 9 月 23 日に早期狩猟が可能）
		12-17 歳	13 ドル	
		10-11 歳	無料	
	洋弓	18 歳以上	26 ドル	狩猟期：9 月 18 日から 12 月 31 日
		12-17 歳	13 ドル	
		10-11 歳	無料	
	前装式の銃器	18 歳以上	26 ドル	狩猟期：11 月 27 日から 12 月 12 日
		12-17 歳	13 ドル	
		10-11 歳	無料	
	いずれも可		14 ドル	（特別地域（市街地，農耕地など）での狩猟の場合）
	いずれも可		6.5 ドル	（角なし個体の通常の狩猟期より前の狩猟の場合）
ムース			310 ドル	狩猟期：10 月 2 日から 7 日
エルク			250 ドル	狩猟期：7 月 15 日
クロクマ			38 ドル	狩猟期：9 月 1 日から 10 月 17 日
小型獣		18-64 歳	19 ドル	地域や対象種類によって狩猟期間，猟具，1 日あたりの捕獲数，期間中の総捕獲数，トラップの設置時間帯などがさらに細かく規定されている
		16-17 歳	12.5 ドル	
		15 歳以下	無料	
		65 歳以上	12.5 ドル	
シチメンチョウ			23 ドル	若い個体を狩猟する場合は 12 ドル
ミネソタ州外在住者の場合				
オジロジカ				
	銃器	18 歳以上	140 ドル	
		12-17 歳	13 ドル	
	洋弓	18 歳以上	140 ドル	
		12-17 歳	13 ドル	
	前装式の銃器	18 歳以上	68.5 ドル	
		12-17 歳	33.75 ドル	
クロクマ			200 ドル	
小型獣		18 歳以上	84.5 ドル	
		12-17 歳	12.5 ドル	
シチメンチョウ			83 ドル	

小型獣にはアライグマ，キツネ，アナグマ，テン，フィッシャー，ミンク，ビーバー，ウサギ，リス，ライチョウ類，ウズラ類，キジ類などが含まれる．
銃器にはショットガンやライフルなどが含まれる．

Wildlife Service）が担っている．各州によって細かいシステムは異なるが，基本的にはいずれの州も狩猟獣の管理では狩猟を通じた管理を行っている．

アメリカでは多くの狩猟鳥獣を，銃，洋弓，各種のわなにて捕獲するが，対象種，猟具の規制，狩猟期，ライセンス料金は州によって異なる．また，同じ州内でも，対象種によって利用できる猟具，狩猟期，ライセンス代金が異なるケースが多い．たとえば，ミネソタ州では，対象種や猟具によって複雑な狩猟カレンダーを設けている（表10.1）．2010年では，一般的な狩猟獣であるオジロジカ（以下，シカ）の銃器を用いた狩猟期は11月6日-12月31日までであるが，洋弓を用いた狩猟期は9月18日に開始される．一方，前装式の銃を用いた狩猟は，通常の銃器より遅い11月27日からとなっている．さらに特徴的な日程設定も多く，10月には2日間だけ，角なし個体（メスや子ども antlerless）の狩猟が認められる狩猟期が設定されていたり，シカの銃猟期の解禁前に一定の期間だけ10-18歳の未成年者のみが優先的に出猟できる制度も設定されている．一方で，個体数が少ないエルクやムースの狩猟期は短く，ライセンス代金も高く設定されている．

このように各州での狩猟システムの違いは，各州での対象種の生息状況や狩猟者の需要を反映している．対象種の生息状況では，自然資源局や魚類野生動物局が，狩猟を通じて得られた科学的な情報を専門家が解析・判断して，その捕獲許可数を地域ごとに算出している．たとえば，ミネソタ州では捕獲数の多いシカでは，毎年，全域で狩猟個体のサンプリングを行っていないが，比較的捕獲数の少ないアメリカクロクマやフィッシャーでは狩猟個体から歯などのサンプリングを行い，個体数動態を毎年モニタリングしている．また，前述のムースでは狩猟個体のサンプリングのほか，狩猟者にはハンディーGPSの携帯が求められ，捕獲場所の詳細な地理情報の提出も求められている．こういった狩猟個体から得られた科学的情報は，それぞれの地域での翌年以降の狩猟獣の管理システムを修正する際の重要な根拠となっている．

（4） ミネソタ州におけるオジロジカ管理システムの変遷

ミネソタ州は，アメリカのなかでも比較的狩猟文化が残っている地域で，ミネソタ州自然資源局（以下，MNDNR）が野生動物管理を担っている州政府機関である．ミネソタ州において，シカ（図10.3）は農地から森林まで

図 10.3 北米を代表する大型狩猟獣であるオジロジカ．

の幅広い環境に生息し，推定 1000 万頭を超える個体数が生息するもっとも一般的な大型狩猟獣であり，重要な自然資源として管理されている．現在では，持続的に狩猟を行いながら，狩猟によってシカの個体数をコントロールするという管理システムが実施されているが，このような管理システムが運用され始めたのは 1970 年代以降である．ミネソタ州でも 1858 年に 32 番目の州としてアメリカに加入した時点では，まだ狩猟はスポーツとしてではなく，前述したように生業の一部として扱われていた．しかし，それ以降は，法の整備などによりシカを持続的利用可能な自然資源として管理するようになってきた．

1940-60 年代

当時はまだ，狩猟が解禁されれば過剰に捕獲し，獲りすぎれば禁猟にするという，狩猟の禁止と解禁を州内の各地域で繰り返していた (Cornicelli, 2009)．とくに，農耕地帯では，シカが狩猟者から逃れるカバーが限られているため，シカの個体数の変動幅が大きく，禁猟とその解禁を頻繁に繰り返していた．そのため，初めて州全体でシカの狩猟が解禁されたのは 1946 年になってからである．その後も，シカの個体数は猟具の発達，生息地の改変，冬季の厳しい気象，狩猟圧により変動を繰り返した．しかし，1960 年代後半には州全体のシカ個体数がこれまでになく大きく減少したことから，MNDNR はいったんシカの狩猟を禁止した．そして，MNDNR は州全体の

シカの個体数を増加させながら，同時に毎年狩猟が可能な新しいシカ管理システムのフレームワークを開発する必要があると判断した．新しい管理システムは，地域ごとに目標とするシカの生息数を設定したうえで，地域ごとに狩猟数を割り当てる管理システム（クオーターシステム）で，オスの狩猟を奨励した．特定の狩猟地域のタグ（狩猟権）を購入した狩猟者は，法律的に定められた期間内に決められた数のオスを獲ることができる．つまり，タグの総数は地域あるいは管理ユニットごとに決定されていて，対象種のタグを上回る狩猟者の希望がある場合には，くじによってタグの購入者が決められるという．捕獲数の総数を販売するタグ管理によって狩猟可能最大数を管理した．また，狩猟者の希望者数，シカの生息状況に応じて，狩猟可能な地域，狩猟期間，狩猟開始日を年によって変更するようにした．新しいシステムは約1年にわたり，州全域で開催された地主や狩猟者協会といった利害関係者や，都市住民などの第三者を交えた会議で検討され，それぞれの意見をもとにシステムが組み立てあげられていった．

1970-90年代

1971年から新たなシステムを運用し始めたが，直後の10年間はそれまでの過剰な狩猟を制御するように，捕獲数を抑えながらシステムが運用された．MNDNRは最初の10年間の新しいシステムの運用を通じ，慎重にミネソタ州内のシカの個体群動態を監視し，たとえ大きくシカ個体群の動態に変化がなくても，定期的に捕獲許可数や狩猟期を微調整した．その結果，1980年代初期には北部で冬季の厳しい気象条件の年が何年かあったが，シカは各地で大きく個体数を減らすこともなく個体群を健全に維持することができた．また，同時に狩猟者もシステムの変更に合わせて，効率的な狩猟方法を学んだ．さらに，MNDNRは1989年には，捕獲個体から収集した生物学的な情報や狩猟者の意見を参考に，システムの修正を行った．

これらの取り組みにより，1980年代以降はシカの個体数は着実に増加し，とくに一部の地域では，当初の個体数目標に達した．そのため，1990年代以降，管理目標を達成した地域では角なし個体の捕獲を認めた．また，個体数の増加にともない，西部の農業地帯ではシカによる農業被害の発生が増加したり，都市部へのシカ進出が顕著となり，新たな問題となり始めた．

2000 年代以降

　急激に成長するシカ個体群に対応して，2003 年には，1970 年代以降ではもっとも大きな狩猟制度の変更が行われ，さまざまな制約が緩和された．おもな変更点は，タグを購入した狩猟者はいずれの性別のシカもほとんどの地域で狩猟できるようになり，角なし個体を効率的に捕獲できるように制度を変更したことである．また，とくにシカによる農林業被害が顕著な地域や，シカの進出が問題となっていた都市近郊では，他地域よりも狩猟期間が長く設定された．さらに，狩猟者の減少がみられることから，若者向けのライセンスを安く設定することで，新たな狩猟者育成にも力を入れ始めた．つまり，これまでのシカの管理目標は，シカ個体群の回復を図りつつも，持続的に狩猟を行うことで，個体群をコントロールするというシステムであったが，新しいシステムでは，狩猟数を増加させることでシカ個体数を目標まで減少させるようにするというシステムに変更された．

　その結果，捕獲数は増加し（図 10.4），2003 年以降，2007 年まで毎年 25 万 5000 頭以上のシカが狩猟によって捕獲された（Minnesota DNR, 2010）．しかし，2007 年以降は捕獲数が少しずつ減少してきていることから，MNDNR がモデルによって個体数を計算したところ，州内の約半分の地域で，目標まで個体数が減少していることが推定された．これに対し，狩猟者はタグを購入しても捕獲ができないという不満が年々強くなり，新しいシカの管理目標の設定と，それに合わせた狩猟制度の改正を望んだ．そのため，DNR はシカの狩猟に関係する利害関係者（土地所有者，狩猟団体，狩猟ガイド協会，農家など）と，シカに関する科学的な資料（狩猟者動向，農作物の被害，交通事故件数など）などをもとに，2012 年度以降の新たな管理目標策定とそれに合わせた新たなシカの狩猟制度策定のための検討を始めることとなった．

　ミネソタ州のシカの狩猟は 1960 年代後半の個体数の減少によって一度中断されたが，その後，MNDNR による緊密な狩猟規制を通じて個体群は回復した．一方，2000 年代以降は方針を変更し，規制を緩和することでシカの生息数を狩猟によって減らしてきた．このように，ミネソタ州のシカ管理システムは狩猟によってシカの個体群をコントロールするといった目標のも

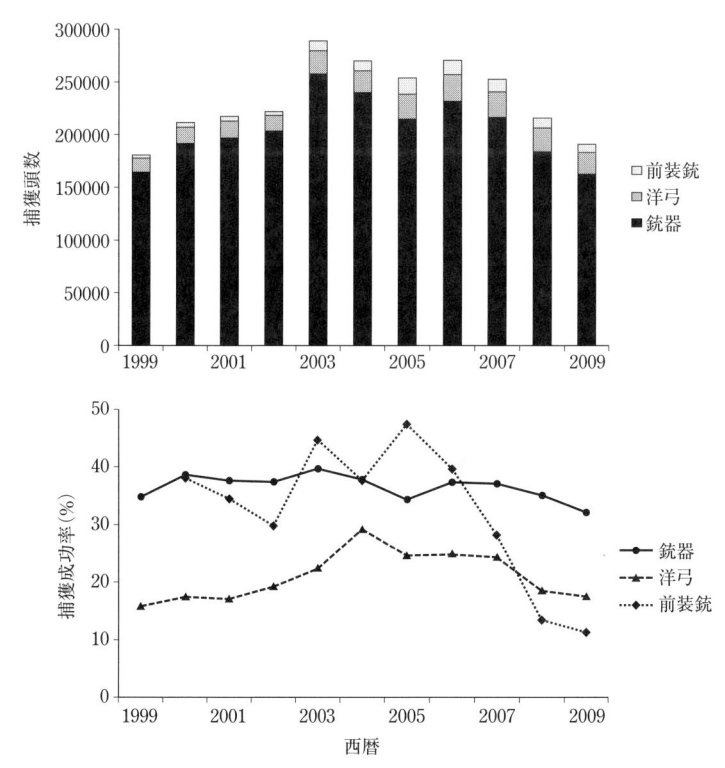

10.1 北米での野生動物管理システム　　　187

図 10.4　上の図はミネソタ州での各猟具におけるオジロジカの捕獲数の推移を表す．下の図はミネソタ州においてオジロジカのタグを購入した狩猟者のうち，オジロジカを捕獲できた狩猟者の割合の推移を示す．

と，狩猟者人口とシカの狩猟数にもとづいて計画され，ある程度は成功してきている．しかし，近年はまた，シカの捕獲成功率の低下にともなう狩猟者の新たな要望から，新たな方針に転換しようとしている．

　MNDNR の使命は「市民に野外レクリエーションの機会を提供しつつ，持続可能な自然資源の商業的利用のために，市民と協力して州の自然資源を保全・管理すること」とされている．さらに，州憲法には，「狩猟や狩猟獣，釣りと魚はわれわれの価値のある伝統文化の大切な一部で，未来の世代に対しても保全しなければならず，公益と法律による規制によって管理されなければならない」と書かれている．実際，シカはミネソタ州では約 50 万人近

くの狩猟者の娯楽の対象であり，狩猟文化の中心となっている．一方，州政府の立場からは，ミネソタ州では，2008年には約2800万ドルのタグ（狩猟権）収入があるが，2000万ドルはシカの狩猟ライセンスによるものである．こういったライセンス収入は州の野生動物管理予算の約半分を占めることもあり，州政府にとってもシカは重要な自然資源である．

　このような状況のなかで，シカの管理システムでは生物学的な課題よりも，その社会的な問題に対応して管理目標が決められてきた．シカの場合は，容易に高い生息密度に到達することができるため，軋轢問題を抱える農民は低い生息密度を望み，狩猟者や動物愛好家は高い生息密度を好む．そのため，MNDNRはその使命と法にしたがい，利害関係者間のバランスによって管理目標を各時代で決めてきた．さらに，さまざまな利害関係者がいる状況で，その目標設定は，州政府や生態学者による科学的な根拠のみによるトップダウンによるものではなく，あらゆる利害関係者を組み込んだ意思決定プロセスを使用し，バランスを調整している．このようなボトムアップ型で政策決定がなされているというのは，北米システムの1つの特徴といえるであろう．さらに，持続的に狩猟を続けながら，質の高い個体群を管理するための野生動物管理システムやそのプロセス全体において，狩猟者自身が重要な役割を果たしていることを理解している点は，狩猟者によってつくりあげられてきた北米システムを実施するうえで重要な点であるといえる．

10.2　スカンジナビアでの野生動物管理システム

（1）　スカンジナビアシステムとは

　スウェーデンやノルウェーでは，過去に個体数が大きく減少したムースなどの多くの野生動物の個体群が近年では大きく回復してきている．ムースは乱獲により，1世紀前にはスカンジナビア半島においてほぼ絶滅状態であったが，スカンジナビアの狩猟者，国会議員の取り組みにより，これらの種は絶滅の淵から救われた（Swedish Hunters' Association, 1992; Søilen, 1995）．今日ではムースの年間捕獲数はスウェーデンで8万頭を超え，ノルウェーでも約4万頭である．この乱獲と回復のパターンは，北米の野生動物のたどっ

てきた過程と似ていることから，よくスカンジナビアの野生動物管理システム（以下，スカンジナビアシステム）は，北米システムと似ているといわれる．しかし，北米のシカやカモ類の慢性的な個体数の増加や，また現状では多くの州では狩猟のみではこれらの種を適切に調整することができないという問題があるように，北米システムには改善の余地がまだある（Prukop and Regan, 2005）．一方で，スカンジナビアにおいては野生動物の個体数を適切に管理しながら，持続的に利用し続けている．そこで，本節では，Kaltenborn et al.（2001），Røskaft et al.（2004），Newberry（2008）などを参考にして，いわゆるスカンジナビアシステムと北米のシステムの違いを明らかにしながら，スカンジナビアシステムが抱える課題について検討したい．なお，一般的にスカンジナビアにはノルウェー，スウェーデン，デンマーク（場合によっては，フィンランド，アイスランドも）を含むが，本節では，森林地帯を中心としたスカンジナビア半島のノルウェー，スウェーデンの事例を中心に話を進めることにする．

Liberg et al.（2010）によって提案されている，野生動物管理におけるスカンジナビアシステムの8つの指針は以下のとおりである．

①土地所有者による狩猟個体の所有権

スカンジナビアでは，生きた野生動物は共有財とされている（Danielsen, 2001）．そのうえで，合法的に捕獲された野生動物は土地所有者のものとなる．一方で，不法に殺された動物（たとえば，密猟，自動車事故も含まれる）は公的機関の所有物としてみなされる．

②狩猟獣の肉の市場での販売

一般的にスカンジナビアでは，狩猟獣の肉を日常的に市場で販売することが可能で，文化形成の重要な部分としてとらえられている（図10.5）．

③土地所有者による狩猟の独占権

スカンジナビアの土地所有者は，その土地で狩猟を行う権利があり，ほかの狩猟者に猟場として貸すことができる．ちなみにノルウェーでは，土地所有者には各地方で選出された狩猟評議員によって承認された計画や地域の野生動物管理者が指導する計画にしたがい，地域の狩猟認可数が配分される（Storaas et al., 2001）．

図 10.5 スカンジナビアをはじめ，ヨーロッパでは狩猟シーズンになると市場に狩猟獣が並ぶ．写真はギリシャの市場で販売されるウサギ．

④地方の利害関係者による野生動物管理の政策決定

　ムースなどの野生動物の管理はより的確な管理を行うために，各地域の管理目標にしたがい権限が委譲されてきた（Danielsen, 2001；Lavsund et al., 2003）．一般的な規則として，土地所有者は狩猟者により収集されたデータをもとにした計画にしたがい，その土地での狩猟獣の個体群管理を行う責任が与えられている．

⑤捕殺は合法的な目的に限る

　スカンジナビアの狩猟者の狩猟へのおもなモチベーションは食用としての肉の利用であるため，自衛や農林業被害対策以外の捕殺は認められていない．また，毛皮獣の商業捕獲も限られている（Helldin, 2000）．

⑥国際的な自然資源としての野生動物

　ノルウェーおよびスウェーデンでは，欧州および世界的な協定であるボン条約，ベルン条約，ラムサール条約，ワシントン条約，生物多様性条約に加盟し，それらの条約のもとで野生動物の管理を行っている．近年ではノルウェーが，ヨーロッパの野生動物保護における狩猟の価値や重要性を認めた欧州狩猟・生物多様性憲章の考案を導いた．

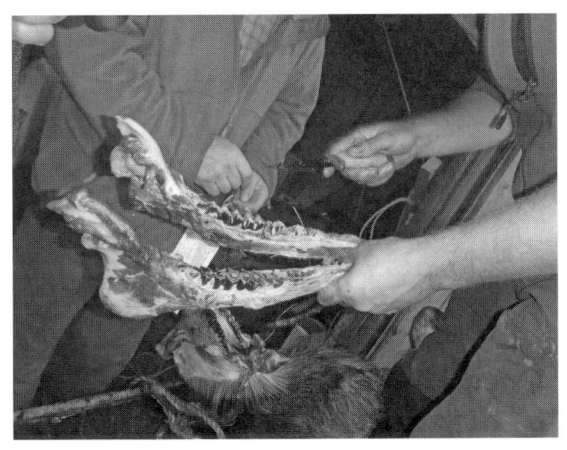

図 10.6 狩猟した際には，年齢などの情報が得られる下顎などを公的な研究機関に提出する．写真はノルウェーでムースを狩猟した際に，下顎を取り出している様子．

⑦科学的根拠をもとにした野生動物管理指針の策定

スカンジナビアは北米同様，野生動物管理を実施するための根拠として長期的な野生動物の研究やモニタリングを行ってきた．ノルウェーおよびスウェーデンでは，150年以上にわたり厳密な狩猟統計データを収集してきた（図 10.6）．多くのモニタリング計画はシカ類に集中していたが，近年は大型食肉目の研究予算も大きく増加してきている．

⑧全市民に開かれた狩猟

ノルウェーやスウェーデンの狩猟者人口は，全人口の約 5% にあたり（アメリカと同じ程度），庶民の一般的な野外活動である（U.S. DOI and U.S. DOC, 2006; Statistics Norway, 2009）．

（2） 北米システムとの違い

2つのシステム（北米とスカンジナビア）の違いには，それぞれの文化，政策，歴史の違いが大きく反映している．たとえば，ノルウェーがスウェーデンと連合体であった 1899 年には，一般市民による狩猟獣の乱獲を防ぐために，個人土地所有者には彼らの土地での全狩猟獣の独占狩猟権が与えられていた（Søilen, 1995）．これらの権利は現在でも両国で維持されている．一

図 10.7 スカンジナビアでは秋の狩猟シーズンになると，グループで狩猟に出かける．写真はムースを捕獲し，これからそりに載せて集落まで下ろすところ．

方，北米システムでは，野生動物が共有財と位置づけられているのに対し，スカンジナビアでは，土地所有者は狩猟権をもち，狩猟者に狩猟した獲物の肉の代金を請求することができるので，土地所有者が彼らの土地で持続的に野生動物を管理していく動機となっている．また，彼らは森林や農作物への被害を防ぐために，狩猟による有蹄類個体群（とくにムース）の管理も重要な義務と考えている．

その他の北米システムとスカンジナビアシステムの顕著な相違点としては，以下の5つがあげられる．

① 開かれた文化

スカンジナビアの農村地域の土地所有権は，多くの家庭で数世代または数世紀にわたって引き継がれている．ノルウェーとスウェーデンの75%以上の土地は私有地であるが，多くの私有地はハイキング，キャンプ，ベリー摘みのために一般の人々に開放され，これらのレクリエーションはスカンジナビア文化の重要な要素の1つとなっている．一方，狩猟権は土地所有者がもっており，私有地でも公有地でも，狩猟者は狩猟をするには土地所有者の許可（借用契約や利用契約）が必要である．そのため，スカンジナビアの各地

域の狩猟者，とくに大型猟の場合は，土地所有者との個人的つながりや，狩猟クラブの会員間を通じ狩猟を行うことができる（図10.7）．その結果，狩猟文化は各地域で長期にわたって保たれており，多くの都市狩猟者は，秋になると家族や親戚が所有する土地に狩猟をするために地方に戻ることが多い．こういった都市部と地方とのつながりの強さの違いが，北米システムとスカンジナビアシステムの違いを生んでいるともいえる．また，地元とのつながりがないと，大型猟を行うことはむずかしく，ときには狩猟者やグループ間で私有地や公有地の借用契約や利用契約を競い合うこととなる．

②狩猟獣の市場での販売

スカンジナビアシステムの鍵となるのは，狩猟獣（ムース，アカシカ，ノロジカ，トナカイ，イノシシ，ヒグマ，ライチョウなどの小型獣）の肉の市場での商品価値が高いということである．この点は，北米システムではみられない大きな点である．狩猟者は狩猟を行った場合には，土地所有者に獲物の肉の代金を支払わなくてはいけないが，市場ではそれ以上の値段で売ることができる．そのことにより土地所有者にも狩猟者にも利益があるため，健全な個体群を維持する動機となる．

狩猟者は狩猟した動物の性，年齢，体重をもとに土地所有者に捕獲代を支払う（たとえば，ムース幼獣の$4/kgから成獣オスの$6/kg，1頭あたり$200-$400）．また，狩猟者は公的機関に捕獲税も支払う（トナカイの幼獣は約$22/頭，ムースの成獣は約$71/頭）．これに対して，狩猟者は事前に肉の購入希望者を募り，個人売買により肉を販売したり（図10.8），食肉業者などに肉を買い取ってもらい収入を得る．これらの収入のほとんどは，土地所有者に事前に払った代金や税金などの経費に消え，もうけはほとんど発生しない．しかし，狩猟者は自分たちが獲ったものをむだにすることなく，多くの人に利用してもらえることが喜びであると感じている．

このシステムにより狩猟者のモチベーションは保たれ，国が定めたムースの目標捕獲数を高い割合（80％以上）で達成することができる（Statistics Norway, 2009）．2007年にノルウェーで狩猟された野生動物の肉の総価格は$9000万で，ムースだけで$5400万であった．

③野生動物管理のための予算

スカンジナビアでは，銃や弾薬に対して特別な税金がかからないが，北米

図 10.8　集落まで下ろしたムースを，村の作業小屋で処理し熟成させている．

と同様に野生動物管理や研究のための予算には，おもに狩猟免許料や捕獲税が充てられている．ノルウェーでは，これらの資金は1951年から野生動物管理や研究のために充てられ，狩猟や釣りといった活動は全ノルウェー経済の重要かつ着実に増加している部分でもある（5.8億ドル/年；Statistics Norway, 2009）．同様に，スウェーデンにおいても狩猟免許料やスウェーデン狩猟者・野生動物管理協会の会員費が野生動物管理や研究に充てられている．これらの予算はスカンジナビアにおける野生動物管理システムにおいて，資金調達や地元への貢献という面で重要な点となっている．

④狩猟倫理

　ノルウェーやスウェーデンでは，北米と同様に狩猟者には高い資質と倫理的規範が必要であると法律に記載されている．たとえば，スカンジナビアでは，手負いを発生させないために，狩猟チームは負傷した動物の追跡に犬を使わなくてはならず，狩猟者は大型獣を狩猟する前には毎年射撃テストに合格していることが義務づけられている．さらに，ムースやシカ類の狩猟で犬を使用するために，スカンジナビアの大型獣狩猟者は送受信兼用無線機やその他の通信手段を用いて効率を上げている（ともに，アメリカのいくつかの州では違法）．一方，スウェーデンでは，狩猟者はヘリコプターで遠隔地まで行くことができるが，狩猟でオフロード用の車両を利用することは野生動

物や生息地を攪乱させることから禁止されている.

⑤狩猟への一般社会の認識度

狩猟者の能力や倫理に関する高い規範により，狩猟獣の肉への文化的価値と同様に，狩猟は多くのノルウェー人（2008年で74%）から好まれる野外活動であると考えられている（TNS Gallup, 2008）．このように，一般からの狩猟の認知度が高く，今でも北米と異なり，ほとんどの住民の間で狩猟は一般的な野外活動として認知されている（Swenson, 1983）．

銃に対する一般的な考えもまたアメリカとは異なっている．ノルウェーにはアメリカよりも厳しい銃規制法が存在するが，ノルウェーの銃所有率はヨーロッパのなかでも高く，世帯の32%である（アメリカは39%; Kates and Mauser, 2007; TNS Gallup, 2008）．ノルウェーでは，狩猟は法の下で正当かつ重要な活動であるという認識があるために，重大な刑罰を犯していなければ銃所持許可は問題なく発行される．

スカンジナビアシステムと北米システムの違いについて，もっとも顕著な点は狩猟鳥獣の肉を市場において販売ができる点であり，それに対する市民の認知度の高さや，文化形成への影響の大きさがあげられる．このような，狩猟者の狩猟へのモチベーションの高さが，狩猟の継続および狩猟獣の個体群の持続的な生息を両立させているといえる（Bubenik, 1989）．つまり，スカンジナビアシステムは，地域資源の管理における政府，土地所有者，狩猟者，そして市民の強い協力により成功している野生動物管理システムであるといえる．

このようなスカンジナビアシステムによって，スウェーデンおよびノルウェーでは多くの大型，小型狩猟獣の個体数回復と持続的な利用を促進させてきた．一方で，このシステムにも課題がある．成功している大型食肉目（オオカミ，クマ，オオヤマネコ）個体群の回復は，多くの狩猟者は歓迎されない競合相手であると認識している．そのため，大型食肉目の密猟が増加したり，故意にオオカミ個体群の回復を遅らせたりしているという課題も存在する（Liberg *et al.*, 2010）．

引用文献

Bubenik, A. B. 1989. Sport hunting in Europe. *In* (Hudson, R. J., K. R. Drew and L. M. Baskin, eds.) Wildlife Production Systems. pp. 115-133. Cambridge University Press, Cambridge.

Cornicelli, L. J. 2009. Integrating social considerations into managing white-tailed deer in Minnesota. Ph.D thesis of Minnesota University, Saint Pall.

Danielsen, J. 2001. Local community based moose management plans in Norway. Alces, 37：55-60.

Geist, V. 1995. North American policies of wildlife conservation. *In* (Geist, V. and I. McTaggert-Cowan, eds.) Wildlife Conservation Policy. pp. 75-129. Detselig Enterprises, Calgary.

Geist, V., S. P. Mahoney and J. F. Organ. 2001. Why hunting has defined the North American model of wildlife conservation. Transactions of the North American Wildlife and Natural Resources Conference, 66：175-184.

Geist, V. and J. F. Organ. 2004. The public trust foundation of the North American model of wildlife conservation. Northeast Wildlife, 58：49-56.

Helldin, J.-O. 2000. Population trends and harvest management of pine marten *Martes martes* in Scandinavia. Wildlife Biology, 6：111-120.

Kaltenborn, B. P., H. Haaland and K. Sandell. 2001. The public right of access：some challenges to sustainable tourism development in Scandinavia. Journal of Sustainable Tourism, 9：417-433.

Kates, D. B. and G. Mauser. 2007. Would banning firearms reduce murder and suicide? A review of international and some domestic evidence. Harvard Journal of Law and Public Policy, 30：650-694.

Lavsund, S., T. Nygren and E. J. Solberg. 2003. Status of moose populations and challenges to moose management in Fennoscandia. Alces, 39：109-130.

Leopold, A. 1930. Report to the American game conference on an American game policy. Transactions of the American Game Conference, 17：281-283.

Leopold, A. 1933. Game Management. Charles Scribner's Sons, New York.

Liberg, O., Å. Aronson, S. M. Brainerd, J. Karlsson, H. C. Pedersen, H. Sand and P. Wabakken. 2010. Integrating research into management of a re-colonizing wolf population：the Scandinavian Model. *In* (Musiani, M., L. Boitani and P. Paquet, eds.) The World of Wolves：New Perspectives on Ecology, Behavior and Policy. pp. 175-206. University of Calgary Press, Calgary.

Mahoney, S. P. 2009. Recreational hunting and sustainable wildlife use in North America. *In* (Dickson, D., J. Hutton and W. M. Adams, eds.) Recreational Hunting, Conservation and Rural Livelihoods：Science and Practice. pp. 266-281. Blackwell Publishing, Oxford.

Manning, R. B. 1993. Hunters and Poachers：A Social and Cultural History of Unlawful Hunting in England, 1485-1630. Clarendon Press, Oxford.

Minnesota DNR. 2010. Hunting harvest statistics. Division of Fish and Wildlife, Minnesota DNR, Saint Paul. http://www.dnr.state.mn.us/publications/wild

life/populationstatus2009.html
Newberry, S. L. 2008. European Hunter. Live Oak Press, Palo Alto.
Organ, J. F., R. M. Muth, J. E. Dizard, S. J. Williamson and T. A. Decker. 1998. Fair chase and humane treatment : balancing the ethics of hunting and trapping. Transactions of the North American Wildlife and Natural Resources Conference, 63 : 528-543.
Organ, J. F., D. J. Decker, L. H. Carpenter, W. F. Siemer and S. J. Riley. 2006. Thinking Like a Manager : Reflections on Wildlife Management. Wildlife Management Institute, Washington, D. C.
Prukop, J. and R. J. Regan. 2005. In my opinion : the value of the North American model of wildlife conservation : an International Association of Fish and Wildlife Agencies position. Wildlife Society Bulletin, 33 : 374-377.
Reiger, J. F. 1975. American Sportsmen and the Origins of Conservation. Winchester, New York.
Riess, S. A. 1995. Sport in industrial America, 1850-1920. Harlan Davidson, Wheeling, IL, USA. Sporting Conservation Council. 2008. Strengthening America's Hunting Heritage and Wildlife Conservation in the 21st Century : Challenges and Opportunities. U. S. Department of the Interior, Washington, D. C.
Røskaft, E., M. L. Hagen, T. L. Hagen and A. Moksnes. 2004. Patterns of outdoor recreation activities among Norwegians : an evolutionary approach. Annales Zoologici Fenniciis, 41 : 609-618.
Statistics Norway. 2009. Jakt og jegere i Norge. Hver femte mann er jeger. (Hunting and hunters in Norway. Every fifth man is a hunter). (In Norwegian). http://www.ssb.no/vis/samfunnsspeilet/utg/200904/01/tab-2009-10-05-01.html
Storaas, T., H. Gundersen, H. Henriksen and H. P. Andreassen. 2001. The economic value of moose in Norway : a review. Alces, 37 : 97-107.
Swedish Hunters' Association. 1992. Swedish Game, Biology and Management. Svenska Jagareforbundet, Spånga.
Swenson, J. 1983. Free public hunting and the conservation of public wildlife resources. Wildlife Society Bulletin, 11 : 300-303.
Søilen, E. 1995. Sportsmenn i veideland. Stikkatrykk, Billingstad, Norway (In Norwegian).
The Wildlife Society. 2010. The Public Trust Doctrine : Implications for Wildlife Management and Conservation in the United States and Canada. Technical Review 10-1. The Wildlife Society, Bethesda.
TNS Gallup. 2008. Norsk Gallups Natur- og Miljøbarometer (Norwegian Gallup Nature and Environmental Barometer). 616185 NMB 2008 (In Norwegian).
Trefethen, J. B. 1975. An American Crusade for Wildlife. Winchester, New York.
U. S. Department of the Interior, Fish and Wildlife Service. 1987. Restoring

America's Wildlife 1937-1987. U. S. Department of the Interior, Fish and Wildlife Service, Washington, D. C.

U. S. Department of the Interior and U. S. Department of Commerce. 2006. National Survey of Fishing, Hunting, and Wildlife-Associated Recreation. http://wsfrprograms.fws.gov/Subpages/NationalSurvey/2006_Survey.htm

11 野生動物の食肉流通

田村孝浩

11.1 野生動物の資源利用による食肉流通の位置づけ

(1) 農林業被害の拡大と駆除個体の処理

　近年，中山間地域を中心に野生鳥獣による被害が深刻化・広域化している．その背景には，野生動物の分布域拡大と生息数の増大，農山村の過疎化・高齢化による耕作放棄地の増加，狩猟者の高齢化・減少など複数の要因が潜在している．2003年以降，全国の農作物被害額は185億円を下回ることなく高位安定で推移しており，なかでもシカやイノシシによる被害が増加傾向にある（農林水産省，2011）．地方自治体では被害抑制のために，侵入防止柵の設置や狩猟免許取得の講習会の実施など，攻守あわせたさまざまな取り組みを展開している．万葉集にも，シカやイノシシが山間の田んぼを荒らさぬよう厳しい監視の目が向けられていたことを思わせる句が詠まれている（佐藤，1980）．野生鳥獣と人間をめぐる攻防は，古から現在まで続く問題であり，根本的な解決には腰をすえた対応が必要である．

　野生動物による農作物被害が拡大するなかで，新たに浮上してきた課題が駆除個体の処理である．捕獲した鳥獣を野外にそのまま放置することは「鳥獣保護法」で原則禁じられている．また捕獲個体を，生活環境において影響が生じるような処理を行った場合には「廃棄物処理法」に抵触する可能性がある（農林水産省生産局，2011）．そのため捕獲した個体はこれまで，捕獲現場で埋設する，焼却場で焼却する，摂食可能な状態に処理するといった方法がとられてきた．埋設場所の掘削，焼却場までの運搬，食肉加工のための器材や場所，そのいずれにしても捕獲個体の適切な処理には手間とコストが

必要となる．一般に狩猟期に捕獲されるイノシシは，その食味のよさから猟師が自家消費したり，隣近所や親類縁者にお裾分けしたり，仲買人との相対取引を通じて食肉化されボタン鍋として消費されてきた（神崎・大束-伊藤, 1997）．しかし非狩猟期のイノシシは栄養状態が悪く（小寺・神崎, 2001），食味も優れないことから廃棄物として捕獲現場で埋設処理されることが一般的であった．有害駆除されたシカも同様に，自家消費や猟犬の餌として消費される量はわずかにすぎないようだ．全国におけるシカの捕獲数が40万頭，イノシシは50万頭に達し，このうち有害駆除によるものはシカで3割，イノシシでは2割強におよんでいる（梶, 2011）．大量発生する非狩猟期の駆除個体を廃棄するには多大な費用を要する．とくに軀体の大きいエゾシカの廃棄には5000円/頭を要すなど（日本農業新聞2010年2月3日），駆除対策に取り組む地方自治体にとって大きな負担となっている．

(2) 埋設処理かそれとも資源化か

今日では，こうした非狩猟期の駆除個体を食肉資源として商品開発する事例が各地で活発になっている．加工・処理施設の運営組織は民間企業や個人，また地方自治体などさまざまである（農林水産省生産局, 2011）．このうち地方自治体が駆除した有害鳥獣の資源化に取り組む背景には，商品としての売却益を捕獲費用に還元できる可能性や狩猟圧の高まりによる農業被害の抑制，また獣肉の特産化による地域振興に期待するところが多い．駆除個体の埋設・焼却処理は地域に経済的な利益をもたらさないが，視点を変えて資源ととらえれば，農林業被害の軽減に投じた費用の回収や地域振興という経済的な見返りが期待できる．

また食品としての機能性の高さも，食肉化の促進要因となっている．たとえばエゾシカ肉は牛肉のアミノ酸組成と遜色がなく，しかも高タンパク・低脂肪であり（笠井・長谷川, 2000），イノシシ肉の摂食が血清総コレステロール濃度低下に寄与していることが示唆されている（松本ほか, 1997）．また精肉に向かない部位はサラミやソーセージに加工したり，筋骨などの非可食部をペットフードに加工して販売する取り組みなどもみられる．

11.2　食肉流通をめぐる全国の動向

（1）　食肉化と衛生管理

　有害駆除したイノシシやシカを食肉として流通させるためには，捕獲から加工のプロセスにおける徹底した衛生・安全管理と，販売に関する緻密な調査・計画が欠かせない．各プロセスにおける留意点は，農林水産省からマニュアル（農林水産省生産局，2011）として公表されているほか，先行研究などでも詳細に述べられている（木下，2011）．このうちイノシシの捕獲技術や食肉化に関しては小寺（2011）によって，シカの食資源化をめぐる問題に関しては鈴木・横山（2012）らによって整理がなされている．

　私たちが日常的に消費する牛肉や豚肉などの畜産物は「と畜場法」にもとづいて，と殺時に病原菌検査などの徹底した衛生管理が行われている．他方，イノシシやシカなどの野生動物は「と畜場法」の対象外となるため，と殺時の衛生・安全管理を補完するために各都道府県などが独自のマニュアルやガイドラインを策定している．2011年現在，14の道府県においてこうしたマニュアルやガイドラインが策定され，野生鳥獣の衛生的な解体処理と安全な食肉の供給体制がとられている．しかし，認証制度（兵庫県）や推奨制度（エゾシカ協会）などの限られた事例を除き，現時点ではガイドラインやマニュアルの遵守を促す社会的な仕組みは事実上存在しないことが課題としてあげられている（第12章12.2節参照）．

（2）　処理・加工施設の設置

　解体処理を行う施設については，食品衛生法の定める食肉処理業などの営業許可を都道府県知事などから受ける必要がある．さらに食肉の販売加工や製品化については食肉販売業や食肉製品製造業など，それぞれに施設基準と管理運営が定められており，これをクリアする必要がある．2005年5月当時，イノシシやシカを処理・販売する施設は16カ所程度にすぎなかったが（四方ほか，2008），鳥獣被害が全国的に激化するとともに解体・加工施設数は年々増加し，2012年には野生鳥獣を地域資源として活用する事例が100カ所を超えるにいたった（農林水産省農村振興局，2012）．

(3) 販売と消費に向けた工夫

こうした供給体制の整備が進むとともに，現在ではその需要開発と販路開拓が積極的に行われている．フランス料理で培われたジビエの調理法を活かしたレシピやメニュー開発は各地でさかんになりつつある（日本農業新聞2012年5月23日；日本農業新聞2012年7月13日）．このほかにも，エゾシカを利用したエゾシカバーガー（農林水産省生産局，2009）やイノシシ肉を使ったラーメンやカレーなど，獣肉を新たなご当地グルメに位置づけ，地域おこしの目玉にしようとする取り組みもみられる（毎日新聞2010年11月11日；日本農業新聞2011年5月15日）．また近年では，シカ肉の食品としての機能性に着目した研究も蓄積されつつある（岡本，2012；吉村，2012）．

イノシシやシカの食肉化については，処理・加工を行う供給側の衛生・安全管理はもちろんのこと，消費者においても摂食や調理方法に関する適切な知識が欠かせない．過去には，加熱不十分な獣肉やイノシシの生レバーを喫食したことが原因とみられるE型急性肝炎を発症した事例が複数報告されており（阿部ほか，2005；川村ほか，2010；加藤ほか，2011），なかには重篤な症状に陥ったケースもみられる（清水・山田ほか，2006）．また獣肉の調理行為によって感染した可能性が示唆された事例も報告されている（井上ほか，2006）．獣肉に限らず一般の畜産物においても，要加熱のものを生食したり，調理不十分な状態で摂食した場合には体調に異常をきたすことがある．獣肉の需要を拡大するためにも，おいしくかつ安全に食べるメニューと調理法の普及が望まれる．

11.3 イノシシの食肉加工の事例

これまで西日本に多く分布していたイノシシ肉の処理・加工施設は，被害域の拡大とともに，東日本においても2006年ごろから多数建設されるようになった．ここでは東日本のなかで比較的早くから野生鳥獣の食肉化に取り組んできた2つの事例を紹介する．

（1） 群馬県吾妻郡中之条町「あがしし君工房」の取り組み

取り組みの概要

　群馬県の北西部に位置する吾妻郡では，1998年には104頭だったイノシシの捕獲頭数が2006年には1335頭に急増し，農作物被害の大きさとともに捕獲個体の処理が課題となっていた．こうした状況を打開するため，2007年4月にイノシシの食肉加工・処理施設として「あがしし君工房」（以下，工房と略）が開設された．工房の建物は，小規模土地改良事業（県単独事業）を利用して既存施設を改修したものである．総事業費は3930万円，このうち1495万円が県補助金，残る2435万円を吾妻広域町村圏振興整備組合（中之条町，長野原町，嬬恋村，草津町，高山村，東吾妻町）が負担して整備された．なお施設稼働までには，吾妻郡農業振興協議会に「有害鳥獣部会」を設け，約3年間にわたり施設の運営方法や利用方法，また食材としての使い方などが検討された（農林水産省農村振興局，2010）．

　工房の運営は沢田農業協同組合（現在は，吾妻農業協同組合に統合）に組織委託されており，専従者1名，パート職員2-3名が解体処理に携わっている．工房で処理されたイノシシ肉は商標登録された「あがしし君」のブランド名で販売されている（桑原，2010）．

搬入から加工まで

　工房が立地する中之条町では町長の委嘱による捕獲隊が組織されており，その数は2009年度が18名，2010年度は26名と増加傾向にある．捕獲隊員の構成は農林業者のほか，止刺しを行う関係から猟友会メンバーも数名在籍しているが，猟友会とは別組織として活動を展開している．なお捕獲隊に限らず，町内のイノシシ捕獲者には報奨金として1万5000円/頭が町から支払われている．

　工房ではイノシシの捕獲・搬入から解体，そして施設清掃にいたるすべての工程において衛生・安全管理対策のためのマニュアルが整備されている．このうちイノシシ捕獲・搬入マニュアルは，各市町を通じて吾妻郡内の捕獲者にも周知されており，捕獲者には速やかな止刺しと放血，血液採取および調査書の提出を求めている．さらに止刺しから1時間以内に搬入するルール

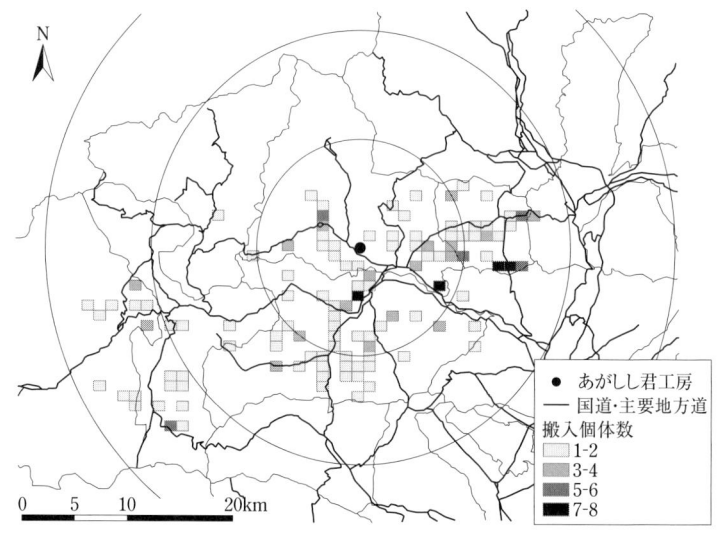

図 11.1 あがしし君工房に搬入されたイノシシの捕獲位置（2009 年）．

表 11.1 イノシシの捕獲頭数と搬入頭数．

年度	吾妻郡内の捕獲頭数	工房への搬入頭数（%）
2007	681	130（19）
2008	877	160（18）
2009	1221	225（18）

表 11.2 搬入イノシシの等級・価格および 2009 年度搬入頭数．

等級	買取価格	捕獲時期	搬入頭数
A	1380 円/kg	11- 2 月	35
B	830 円/kg	9-10 月	48
C	270 円/kg	3- 8 月	135

が設けられているため，搬入される個体は工房から 20 km 圏内のものが多い（図 11.1）．なお，工房に搬入できるイノシシは吾妻郡でわなにより捕獲された 30 kg 以上の個体で，著しい脱毛や奇形など外見における病変のない個体に限定している．捕獲現場から工房までの搬入は捕獲者が行い，工房の担当者は持ち込まれた個体を捕獲・搬入マニュアルにもとづいてチェックし，条件をクリアしたものだけが解体・加工にまわされる．また解体の際には検

体を採取し，食肉衛生検査所にて病原菌類の保菌状況のチェックが行われている．工房開設以降の吾妻郡におけるイノシシ捕獲頭数および工房搬入数は表11.1のとおりである．搬入されたイノシシは，捕獲時期と品質によってA・B・Cの等級に区分され，その等級に応じた買取価格が後日精算される（表11.2）．

販路拡大に向けた取り組み

工房で処理・加工された「あがしし君」はヒレやロースなどの精肉のほか，ハム・ウインナー・カレー・コロッケ・サラミ・佃煮・そぼろなどの商品として販売されている．小売価格はロース肉4700円/kg，ヒレ肉5300円/kgで，仕入れ量の多い温泉旅館などには卸価格を適用するなど柔軟な価格設定を行っている．これらの商品は，国道沿いの直売所や町内の土産物店で販売されているほか，町内の温泉旅館に食材として販売されている．また口コミによって近隣の精肉店や都内レストランへの取引も増えつつあり，JAあがつまのHPを通じたインターネット販売も行われている．

中之条町にある四万温泉では，湯立神事を解禁日とする冬季限定企画の「あがしし君鍋」を2009年には開始したほか，2010年には駅弁「四万温泉若ダンナ　オトコメシ」を四万温泉協会青年部が旅行業者と共同開発し販売するなど，「あがしし君」を利用した地域ブランド確立の取り組みが展開されている．とくに「あがしし君鍋」は各温泉旅館が「あがしし君」に独自の工夫を凝らして鍋に仕立てたもので，利用客からの評判もよく，これを目当てに宿泊するリピーター客も増えつつある．2012年には37軒中18軒の宿がこの企画に取り組んでいる（図11.2）．

このほかにも四万温泉協会と学校給食センターの連携によって「あがしし君カレー」が考案されている．食事バランスガイドにもとづいて考案されたこのメニューは，2010年1月に中之条町内の幼稚園生や小中学校の児童約1400人の給食として提供されるとともに，レトルトパックとして商品化され一般販売されている．

運営をめぐる課題

2009年度の工房の収支は，収入が741万円，支出が1348万円であり，差

図11.2 四万温泉の「あがしし君鍋」のPRパンフレット.

　額の607万円は吾妻広域町村圏振興整備組合の基金から獣肉処理加工施設運営負担金として補填されている．支出のうち主要なものは，イノシシの買い取り費用534万円，ハムなどの加工委託料233万円，人件費と廃棄物処理に関する費用が523万円となっている．郡内におけるイノシシ被害の軽減効果も勘案しているが，年間500万-600万円の範囲で支出が上回る傾向にあったため2009年には搬入個体の買入価格が下げられた．このほかにも，新たな販売ルートの開拓，委託方式の変更などについて検討が進められている（中之条町，2011）．また搬入される個体は加工品向けのB-C等級の肉が多く，その製品化には委託料がかかるうえに利幅も少ないために，在庫管理と製品化のバランスの見極めが課題となっている．

　なお2011年10-11月にかけて吾妻郡内で捕獲された2頭のイノシシから放射性物質が検出された（群馬県，2011）．これを受けて2011年12月以降は，有害駆除を継続する一方で，工房へのイノシシ搬入や食肉加工の取り組みは中止することが決定された．四万温泉の冬の観光の目玉となりつつあった「あがしし君鍋」は，東日本大震災前に捕獲され冷凍保存されていたイノ

シシ肉を使用することで2012年1月のイベントを実施したが，2013年以降は中止することが決定されている．

（2） 栃木県那珂川町「八溝ししまる」の取り組み

取り組み概要

栃木県の北東部に位置する那珂川町では，2004年には180万円だったイノシシの被害額がわずか3年後の2007年には1900万円に急増し，イノシシ被害の軽減が課題となっていた．2006年に町内で行われた村おこし協議会にて，試食に供されたイノシシハムが好評だったことがきっかけとなり，捕獲個体の資源化構想が生まれた．これを足がかりに検討が進められ，2009年4月に捕殺個体を運搬する保冷車と食肉加工・処理施設が，農林水産省の農山漁村活性化プロジェクト支援交付金事業を活用して整備された．総事業費は3800万円，このうち2800万円が交付金によるもので，処理・加工施設（以下，加工施設と略）の敷地は小学校跡地が利用されている．

加工施設は那珂川町が運営し，農林振興課職員3-4名のほか，臨時の専属職員1名，猟友会会員の非常勤4名，肉処理の担当者1名で対応している．食肉加工されたイノシシ肉は，商標登録された「八溝ししまる」というブランド名で販売されている．

搬入から販売まで

那珂川町では広域的な農作物被害の軽減およびイノシシ肉の安定的供給を図るために，茨城・栃木県鳥獣害広域対策協議会に加入している市町で捕獲されたイノシシの受入を行っている．2009年における受入実績は全137頭，このうち那珂川町内からは93頭，町外からは44頭が搬入されている．加工施設に搬入した個体は400円/kgにて買い取るほか，那珂川町では捕獲奨励金として4500円/頭が支払われている．

イノシシの捕獲から販売にいたるプロセスの衛生・安全管理は，栃木県が策定した「野生獣肉に係る衛生管理ガイドライン」にもとづいて実施されている．加工施設に搬入できるイノシシは，わなにより捕獲したウリ坊を除く個体で，町職員立ち会いのもと捕獲現場で捕獲者が止刺ししたものに限定されている．このため職員はイノシシが捕獲された連絡を受けると，保冷車に

図 11.3 八溝ししまる取り扱い店マップ.

乗車して捕獲現場へ急行する．職員が現場で生体確認するとともに，保冷車にて加工施設まで運搬することで止刺し後の肉質低下を防いでいる．

販路拡大に向けた取り組み

加工施設で解体されたイノシシは，ヒレやロースなど10種類の部位に分けられ，個別に真空包装され「八溝ししまる」として販売されている．精肉のおもな販売先は地元温泉旅館や町内の飲食店などで，近隣のレストランなどからは骨付き肉の需要もある．販売価格は，背ロース肉 3800 円/kg，ヒレ肉 4000 円/kg に設定されている．精肉に向かない部位は町内のハム加工所に出荷し，ウインナーやソーセージなどに加工されている．

「八溝ししまる」は町内 3 軒の精肉店で販売されているほか，料理として町内の馬頭温泉の旅館 6 軒と飲食店 6 軒で提供されており，いずれも名物メニューとなっている．また餃子やコロッケなども製造販売され，町の特産品になっている（図 11.3）．馬頭温泉にはイノシシ肉を目当てに宿泊する客も

おり，旅館経営者も「八溝ししまる」の特産品としての価値を評価している．このほかに那珂川町では地産地消を目的とした料理講習会，イベントでの試食，首都圏における出張販売などの PR 活動を展開しており，現在では町外のラーメン店やイタリアンレストランにおいても「八溝ししまる」を使ったメニューが登場している．

運営と課題

2009 年度における加工施設の収支は収入が 480 万円，支出が 820 万円である．なお，支出のうち 220 万円は臨時職員の人件費で，これは国の緊急雇用対策から支弁され，その他の不足額は那珂川町の一般会計から補填されている．2009 年度における収支は，加工施設単体では支出が上回ったものの，農作物被害額は前年度より 400 万円程度減少したことから，鳥獣被害対策全体としての効果が得られていると判断されていた．また保冷車が 1 台しかなく搬入量に限界があること，町外からの搬入量が少なく施設の稼働率が高くないこと，一定量購入する販売先の開拓などが課題となっている．

なお，福島第一原発の事故（2011 年 3 月 11 日）以降，近隣市町村で捕獲されたイノシシから放射性物質が検出された．しかし那珂川町では，こうした事態が生じる以前から現在にいたるまで，加工施設に搬入されたイノシシについて放射性物質の全頭検査を進めており（下野新聞 2011 年 4 月 3 日），安全性の確認できた個体のみを出荷している．

11.4 食肉流通の課題と展望

（1） 施設運営をめぐる課題——評価の枠組み

イノシシやシカの処理・加工施設の開設数の増加とともに，食肉流通をめぐる課題も顕在化しつつある．たとえば河田（2009, 2011）は，経済学の視点からジビエが売り手・買い手の両方にとって信用財的な側面を有していること，またジビエに対する価値認識や需要の喚起など自然資本の過小利用をめぐる問題解決のむずかしさを指摘している．このほかにも食味の問題と改善方策については江口（2011）が，獣肉利用の変遷や需要喚起については村

上（2009）や高柳（2009）によって，さらに適切な価格設定のむずかしさなどについては小寺（2011）によって指摘されているところである．先行的に取り組む事例（安田，2011），施設運営費に対する自治体の補塡や集荷率の低さ，また在庫を抱えるといった問題が指摘されているが，これに関する事例研究は蓄積段階にあり，その実態は必ずしも明確になっていない．四方ほか（2008）の報告や本章で取り上げた事例をみても，処理・加工施設の運営には行政機関による人的・経済的サポートを必要としているケースが多い．先行事例をみてもウリ坊を含む搬入率は約4割程度であり，採算面においても恒常的に黒字を維持することはむずかしい状況にある．

　こうした課題やその解決方策については，これまでにさまざまな立場から議論がなされてきた．たとえば採算性を高めるためには，原材料の調達コストや人件費の削減といった支出を減らす工夫のほかに，魅力的な商材開発，需要の喚起，販路の拡大といった収入を増やす取り組みなどが考えられる．また施設の稼働率を上げるには，捕獲奨励金の値上げや捕獲個体の搬入義務化などが有効に作用するかもしれない．しかし短期的に稼働率は好転しても，十分な販路がなければ在庫の山を抱えることになる．原材料の調達費用が増えれば，それに見合った小売価格を再設定する必要が生じる．もしそこに同品質で廉価な製品が，他地域から供給された場合には，販路を失い在庫の山を抱えることになる．その結果，消費期限を迎えた精肉や加工品を廃棄処分する費用が追加的にかかるかもしれない．食肉加工に取り組む背景には，捕獲した野生動物の命を粗末にしないという想いや考えが潜在していることが多い．しかし捕獲個体を摂食可能な状態に処理・加工しても，実際に消費者に購入され摂食されない限り，こうした思想は完結しない．経費をかけて解体・加工し，それを倉庫に積み上げ，消費期限切れで処分するのであれば，コストをかけて廃棄していることにほかならず，埋設処理するほうがよほど経済的かもしれない．

　このように施設運営にかかる問題は，採算性や経済性に耳目が集まる傾向にある．独立採算の仕組みが構築されているか否かという判断基準は，シンプルでありだれしもが納得しやすい．だが財としての価値づけが不明瞭な野生動物（高柳，2009）の利活用を，経済則だけで判断することは個体数管理や被害防除の考え方をいびつなものに変える可能性がある．これは需給メカ

ニズムにもとづいた狩猟活動が多数の野生動物を絶滅寸前に追いやったこと（河田，2009）からも明らかである．さらに，不採算の状態が続いたら被害状況とは無関係に運営を止めるのか，あるいは採算さえ確保できれば被害は止まなくても不問に付すのか，といった極端な議論を生じかねない．

　野生鳥獣被害が，高齢化や営農従事者の減少による耕作放棄地の発生や薪炭林の管理粗放化といった地域社会の活力減退に強く規定されている以上，駆除個体の食肉利用も被害対策の一環として矮小化することなく，地域活力の復活や地域づくりの脈略から考える必要があるのではないだろうか．実際に各地で開設されている加工施設は，就業機会の少ない農村部における雇用創出の場や特産品開発の拠点として機能しているほか，被害防除にかかわる住民をつないで地域の活力を甦らせる役割を果たしている．

　このように考えてくると，野生鳥獣の食肉化に関する取り組みの成否や効果を判断する際には，費用便益分析のようにイニシャルコストや外部効果も含めた長期的・広域的な視点から評価する必要があるように思われる．毎年の収支もさることながら，当初の目的に照らし合わせて適切な成果が現れているか，また長期的にみて運営に対して妥当な投資がなされているかといった観点から評価することはきわめて重要である．今後は食肉加工に関する外部効果，すなわち地域づくりに果たす役割も考慮した経済分析を進め，野生動物の資源的利用のあり方を総合的に議論していくことが重要であろう．

（2）　食肉流通の展望——地域づくりの視点から

　鳥獣被害対策とその食肉利用については，ステークホルダーとなる関係者や住民の参加が望ましいことが指摘されている（安田，2011；江口，2011）．野生鳥獣による問題を被害地域や被害者だけの問題として矮小化したり，問題解決の舵取りを特定の行政機関や職員に任せることは，問題解決の視野を狭めることになりかねない．

　しかし高齢化・過疎化が進む農村においては，地域住民の参加意欲や活動の下地をすでに失いつつあるところも多い．鳥獣被害も過疎化も瀬戸際の状況下にある地域においては，行政機関によるサポートは不可欠であろう．イノシシの食肉利用の先進事例とされる島根県美郷町でも，12年にわたる行政職員による精力的なサポートのうえに現在のようなシステムが結実したこ

とが報告されている(安田, 2011). ただし経営に対する責任感や意識を希薄なものにしないために(小寺, 2011), 行政機関の職員などの特定の人材の働きに過度に依存することは避けなければならない. 先進地域・先行事例から示唆されていることは, 捕獲から流通にかかわるステークホルダーを傍観者とせずに, 多様な主体が施設運営や獣害対策に参画できる仕組みを整えることにある.

具体的な対策を早急に求められるなかで, 多数のステークホルダーの利害調整を行いつつ, 具体的かつ緻密なプランニングを行うことは, 必ずしも容易ではない. とくに検討段階や検討の場において利害関係者を増やすことは, それぞれの利害やしがらみを顕在化させることとなり, 対立の収拾や利害調整に多くの時間を消耗することになるかもしれない. だが食肉加工という問題が, 捕獲-流通という時間・空間スケールのなかで多数の人間が関係している以上, その利害調整や住民参画は避けて通ることができないプロセスである.

農村計画や土地改良事業の分野では, 事業計画の検討段階から, そのステークホルダーである地域住民が参画することの重要性が議論されてきた(田村ほか, 2006). これは地域住民の要望を的確にとらえないまま施設整備が進められると, 完成した施設の利用動機や愛着が生じず, 結果として施設の維持管理が粗放化して機能不全に陥る「負の連環」が起きる可能性があるためである(田村・守山, 2009). 食肉加工施設がこうした負の連環をたどらないためにも, 鳥獣被害にかかわる幅広いステークホルダーが手を携えて, 食肉加工の流通に意見を反映させる仕組みをつくる必要がある.

農村地域に滞在して地域の文化にふれるグリーン・ツーリズムにおいては, 都市住民から「新鮮で美味しい食べ物や郷土料理を楽しみたい」といった要望や「買う・食べる」といったリクエストが大半を占める(まちむら交流機構, 2001). こうした都市住民のニーズやリクエストを, 被害対策のなかにうまく取り込むことも大切である. ジビエ料理を食べることで被害軽減に貢献することに理解を示す消費者(小谷, 2011)の存在も示唆されていることから, 農村地域における被害状況や対策にかかわるサポーターを増やしていくことも大切なポイントである.

引用文献

阿部敏紀・相川達也・赤羽賢浩・新井雅裕ほか．2005．本邦に於ける E 型肝炎ウイルス感染の統計学的・疫学的・ウイルス学的特徴——全国集計 254 例に基づく解析．肝臓，47（8）：384-391．

江口祐輔．2011．野生動物による被害対策と資源化の考え方．畜産コンサルタント，47（11）：18-23．

群馬県ホームページ．2011．野生獣肉（イノシシ）の放射性物質検査結果について．http://www.pref.gunma.jp/houdou/d7000056.html

井上 学・道廠浩二郎・高橋和明・安倍夏生ほか．2006．イノシシ肉の摂食あるいは調理行為によって感染した疑いのある主婦に発生した急性 E 型肝炎の 1 例．肝臓，47（10）：459-464．

梶 光一．2011．環境保護と地域活性化のための獣害対策．畜産コンサルタント，47（11）：24-28．

神崎伸夫・大東-伊藤絵里子．1997．近・現代の日本におけるイノシシ猟及びイノシシ肉の商品化の変遷．野生生物保護，2（4）：169-183．

笠井孝正・長谷川忠男．2000．野生エゾシカ肉の特性とその利用．New Food Industry，142（7）：1-8．

加藤秀章・高橋和明・中村 誠ほか．2011．野生猪喫食会への参加後に発症した愛知静岡株による E 型急性肝炎の 2 例．肝臓，52（8）：28-31．

河田幸視．2009．自然資本の過少利用問題．（浅野耕太，編：自然資本の保全と評価）pp. 11-25．ミネルヴァ書房，京都．

河田幸視．2011．どうしてジビエ（獣肉）利用は進みにくいのか？ 畜産の研究，65（7）：747-753．

川村欣也・小林良正・高橋和明・早田謙一・住吉信一ほか．2010．静岡県西部地区で発生したシカ生肉またはイノシシ生肝摂食後の E 型急性肝炎 3 例．肝臓，51（8）：418-424．

木下良智．2011．地域資源としての捕獲獣を有効利用するために検討すべき課題．畜産コンサルタント，47（11）：29-33．

小寺祐二．2011．イノシシを獲る——ワナのかけ方から肉の販売まで．農山漁村文化協会，東京．

小寺祐二・神崎伸夫．2001．島根県石見地方におけるニホンイノシシの食性および栄養状態の季節的変化．野生動物保護，6（2）：109-117．

小谷あゆみ．2011．食べて里山を応援！オシャレでおいしい国産ジビエ．畜産コンサルタント，47（11）：86．

桑原考史．2010．捕獲イノシシの食肉利用に向けた課題——群馬県 JA 吾妻の取組みを事例に．自然環境復元学会第 11 回研究発表会発表・講演要旨集．

まちむら交流機構．2001．「農村地域での過ごし方」ニーズ調査．まちむら交流機構，東京．

松本義信・武政睦子・小野章史・松枝秀二・守田哲朗．1997．ヒトにおけるイノシシ肉の効果．川崎医療福祉学会誌．7（1）：217-220．

村上興正．2009．変化しつつある野生鳥獣と人との関係——野生鳥獣からみた獣害問題．農業と経済，2009（3）：13-29．

中之条町．2011．なかのじょう議会だより No.154．中之条町．
農林水産省．2011．平成 22 年度食料・農業・農村白書．農林水産省．
農林水産省農村振興局．2010．山村の元気は，日本の元気——山村振興事例集．農林水産省．
農林水産省農村振興局ホームページ．2012．野生鳥獣を地域資源として活用している事例．http://www.maff.go.jp/j/seisan/tyozyu/higai/pdf/hp.pdf
農林水産省生産局．2009．野生鳥獣被害防止マニュアル——捕獲編．農林水産省．
農林水産省生産局．2011．野生鳥獣被害防止マニュアル——捕獲獣肉利活用編 シカ・イノシシ．農林水産省．
岡本匡代．2012．ニホンジカの食資源化における衛生の現状と将来展望——おいしいシカ肉，おいしい生活．獣医畜産新報，65（6）：487-490．
佐藤亮一．1980．新潮日本古典集成 萬葉集三．新潮社，東京．
四方康行・今井辰也・鄒 金襴．2008．イノシシの資源化による地域活性化．農林業問題研究，170：29-35．
清水祐子・山田雅彦・立松英純・石原 誠・森田敬一ほか．2006．愛知県内で捕獲された野生イノシシ接食後に発症した E 型肝炎の 4 例．肝臓，47（10）：465-473．
鈴木正嗣・横山真弓．2012．ニホンジカの食資源化における衛生の現状と将来展望——緒言 経緯と背景．獣医畜産新報，65（6）：447-449．
髙柳 敦．2009．野生動物被害と農業・農山村．農業と経済，2009（3）：5-12．
田村孝浩・佐々木努・鵄田 豊・佐々木甲也．2006．環境共生型圃場整備を契機とした地域再生のシナリオ．農業土木学会誌，74（1）：17-21．
田村孝浩・守山拓弥．2009．末端水利施設における参加型管理の成立要因に関する考察．農業農村工学会誌，77（12）：985-989．
安田 亮．2011．おおち「山くじら」でブランド化を実現．畜産コンサルタント，47（11）：58-61．
吉村美紀．2012．ニホンジカの食資源化における衛生の現状と将来展望——シカ肉のタンパク質に着目した食品の開発．獣医畜産新報，65（6）：491-495．

12
統合的な野生動物管理システム

土屋俊幸[12.1]・梶　光一[12.2]

12.1　野生動物管理システムの理想像

(1)　この章の目的・この節の目的

　この章の目的は，2009-2011年度の3年間続けた「統合的野生動物管理プロジェクト」の成果をふまえて，社会に対して私たちの考える「野生動物管理システム」の構築を提言することにある．その提言にあたっては，二部構成をとることにした．なぜならば，私たちの考える理想的なシステムのあり方と現実には大きな隔たりがあり，一気にその隔たりを飛び越えて理想のかたちをめざせということは，自己満足にはなりえても，社会的にはきわめて限定的な意義しかもちえないからである．つまり，現状の体制・状況から，数歩先の目標（もちろんその目標達成にも多くの努力と勇気ある改革への決意が必要とされるのだが）を示すことがひとまず必要であり，それをこの章の12.2節としてまとめた．

　しかし，一方で，現実に到達可能な目標のみを示し，あるべき姿が定かではない状態では，進むべき方向性がみえず，途に迷った際に方向修正をすることができない危険性が高い．そこで，この章の12.1節として，「野生動物管理システム」の理想像を示すことにした．ただし，ここでの「理想像」は，けっして，遠い未来の，どこか架空の国での「理想像」ではない．あくまでも，日本における，中期的な（つまり，10-20年後を目標スパンとした）目標としての到達点で焦点を結ぶ「像」である．そこでの多くの提言は，大きな社会制度の改革を含んでおり，政治的な跳躍が必要とされる．したがって，今後の政治のありよう，そして政治を支える日本の社会のありようが，どの

ようにこれからの20年間ぐらいの間に変化するかに大きく依っている．2011年に起こった3・11原発事故を境に，大きな社会のパラダイム転換が期待された日本社会だが，予想あるいは希望に反して，2013年現在，政治および社会は，大きな逆行，あるいは旧体制復古の流れのなかにあるように思われる．しかし，世界の流れを見渡せば，私たちの掲げる「理想像」の多くは，諸国ではすでに実現・実在しているものであり，けっして夢物語ではない．私たちの社会に不足しているのは，状況・問題点の正しい把握力と政治的決断力だけではないだろうか．

さて，この節を始めるにあたって，この節がどのような過程でつくられたかについても，説明しておく必要があるだろう．この節のもととなっているのは，2012年2月，つまり3年間のプロジェクトのとりまとめの最終盤に行った，プロジェクト関係の教員，ポスドク研究員9人による2時間におよぶ座談会である．専門が，生態学（動物・植物），農村社会学，農村計画学，森林立地学，林政学，と異なる人間が集まったのだが，3年間にわたる，現地での共同調査と数十回におよぶ討論を基軸とした共同研究を経て（くわしくは，第9章を参照），皆が，ほとんど同じような視点・考え方をもっていることに，私は非常に驚くと同時に深く感動した．3年間のプロジェクトを通じて，ほんとうの意味での「協働」ができたのではないかと思っている．この座談会の議事録をもとに，議論の内容を再構成し，内容の補充，拡充を行ったのがこの文章である．したがって，文章の内容に関する責任は筆者である土屋に帰するが，協働の栄誉は，座談会に参加した大橋，梶，小池，戸田，中島，弘重，福田，星野の各氏に帰すると考える．記してあらためて謝意を表したい．

（2） 基本的な視点

まず，初めに，確認しておきたいことは，以下の「理想像」の提案では，野生動物管理固有の事柄はほとんど出てこないことである．したがって，具体的な技術的処方箋の提示があると期待される読者は肩透かしを感じられるかもしれない．なぜならば，私たちの共通認識としては，とくに防除技術で顕著だが，野生動物管理の技術的側面は，ほぼ理論的には完成されており，現在，野生動物管理がうまくいっていない理由の大半は，そのような野生動

12.1 野生動物管理システムの理想像

物管理における新たな技術体系，およびその基礎となる自然科学的認識を受け容れて機能させるような，社会の構造が整っていないことにある，と認識しているからである．したがって，この節でこれから述べる事柄は，おもに，野生動物管理が十全に機能するような社会システムの提案ということになる．そして，そのような新しい社会システムのもとで実現されるのは，一人，野生動物の管理だけにとどまらず，広く自然資源の管理全体の理想的な姿だろう．つまり，ここで私たちが示そうとするのは，自然資源管理を日本において十全に機能させるような社会システムの「理想像」ということになる．

さて，その「理想像」を示すにあたっては，初めから具体的な「像」を示すのではなく，まずは新たな社会システム構築の基本的視点について説明することにしたい．

補完性原則

要するに，現場に近いところで，決めることは決めて，やることはやり，決められないこと，できないことは，より広域のレベルで考えよう，という自治の原則である．この原則が初めて国際社会で公認されたのは，1992年のEU（当時はEC）マーストリヒト条約だった．この条約以降，EUでは，基礎自治体（ドイツならばゲマインデ）が行政上の施策の先決権をもち，以下，より広域で決定，実施すべき課題・施策が，ドイツならば郡（クライス），州（ラント），連邦，EUの順に広域の機関が担当するという仕組みが認められた．この原則にみられる空間（スケール）のレベルにもとづいた自治のレベルの順位づけは，獣害問題のように，被害の発生している現場のレベルの発想から始まるべき性格の強い問題ではとくに求められているのだが，残念ながら日本の地方自治制度は依然として中央集権的性格が強いことは，広く周知されているところである．

さて，ここで，神奈川県職員が，1年間にわたって研究プロジェクトを組み，「新たな政府間関係の研究——補完性の原則を手がかりとして」というテーマで調査・検討し，とりまとめた報告書から引用したい（神奈川県自治総合研究センター，1994）．報告書は，補完性原則の再定義を行っているが，「一人ひとりの『顔』をもった人間がそれぞれに自分の可能性に信頼を寄せて，自分らしくいきいきとした人生を実感できるようにするために，個人を

中心として周囲の他のアクターが個人をささえていく」ことがその基本的な考え方だとし,「私たちの生活は,あくまで私たちが主人公であり,政府などの社会内の他のアクターはそれを補完するために存在する」ということをこの原則の基本的な定義としている.それは,市民の側からすれば,「自分の生活を決定する場を,あたかも『傍観者』のように,自分から遠くにあって誰かが与えてくれるはずの『公共性』に無批判にゆだねてしまうのではなく,決定の場に自らが『当事者』としてかかわることによって,『公共性』そのものを自らのうちに取り戻すことを意味する」としている.なお,こうした原則にもとづいて実際にさまざまな施策の決定権を各レベルの「政府」に配分していく必要があるが,その基準としては,「必然性」と「効率性」をあげ,とくにそのうち「必然性」の指標としては「共感」をあげている.

　この「共感」の範囲が,たとえば自然資源管理の場合,対象によって異なる,ということが補完性原理と自然資源管理を結びつける味噌である.つまり,たとえば,ある集落内の土地を,水田として維持すべきか,それとも転作して労力のかからない畑とするか,または不耕作だけれども年に数回草刈りをする管理地とするか,もう管理ができないので耕作放棄地として自然への回帰を促すか,といったことは,集落内で,各世帯の事情をよく知った,つまりそれぞれの家の事情に「共感」をもてる人々の合意形成にもとづき,市町村がオーソライズした土地利用計画として確定すべきだろう.しかし,野生動物のすみやすい自然林を増やすために,人工林を針広混交林や広葉樹林に計画的に移行させていこうとなれば,もっと広域の流域単位の視野から,つまり,ある「山」の麓の村々あるいはある川の流域社会として同郷意識＝「共感」のある範囲内で計画を立てる必要があり,いくつかの流域をまたいで,市町村域を超えた協議が必要になり,県の出先機関の出番となるだろう.さらに,豪雨にともなう河川災害を防ぐためには,災害のおそれのある河川の流域という不安感を共有＝「共感」する都道府県の境界を超えた広域の大河川流域の単位で考える必要があるかもしれない.その場合は,国の出先機関が音頭をとって協議を進めるべきだろう.

　要するに,自然資源管理の場合も,対象とする資源によって,「共感」の（最大限の,あるいは最適の）空間的範囲はそれぞれ異なるのであり,その空間的レベルに応じた自治単位がその管理,つまり合意形成と,計画の作成,

実行，モニタリングを担うべきなのである．

ランドスケープエコロジー的視点

ランドスケープエコロジーとは，1980年代後半から日本でも知られるようになった景観生態学，景相生態学などとよばれる新しい学問体系，あるいは新しい自然のとらえ方・見方である．ここで述べたいのは，この体系の具体的な内容ではなく，その空間のとらえ方である．ここでは，空間は，同一性の強い土地のかたまり（パッチ）を基礎単位として，異なったパッチがモザイク状に配置されており，さらにそれらのパッチ群は，流域などの，地形的に，あるいは生態学的，社会経済的に区分された広域の空間のなかに位置づけられる．流域は，さらに大河川の支流域として，より広域の空間のなかに位置づけられていくことになる．こうした入れ子構造としての空間のとらえ方，つまりランドスケープ（景相）として空間ないし土地をとらえるのが私たちの基本である．

そして，こうしたランドスケープ的見方は，生態学的パッチを基盤とした土地利用のパッチにも適用できる．ある空間レベルではさまざまな土地利用が競合しつつ，モザイク状に展開しているが，それぞれの土地利用をみると，空間レベルごとに，目的別に区分された利用がされており，さらにそれらが空間的に入れ子状の構造をとっていることがわかる．坂本ほか（1995）によれば，そこでいえることは，ある空間レベルで土地利用間の競合が起きた場合，さらに紛争が起きた場合，その空間レベルでの問題の解決がむずかしければ，より上位の空間レベルに上げて，つまりより広域のレベルの視点で競合を俯瞰すると，問題の解決に向けての調整が可能になるということである．こうした考え方，とらえ方は，社会経済的な論理でつくられた補完性原則が，じつはランドスケープエコロジー的にも裏打ちされていることを示している，ともいえる．

また，私たちがプロジェクトを始めるにあたって大きな示唆を受けた琵琶湖流域管理プロジェクトにおいて，基本的コンセプトとして提唱された「階層化された流域管理」（谷内ほか，2009）も，まさに同じ空間認識，同じ事象のとらえ方からきているといえる．

土地所有権と公共性の認識

　資本主義経済，あるいは市場経済のもとでは，あらゆる財・サービスが商品の形態をとって流通しており，人間が生産したものではない自然物も，あたかも人間が生産したかのように擬制されて，つまり本来もちようがない価格をともなって流通することになる．土地は，そうした自然物の代表であり，基本的に人間が生産したものではないにもかかわらず，地代にもとづいて擬制的に地価が生じ，市場で取引されて，ある個人の所有に帰す事態が近代社会では一般的となった．私的土地所有の一般化である．しかし，土地は，人間の生産物としての一般の財・サービスとは異なり，需要に応じて新たに追加することが不可能な，有限の資源である一方，自然環境として，人類のみならず，あらゆる生物の生存の源としてあり，その公益性は非常に高い．こうしたことから，土地には高度な公共性が認められており，土地所有者は，土地のもつ公共性を維持することが社会的責務となっている．このことは，別の言葉でいえば，私的土地所有には，土地の公共性を担保するために，高度な利用規制，つまり私的財産としての処分権，利用権に対する強い制限を課すことが社会的に認められている，ということである．陸域において，国，地方自治体などの公的団体がとくに公共性の高い土地を所有すること，つまり公的土地所有が，いわゆる先進国においても，またいわゆる途上国においても，森林を中心として，広範に認められるという事実は，まさにこの土地の公共性を如実に表している．

　ところが，日本の場合，私的土地所有の絶対性，不可侵性が欧州と比べると非常に強い．その原因としては，まず明治維新期の地租改正・土地官民有区分の過程で，「政府開明官僚」による強行的な「近代的土地所有権」の確立により，欧州にはみられないような土地所有の絶対的優位がかたちづくられてしまったことがあげられる（丹羽，1989）．さらに，その後も残存した社会的規制，共同的規制も戦後の農地改革，農林業の解体，農山村社会の変質・衰退と都市的社会の全国化，そして，二度の土地投機ブーム（1970年代前半，1980年代後半）等々を経て失われ，結果として，農山村においても，土地所有者は自らの土地の利用・処分に関して絶対的な差配権をもつようになり，集落の構成員といえども，他人が利用の内容について口をはさんだりすることははばかられる雰囲気がつくられてしまった．こうした風潮は

社会全体にもいえ，土地利用規制に関して，より総合的には土地利用計画制度に関してみると，先進国のなかでは，日本はもっとも公的規制のゆるい国になってしまったように思われる．

これに対してドイツ，イギリスに代表される欧州各国では，土地のもつ公共性が前面に出され，都市と明確に区分された農村部では，新たな建物の建築をはじめとする開発は，原則，禁止されており，住民の合意のもとでつくられた土地利用計画に合致する場合のみ，例外的に許可される．日本においても，こうした土地の公共性をより重視した制度への移行が中期的には必要だろう．

日本の農山村に話を戻せば，野生動物管理において，大きな障害の1つとなっているのが，この私的土地所有の絶対性である．第II部でみてきたように，ある個人が管理する農地について，耕作が放棄され，最低限の草刈りなどの管理もなく放置されると，すぐに農地はブッシュへと変貌し，イノシシなどの野生動物の生息地，あるいは「出撃基地」と化してしまう．これまで，こうした耕作放棄地の野生動物生息地化を防いでいたのは，「農地を荒らしてはご先祖様に申しわけない」「農地を荒らしては，隣近所に顔が立たない」といった村落共同体の規範にもとづく個々の農家の倫理感の存在や，「村の土地はみな村のもの」といった近世以来の，土地総有制的な認識が村の構成員に共有されていたからであるが，とくに戦後の私的土地所有の絶対化，村落共同体的規制の弱体化あるいは消滅は，こうした意識，認識を弱め，結果として，耕作放棄地が拡大，深刻化したといえる．

合意形成の場づくりを重視する立場

国立公園を代表とする自然公園管理を考えるとき，日本でも採用されている「地域制」という仕組みが，欧米の研究者，行政担当者から注目されている．アメリカの国立公園に代表される，営造物公園，つまり大自然の景勝地を国が直接所有し，国の直営で管理経営する形態の自然公園に対して，指定地にはさまざまな形態の土地所有を包含し，国による開発規制制度の適用で，優れた景勝地を保護しようとするこの制度に対しては，これまで，保護地域として国が土地を管理する機能の限界から，高い評価が与えられてこなかった．しかし，目的を明示し，場所を確定し，利害関係者による議論と合意を

前提として，土地利用計画によって保護と利用を調和させた自然公園管理を行おうというこの仕組みは，高度な市場経済が長い歴史をもって営まれてきた，いわゆる先進国における自然資源管理の仕組みとしては，非常に優れたものといえる．

さらにいえば，自然公園管理に限らず，目的がある程度限定された自然資源管理において，この仕組みは有効と考えられ，たとえば，私たちが課題としている野生動物管理は，このような仕組みが有効に働く好例といえるだろう．つまり，野生動物管理，あるいは獣害対策というかなり明確な目的を共有した，ある限定された地域の住民や行政が，具体的な議論を繰り返すなかで，行うべき施策とそのための管理の方法について，合意し，計画をつくり，住民・行政・諸機関が役割を分担して実施にあたる，という仕組みである．

そして，合意形成における私たちの基本的な方針は，地域の自然資源管理の成功/不成功の影響を直接的に受ける，地域の住民が，管理方針などの意思決定にあたって，まず優先されるべきである，という考えである．したがって，集落，字，区といった基礎的な自治の単位における，住民の協議による合意形成を基盤とした意思決定により，地域の自然資源管理が行われるべきだと考える．当然，それは，大多数の住民が参加した直接民主制的で，ボトムアップ的な意思決定であるといえる．このような考え方は，先述した補完性原則ときわめて相性がよい．また，これは井上のいう，ある地域へのかかわりの強さ（関係性）に応じて決定権を強くもつべきだという「かかわり主義」あるいは応関主義（井上，2004）とも同じ趣旨であり，汎用性をもっているといえる．

NPO/NGOの存在を重視する立場

最後に，NPO/NGOの介在が，農山村における自然資源管理に求められていることを示そう．1998年の特定非営利活動促進法制定以降，多種多様なNPO法人が叢生したが，その多くが都市に立地しており，まだまだ農山村に存在するNPOの数は少ない．しかし，今後の自然資源管理を考えるとき，住民が従来から組織してきた集落などの自治組織，市町村・都道府県などのいわゆる行政，農協・森林組合などの既存の産業別団体などに加えて，NPO/NGOないしはNPO/NGO的な団体の存在が非常に重要になってくる

と考える.

　その理由としては，まず1つは，自然資源管理にはこうした多くの組織が協働して取り組むことが必要なのだが，多くの主体が協働のおもな「場」である集落から遠ざかっていることがあげられる．つまり，行政，農協・森林組合などは，いずれも広域合併を繰り返し，今やほとんどランドスケープ的な広がりも超えた，つまり人間が感覚的に空間を把握できる範囲をはるかに超えた管轄区域をもつ巨大組織になってしまっており，個々の集落レベルにはとうてい目が届かない．そこで，地元に密着した活動が可能な NPO 的組織が必要になってくる．

　そして第2には，上記のこととも関連するのだが，とくに行政職員の場合，2, 3年の任期が終わると，転勤や配置換えで異動してしまうことである．自然資源管理のような中長期的な取り組みが必要な活動では，それぞれの職員の資質が必ずしも一定ではないこともあり，専門性をもった人材の寄与が不安定であることは深刻な問題といえる．

　また第3には，集落の構成員の高齢化，各戸の独居化などが進み，実際の管理活動への参加が困難になる構成員が多くなってきており，さらにさまざまな意思決定をする集落の会合の開催もままならない状況が農山村では出てきている．こうした状況のなかで，NPO/NGO は，既存の組織には未加入あるいは関与の少なかった地域内の住民を巻き込める可能性をもつこと，既存の組織と比較して柔軟な組織運営・意思決定・事業実施の可能性があること，地域外の意欲のある人々（ボランティア，専門家）を引き込む可能性があること，同じく地域外から民間のプロジェクト活動支援資金などを引き込む可能性があること，などから，全国の先進的な事例（たとえば，新潟県上越市の「かみえちご山里ファン倶楽部」）が示すように，地域における自然資源管理においても重要な役割を担うことができると思われる．

　そして最後に，中間組織的な NPO/NGO の存在も重要である．とくに自然資源管理にかかわる中間組織あるいは中間支援組織を，ここでは，自然資源管理にかかわるさまざまな主体に対し，「つなぐ」（さまざまな主体をつなぐ），「生み出す」（新たな関係や取り組みを生み出す），「方向づける」（進むべき道を方向づける）というコーディネーション機能を有する NPO/NGO と定義しよう（矢島，2005）．それぞれの現場から少し距離をおき，地域や

さらに広域の流域などの全体を見通す視野から全体をコーディネートする主体の存在が望まれるのだが，そうした主体を既存の組織のなかから見出すことは非常にむずかしい．本来は，基礎自治体がその役割を担ってきたと思われるが，多くの地域では，前述のように広域化した市町村には，そうした機能を期待することはできない．一部の地域で，各地区の自治公民館あるいは公民館にそのような機能が存続しているのみである．そうしたときに，NPO/NGO が中間組織的な機能をもって，またはコーディネーション NPO として地域に参入することは大きな効果が期待できると思われる．

（3） 具体的な施策の提案（基盤としての）

以上，自然資源管理に関する考え方の説明に紙数を費やしてしまったが，これからが本番の「施策の提案」である．これは，この章の冒頭でも述べたが，「具体的な」提案といいつつ，野生動物管理，ひいては獣害対策の直接的，技術的提案はほとんどされない．ここで私たちが強調するのは，望ましい野生動物管理を受け容れて，十全に機能するような基盤としての社会，ないし社会システムの提案である．別のいい方をすれば，野生動物管理のための「社会関係資本」（パットナム，2006）構築の提案といってもよいだろう．佐野市下秋山地区を中心とする私たちの実態調査で明らかになったのは，社会関係資本の構築がまず必要である，という厳然たる事実だったのである．

強力で統合的な土地利用計画制度の構築

この本の中で何回も言及されているように，野生動物管理の3つのレベルのうち，日本においてもっとも取り組みが遅れているのが，生息地管理である．なぜならば，広域な野生動物の生息地について，その資源の状況を把握し，適正な状態を設定し，その状態に近づけるために必要な適切な施策を実行していくためには，十分に練られた適切で公正な土地利用計画の策定とその実施が必要だが，そのためには，まず前提として，各土地所有者が，その計画に沿って土地利用がされることを認め，自らもその計画にしたがわなければならないからである．このことは，日本では絶対不可侵のものとして存在している私的所有権，とくに土地所有権に対して，土地のもつ公共性の視点から，公的機関による強い規制力を認めるということを意味する．しかし，

これまで多くの議論がされながら，この問題に関して，歴代政府はきわめて慎重だった．一方，ヨーロッパ諸国では，以前から，私的土地利用権（所有権）に対する強い公的規制が，社会の広いコンセンサスにもとづいて存在していることは周知のとおりである．つまり，ここで私たちは，遅れている日本の状況をヨーロッパ水準に引き上げるための制度的改革という非常に困難な提案をしていることをしっかり認識しなければならない．

このことにかかわって重要なのは，そこで求められている土地利用計画制度には，「総合性」が必要なことである．日本の土地利用計画制度は，都市，農地，森林，自然公園などについて，それぞれ別々の法律にもとづいて別々の利用計画をつくり，開発許可を与える，完璧な縦割りの構造をとっている．国土利用計画法にもとづく土地利用基本計画は，本来，それらの縦割り計画を調整・統合する機能をもつはずだが，それが事実上ないことは周知の事実である．しかし，地域においては，都市利用，農業利用，森林利用などは，相互に侵食し合いながら，そして，相互に影響し合いながら，つねに変化しているのであり，それをほんとうの意味で相互に調整し，全体として調和のとれた土地利用をめざすならば，ヨーロッパ諸国の都市農村計画法的な強力で総合的な土地利用計画制度が創設されるべきである．

そして，このような土地利用計画制度が実際に機能するためには，「総合性」と「現場性」を兼ね備えた事務局の存在が不可欠である．前者の性格を，ある組織がもつことができるのは，その組織が比較的小規模で，「縦割り」間の敷居が低く，人的交流も容易な場合に限られるし，土地利用の現状や利用をめぐる人的関係を十分理解することが適切な土地利用計画策定には不可欠であるから，「現場性」も欠かせない要件といえ，両者を兼ね備えるためには，基礎自治体としての市町村がもっとも適していると思われる．

さらに，いくら機能的な事務局がつくられたとしても，土地利用に直接にかかわる住民が参加して議論し，合意を形成していく仕組み，つまり十分な市民参加の制度化がされていなければ，それこそ「画に描いた餅」になってしまう．そして，さらには，制度が整っても，多くの関係者が実際に集まり，議論が活発に行われなければ，以上のような「場」の設定はまったく意味がなくなってしまう．すでに活発な市民活動，NPO活動がされている都市域と比較して，そうした活動を担う住民組織・市民組織の多様性が少ない農山

村部においては，積極的に組織・団体を育成していく方策が同時に必要かもしれない．

地方自治制度の改革

ここで述べることは，(2) での私たちの主張を，少し具体的に繰り返すことになる．つまり，地方自治制度の改革，それは2000年代に小泉政権下で強行された三位一体改革のように，けっきょく，自治体独自の政策の可能性を財政面から縛るようなものであってはならず，たとえば，ここで議論している野生動物管理に関していうならば，限られた財政的・人的資源のなかで，住民にとって，中長期的にみて最適な野生動物管理を行うにあたって，行政として最大限の支援を行える体制をどのようにつくっていくか，ということの追求の上に立つ方向性でなければならない．

それは，要するに，補完性原則の徹底に尽きるだろう．つまり，自治体のレベルごとにもっとも適した専門性を付与し，全体として，自然資源管理について，もっとも効率的な行政資源の配分と行政サービスの提供を行うこと，もちろん，各レベルの自治体における意志決定で住民参加の徹底を図ることは当然である．具体的にレベルごとの担当の領域を提案すれば，以下のようになる．

○市町村レベル：土地利用計画，地域づくり．

○都道府県（あるいは流域）レベル：水資源，国土保全，野生動物管理・生物多様性保全．

上記の補完性の原則にもとづいた各レベルの自治体・政府による担当の提案でわかることは，ある自然資源管理の領域については，その領域を担当するレベルの政府が，その領域の管理について絶対的な責任をもつということである．これに対して，これまでの縦割りの意味するところは，上のレベルが下のレベルを信用していないということである．だから，些末なことは下にやらせるが，高度な判断は上がやるというかたちにならざるをえない．したがって，縦割りを除去するためには，上下間の信頼が必要であるが，同時に信頼させるための拠りどころをつくっていく必要がある．そのために必要なのは，1つは職員の能力の向上であり，もう1つは機械的な2, 3年間という短期間での異動制度の撤廃，つまり担当の長期化だろう．何回か，欧米

の研究者を現場に案内したことがあるが，彼らが異口同音に驚くのが，現場にかかわる各レベルの行政職員が短期間で異動してしまうことだった．この制度が長く続いている根拠は，癒着の危険性と職員の能力の不均一さ（無能力の職員の長居は困る）だろうが，後者については，能力の向上という前述の課題に直接結びつく．前者についても，詰まるところ信頼の問題だろう．そして，その信頼の根拠は，個々の職員の能力の向上にある．つまり，この問題の解決の方向は，まずは職員の質・能力の向上から始まる，ということである．そして，これは平成の大合併に代表される最近の市町村の広域合併のプラスの一面として，市役所の組織が大きくなり，大学の専門学部出身者を特定の部署にかかわる職員として採用する例がみられるようになってきた．もちろん，高学歴者の採用が，即，職員の質の向上につながるわけではないが，1つの可能性がみえてきたことは確かだろう．

　さてもう1つ，地方自治の基盤として最後にあげざるをえないのが，集落自治組織の問題である．周知のように，地域における人口減少・高齢化のなかで，集落自治組織がその担い手を失い，急速に弱体化しつつある．この流れを一気に変えるような妙案が存在するわけではないが，たとえば長野県飯田市が試みているような地区公民館（市職員配置）の活動と一体となった住民自治組織（飯田市の場合は，「まちづくり委員会」）の再編・強化の方向は注目に値する．各地でみられる自治公民館による下支えの事例（たとえば，宮崎県綾町，諸塚村など）も含め，社会教育的な活動との連携による活性化は，大きなこれからの方向性になるだろう．

NPO/NGO が叢生する環境の醸成

　つぎに，地域における自然資源管理の新たなアクターとして，NPO/NGOを加えようという話である．なぜ，NPO/NGO が必要かについては，すでに (2) で説明したので，ここでは，もう少し具体的な NPO/NGO の地域におけるあり方を提案しよう．NPO/NGO をだれがつくり運営するかによって，つまり，地域に以前から居住している住民中心の場合，I ターン者中心の場合，その地域に居住しない外部者中心の場合など，さまざまな場合が考えられるが，それはそれぞれの地域の事情，環境によっていろいろなかたちがあってよいのである．要は，もっとも地域に受け容れられやすいかたちが

とられるべきだろう.

　では，そのNPO/NGOがどのような場面で，どのような働きをすべきなのか．私たちは，2つの「層」において，NPO/NGOの存在が必要とされている，と考えた．1つは，数町村，以前の郡の範囲ぐらい（今は広域合併で1つの市となっているかもしれない），地理的にいえば，中規模河川の流域程度の範囲内で，中間支援組織としての，あるいはコーディネーションNPOとして機能するNPO/NGOである．これは，空間の範囲としては，市町村と都道府県の中間に位置し，県の出先機関の所管範囲と重なる場合が多いだろう．(2)においては，もともとは基礎自治体としての市町村が担っていた機能を，現在は中間支援組織としてのNPO/NGOが担うべきと書いた．しかし，市町村のなかには，現在もコーディネート機能を保持している事例も多くみられること，市町村間の連携，また各市町村内のNPO/NGOや諸団体を市町村域を超えて連携させる主体がとくに野生動物管理では必要であることから，新たな中間支援組織の設立を提案したい．つねに異動で担当者が替わる県の出先機関は，各種補助事業などの取得や許認可事務の促進，市町村・県庁本庁などとの情報交換など，NPO/NGOや住民グループが行う活動の行政的支援に集中すべきだろう．とくに，ここで述べたコーディネートNPOとは，つねに連携して活動することが求められる．そのことによって，行政は（施策や方針の）継続性を担保でき，NPO/NGOは（公的機関がもつ）正当性を確保できるからである．

　もう1つの「層」とは，市町村の行政区域の一部，数集落を包含する旧村あるいは大字レベルの範囲，つまり単一の集落と市町村の中間の「層」に位置するNPO/NGOである．私たちはこのNPO/NGOを「開かれた土着のNPO」と名づけた．本来，集落が健全な状態で維持されていれば，このようなNPOは要らないだろう．しかし，現実には居住人口の減少と居住者の高齢化で，農山村に立地する集落の活力は急激に低下しており，野生動物管理にかかわった防除策の合意形成のための会合の開催・防除作業（柵のメンテナンスなど）の実施だけでなく，より基本的な集落自治のための諸会合の実施，水路・生活道路の清掃，道路法面・水路際などの草刈り，祭礼の実施等々がしだいに集落構成員にとっても負担あるいは困難となってきている．そうしたとき，集落活動を支え，さらにその活性化を支援するNPO/NGO

の存在が重要となってくる．

　ここで「開かれた」とは，その集落外，さらには市町村外，都道府県外から，こうしたNPO/NGOの活動に関心をもち，ボランティアで支援のために駆けつけた「よそ者」を積極的に招き入れ，組織の意思決定にも巻き込むこと，を表している．一方，「土着の」は，一見，いまの「開かれた」と矛盾するようにみえるが，地域の住民の方々の想いや立場に寄り添うことを意味している．もちろん，住民の方々が中心メンバーとして活躍してほしいが，住民のみによるクローズドな組織をイメージしているわけではない．

　さて，広域で活動する中間支援組織的NPOと集落に直接対応する「開かれた土着のNPO」が「二層のNPO」として地域に存在するかたちを提案したが，実際にNPO/NGOが地域で存続し，活動を続ける条件は，非常に厳しい．NPOが存続するためには，一般に人材，資金，地域の支援が必要と思われるが，どの条件も農山村においては獲得がむずかしく，なんらかのかたちで基礎自治体としての市町村の財政的，人的支援が必要だと思われる．また，多くの成功事例がそうであるように，いわゆるIターン者，Uターン者の参画を積極的に図ることが求められるだろう．そして，資金を積極的に得ていくためには，非営利的な活動にとどまるのではなく，より経営的な志向をもってコミュニティビジネス的な活動を，NPOというよりは社会的企業として起こしていく必要があるかもしれない．

大学の位置づけ

　最後に，地域における自然資源管理への大学の関与のあり方について述べておこう．現在，国の方針もあって，全国の大学は，地域への貢献を大きなミッションの1つとして掲げ，さまざまな取り組みを繰り広げている．たとえば，東京に立地する国立大学として，また，戦前に実学を標榜した高等農林学校の後身として，東京農工大学農学部は多くの地域とお付き合いをさせていただいてきた．そこでの典型的な大学教員の役割は，たとえば，野生動物管理関連の問題解決であれば，問題の生じている集落や地区に入り，講演会や説明会で専門的な知識や技術を住民に伝えるとともに，住民集会などに参加して集落としての意思決定を支援し，さらに事業の実施にあたっては，施設の設計や組織の設立に対して助言し，また施設の維持管理・組織の活動

の維持についても協力する，といった一連のコーディネーションを単独で，あるいは研究室として，さらには大学教員のグループとして行う，というのが一般的なかたちだった．つまり，地域コーディネータ役である．しかし，そうしたコーディネータ役を大学教員が，ある地域について，継続的に担うことは，ほとんど無理である，といってよい．

　大学教員の活動資金は非常に限られており，多くの活動は，学内外の研究あるいは社会貢献活動のためのプロジェクト資金に依存しているが，そうしたプロジェクトは多くが2，3年間，長くて5年間程度の短期間で終了するので，「金の切れ目が縁の切れ目」になってしまう危険性が非常に高い．また，活動で頻繁に現地入りするためには，教育・大学管理に膨大な時間を割かれる教員に代わって，大学院生，ポスドク研究員などの研究室スタッフの関与が欠かせないが，彼らは就職，勤務先の異動などで，つねに流動しており，一定の質・量の業務をこなすことができる保障はまったくない．さらにいえば，大学は，基本的に，地域に対して外部者であるから，上記のような制約や調査研究の終了などを理由として，問題解決以前の時期に，突然，地域から撤退することが可能である．これは，自分の住んでいる地域からの撤退が通常不可能な，地域住民や地域に根ざしたNPO/NGOと大学との決定的な差である．

　こうしたことから，大学教員ないし大学の地域支援は，長期間を要する本来の支援からすれば，非常に短期間で，かつ効果が判然としない，場合によっては，「かき回して迷惑をかけただけの」結果に終わる危険性が非常に高いといえる．つまり，大学教員が地域コーディネータとして，地域の自然資源管理や地域活性化などにかかわることは，現状ではいわば対症療法的にはありえるが，理想的には，大学に代わって，前述した地域に常駐するNPO/NGOが，長期間にわたって，地域内存在として責任をもったかたちで担うべきだろう．

　では，大学教員が地域にかかわるかたちとして望ましいのは，どのようなものなのだろうか．地域での自然資源管理が，地域住民とNGO/NPO，行政の協働で，安定的に行われている状態にあっては，第三者的，客観的に，しかし，地域に愛着をもち，地域に長くかかわり続ける専門家として，いわば「地域に寄り添った研究者」としてあるべきではないだろうか．世界自然

遺産地域に設置されている科学委員会，日本自然保護協会・林野庁関東森林管理局と群馬県みなかみ町新治地区の住民などで組織する「赤谷プロジェクト地域協議会」の三者で1万haの森林を管理する赤谷プロジェクトにおける自然環境モニタリング会議のように，常設の機関のメンバーとしてかかわる場合や，私的な個人・グループとして関与する場合があるだろうが，要は，いかに「寄り添う」ことができるかが問われるだろう．

そして，もう1つ，大学にもっとも求められているのは，短期的ではなく，中長期的な地域への貢献として，教育機関としての大学が担うべき人材養成機能である．国立公園に代表される保護地域管理から，人工林地帯における木材生産を中心とした森林経営まで，幅広く自然資源管理を担える，幅広い視野と総合的な技能・知見を備えた人材の育成ではないか．それは，狭小な行政の枠組みのなかでは，レンジャーとフォレスターに分断されている職能を統合した，レンジャー・フォレスター統合型の人材育成といえるかもしれない．

（4）　ガバナンスとしての自然資源管理

以上，多くの紙幅を使い，私たち，研究プロジェクトに中核的にかかわった研究者による議論をふまえた「具体的な施策の提案」をさせていただいた．ここで，この本でも何回か使われたガバナンスについて，科学技術社会論の研究者である平川秀幸氏の定義を引用したい（平川氏の定義に気づかせてくれた菅豊氏に感謝する（菅，2013））．

> ガバナンスは，もっと「水平的」で，「分散的」「協働的」な物事の決め方，社会の舵取りの仕方を表している．舵取りの担い手は，政府や自治体だけでなく，民間企業や，NGO/NPO，ボランティアの個人グループまで幅広い．これらのアクターが，対等な関係でつながり，時に協働し，時に競い合いながら，公共的な問題の解決に向けて意思決定や利害調整を行い，その結果を実行・管理していく姿，それを表すのが「ガバナンス」という言葉なのである（平川，2010）．

各項目を振り返ってみると，要するに，平川氏がいう「ガバナンス」が，

よい状態に保たれる条件を，自然資源管理，とくに野生動物管理の場合について，「理想像」としてくわしくみることが，この節でやろうとしたことだったといえるだろう．別の言葉でいえば，第Ｉ部で，私たちが「地域ガバナンス」を支える科学的研究として，このプロジェクトを始めたことを述べたが，実際に現地での調査研究を実践的に行った結果（第Ⅱ部）として，「ガバナンス」を構成する諸要素の必然性が，現場からあらためて浮き彫りにされたわけである．そして，そのエッセンスを現場での調査研究に携わった研究者がフランクな議論を通じて再構成したのが，この節における具体の「ガバナンス」だったといえるだろう．

12.2 政策提言

　1999年に鳥獣保護法改正によって特定計画制度が創設され，「保護」から「管理」へと軸足の変化がみられた．それから15年を経た2014年1月，中央環境審議会はニホンジカやイノシシといった農林業などに被害をもたらす鳥獣対策について，「鳥獣の保護及び狩猟の適正化につき講ずべき措置について」を答申した．これをふまえて，同年3月11日に法改正が閣議決定され，法律の題名を「鳥獣の保護及び管理並びに狩猟の適正化に関する法律」に改めるとともに，目的に鳥獣の管理を図ることが加えられ，さらには捕獲に専門的に取り組む事業を実施するものを都道府県が認定する制度を新設し，効率的な捕獲をめざすなど，よりいっそう「管理」への転換を盛り込んだ内容となっている．この法改正には，都道府県の取り組みの強化や捕獲規制の緩和など，注目すべき点が多く盛り込まれているが，持続可能な管理システムをどのように構築するかについては，言及されていない．そこで，本節では管理システムのあり方と管理システムを運用するための人材育成について述べる．

（1）　野生動物管理ガバナンスの強化

　大型野生動物は分布拡大と生息数の急増により，農林業被害ばかりではなく，生物多様性や国土保全を損なう問題にまで拡大していることから，全国的な規模で体系的で持続可能な野生動物管理が推進できるものへと強化すべ

きである．

　農林業の衰退や過疎高齢化がもたらす里地里山における人間活動の低下（アンダーユース）によって野生動物の生息域が拡大している．一方で，個体数管理の担い手である狩猟者の高齢化と減少が急速に進行しており，人口縮小社会を迎えた日本における野生動物管理システムの構築と野生動物管理の担い手養成が緊急の課題となっている．これからの日本の野生動物管理は，人口縮小を前提として，少ない人口でも生物多様性の保全や国土保全が図られ，農林業被害が低減し，地域の豊かさや地域価値の向上が図られることによって，人々が地域で暮らすことに喜びをもたらすことに資する野生動物管理システムの構築をめざすべきである．

　①野生動物管理ガバナンスは，多様な行政および野生動物管理にかかわるアクターである，地域住民，農林家，狩猟者，研究者，NGO（NPO）などを含めた協働によるボトムアップ型のガバナンスとして構築すべきである．
　②中大型野生動物の個体群は行政の境界を超えて分布し，地域間を季節移動するため，全国を広域ブロック（広域管理ユニット）に分割し，広域スケールでの短期・中期の管理戦略を立案し，それにもとづいて特定計画を策定し実施する仕組みを構築すべきである．
　③野生動物管理にかかわる国の縦割り行政（環境省，農林水産省など），都道府県の縦割り行政（環境部局，農林部局など）を排除して，国は省庁間，都道府県は部局間での横断的な取り組みを実施すべきである．
　④環境省所管の鳥獣保護法上の「管理捕獲」（個体数調整）と農林水産省所管の被害防止特別措置法上の「有害捕獲」（駆除）との二重構造を廃止して，共管，あるいは法そのものも「野生動物管理法」といったかたちで一本化するべきである．
　⑤広域管理指針にもとづいて都道府県の特定計画が策定され，その実行計画として特措法による市町村の計画が位置づけられるべきである．そのうえで，捕獲実績やモニタリング結果が市町村から都道府県へフィードバックされる仕組みがあると，広域にわたる順応的な野生動物管理が可能となる．
　⑥不在地主の所有する耕作放棄地の扱いには不在地主を巻き込み，専門家と行政と住民の三者のやりとりのなかで，「事務管理」という法的概念にも

とづいて耕作放棄地を管理する仕組みを構築すべきである．
　⑦狩猟の果たす社会的，生態学的な役割の評価を行って，その維持存続に向けた対策を早急に検討すべきである．
　⑧狩猟者は従来のなわばり意識を排除し，狩猟と駆除を峻別して，地域資源の管理者としての役割を果たすべきである．

（2）　野生動物管理技術ガバナンスの強化

　20世紀以降の100年あまりは，中大型野生動物の生息数が少なかったために，農林業の生産体系のなかに獣害管理が欠如していた．獣害対策や野生動物の資源管理を農林畜産業の生産活動へ組み入れるとともに，林学における狩猟学の復興や，野生動物管理に資源管理の視点を取り入れる必要がある．野生動物管理を統合的，科学的に進めるためには，広域スケールにおける野生動物のモニタリングにもとづく広域管理指針を作成し，戦略的に実施する必要がある．たとえば，ノルウェーでは，モニタリングデータの一元管理によって，広域スケールで野生生物の生態を解明する研究が進められている．個体数指標の有効性の検証，個体群の繁殖状況の把握，また個体群動態における狩猟の意義など，野生動物管理に直結した生態学的研究が繰り広げられている（上野，2011）．

　①国は全国規模で用いる広域スケールのモニタリングに用いる指標の開発やデータ収集の仕組みについて早急に検討すべきである．狩猟者による捕獲情報，目視情報などは全国的規模で使用可能である．ノルウェーでは，ムースとアカシカの捕獲と目撃報告は狩猟チームのリーダー（または個人）がとりまとめ，その後，市町村の担当職員がウェブ上に構築されているデータベースを更新する．最終的にはノルウェー国の統計データベースの"hunting and angling"の項目に掲載される（Statistics Norway http://www.ssb.no/jakt_fiske_en/；上野，2011）．このようなノルウェーで実施しているように，モニタリングデータの一元管理の仕組みがあると，広域で長期的な解析とそれにもとづく順応的管理が可能となる．
　②行政は，総合的な対策を実施する必要がある．イノシシの対策では，防護柵・箱わなの設置支援，有害捕獲の促進という2つが一般的に実施されて

いるが，これらの「被害防除」や「個体数管理」に加え，山裾や荒地・耕作放棄地の藪の刈り払い，野生動物を誘引する集落内の餌の除去などの「生息地管理」の視点が欠かせない．こうした取り組みに向けて，地域の合意形成を促す取り組みが必要である．獣害対策関連施策は，ハード支援，捕獲，生息地整備に関するものはある程度あるものの，地域力向上を促進する施策は整っていない．すなわち地域を支援するプログラムと，そのプログラムを実施する組織体制（支援システム）の確立が急務である．

（3）野生動物管理組織のあり方

現在は，都道府県が任意で実施する特定計画および市町村の実施する特措法にもとづく被害防止計画にもとづいて，野生動物管理が実施されている．一方では，地域個体群の広域管理の試みが，一部の地域個体群を対象に環境省によって実施されている．この広域管理の試みを，国家規模の一元的なモニタリングデータにもとづいて，広域スケールの管理を全国的に進めるべきである．

環境省の「鳥獣の保護を図るための事業を実施するための基本的な指針」では，「隣接しない都道府県にまたがり広域的に分布又は移動する鳥獣，孤立した地域個体群の分布域が複数都道府県にまたがる鳥獣及び被害の管理を関係する複数都道府県で実施しないと対策の効果が望めない鳥獣については，関係行政機関，利害関係者，自然保護団体，専門家等が幅広く連携し，鳥獣の行動圏の大きさ，季節移動の有無，生息状況，繁殖力，地域個体群の長期的な動向，農林水産業等への被害の状況等を総合的に勘案し，広域的な保護管理の方向性を示す広域保護管理指針や，それと整合が図られた特定鳥獣保護管理計画の作成による保護管理が進められている．こうした取組は広域的な鳥獣保護管理を進める上で効果的であることを踏まえ，安定的な地域個体群の維持及び被害の軽減を図るように努めるものとする」とされている．これまでに，関東カワウ広域協議会（関東11都県）および中部近畿カワウ協議会（中部近畿15府県），白山・奥美濃地域ツキノワグマ広域協議会（対象5県），関東山地ニホンジカ広域協議会（1都5県）により，対象種の広域管理指針が策定されている．これらの広域協議会には，環境省地方事務所・林野庁森林管理局・地方農政局，関係団体など，および関係分野の専門家が参

加し，環境省の地方事務所が事務局を構成している．中大型の野生動物の分布拡大と生息数の増加が急激に進んでいることから，問題が生じてから広域協議会を設置するのではなく，これまでの実績をふまえて，全国に広域管理の制度として広域ブロックを設定して，組織化を図る必要がある．

2014年3月の法改正により，指定管理鳥獣捕獲等事業が創設され，集中的かつ広域的管理を図る必要があるとして環境大臣が定めた鳥獣（指定管理鳥獣）について，都道府県または国が捕獲などを実施する事業（指定管理鳥獣捕獲事業）を実施することできることになった．この場合，捕獲許可が不要で，一定の条件で夜間銃猟が可能となるなどの規制が緩和された．

これらをふまえて，持続可能な野生動物管理には，以下に述べるような管理組織が必要である．

①全国規模で，広域管理を実施するための科学委員会を大学，研究組織，公設研究機関から構成する．科学委員会の構成員は，広域ブロックに関係する独立行政法人研究所，公設研究機関，地域の大学の研究員の連携によって構成される．

②地域の獣害対策を支援する普及指導員の体制を強化する．営農管理的アプローチの適用に向けた知的創造を農業試験場で開始し，それを起点に普及組織の体制を整備していくことが組織改革の戦略として有効である．

③森林と野生動物管理の専門家・技術集団を有するNPOを行政がサポートし，地域と広域（市町村と県域）をつないで，ネットワーク型組織として位置づける．英国のNPOであるDeer Initiativeは1つの見本となる．

④分権体制下で，野生動物管理について市町村が有害捕獲の権限をもっているが，管理の専門家が不在である．そのため，上位の行政組織である都道府県あるいはそれらの出先機関が市町村をサポートする仕組みをつくるべきである．

⑤市町村の被害防止計画のうち駆除は実施隊が担っているが，狩猟と駆除の線引きを明確にして，モニタリングにもとづいた駆除を実施すべきである．

（4）野生動物管理にかかわる人材育成

野生動物管理には，捕獲に従事する狩猟者のほかに，農林業被害，生態系

へのインパクト，人獣共通感染症，モニタリング，啓発普及などの非常に多岐にわたる領域が含まれる．また，管理を持続させていくためには，地域の実情に合わせた仕組みづくりが必要である．

複雑で多様化している野生動物問題を解決するためには，野生動物管理の計画立案と実行，評価などを実施する能力，地域のステークホルダーと協働して野生動物管理を実行するコミュニケーション能力が求められるため，これらの高度な専門性をもつ野生動物管理専門官（ワイルドライフ・レンジャー）の養成が不可欠である．さらに，地域資源の管理専門家として森林官（フォレスター）や自然公園の管理官（レンジャー）を大学で養成し，国・都道府県・市町村の関係部局はこれらの専門家を雇用する仕組みを構築する必要がある．公益財団法人「知床自然大学院大学設立財団」が野生動物管理専門家を育成するための大学の設立をめざし，活動を開始した．

狩猟者の高齢化と激減が進行しているが，一方で銃をもちたいという若者や女性も少しずつではあるが増えている．しかし，学生が狩猟免許を所持しても，狩猟技術を学ぶ機会と場がたいへん限られているため，教育的な役割を担った猟区の運営が必要である．この点，北海道西興部村にある西興部村猟区が参考になる．西興部猟区では，酪農学園大学の狩猟に関する学生実習のほか研修会や新人ハンターセミナーの実施など先駆的な取り組みを行っている（伊吾田，2012）．この研修会に参加した学生が，東京農工大学に学生の狩猟サークルである「狩り部」を創設し（瀬戸，2012），酪農学園大学やその他の大学にも同様なサークルができつつある．北米における学生狩猟教育は，狩猟者になるためというよりも，狩猟の社会経済的・生態学的な役割を学ぶことを目的としており（鈴木，2012），日本で狩猟学の大学カリキュラムを検討するうえで参考になる．

栃木県が宇都宮大学と連携して，2009（平成21）年度より「里山野生鳥獣管理技術者養成プログラム」を実施し，40名の鳥獣管理士が誕生している（第7章7.1節参照）が，受け皿がないのが現状である．農林業の団体，市町村，都道府県，国などの行政組織のほか，地域と広域をつなぐNPOに人材を輩出し，野生動物管理業務を食べていける職として定着させる必要がある．

2013年3月に改正された鳥獣法には，鳥獣の捕獲などを専門的に行う従

事者を都道府県知事が認定する認定鳥獣捕獲事業者制度が導入された．また，林野庁は2014（平成26）年度から森林における鳥獣害対策を公共事業として実施することが決定している．課題は専門的捕獲技術者の育成の仕組みである．大学におけるカリキュラムと連動して，イギリスにおけるディアマネジャーやゲームキーパーを養成する職業専門学校やハンティングスクールの創設（伊吾田・松浦，2012），専門的捕獲技術者育成プログラムの構築（八代田，2012）が必要であろう．

①野生動物管理の専門家の育成

大学は，森林官（フォレスター），自然公園管理官（レンジャー），野生動物管理専門官（ワイルドライフ・レンジャー）などの地域資源管理の専門家を養成するためのカリキュラムを整備し，関連する学協会は単位の認証制度の検討を進めるべきである．

②狩猟者の育成

狩猟学校や教育に配慮した猟区を設立し，ハンティングスクールにおいて新人狩猟者の育成を行う仕組みづくりを行うべきである．

③専門的捕獲技術者の育成

専門的捕獲技術者を育成するためのプログラムの構築，職業専門学校やハンティングスクールを創設すべきである．

（5）野生動物の資源利用

野生動物の利活用が被害対策の一環としての「捕獲促進策」として位置づけられ，農林水産省による「鳥獣被害防止総合対策交付金」は，ハード対策として「捕獲鳥獣を食肉利用するための処理加工施設」を対象として含めている．もともと，狩猟は自分で得た獲物を自家消費することが主流であった．鈴木・横山（2012）は，「自家消費性」と「市場性」の発想上の齟齬が，野生動物の食資源化に必須の衛生管理上のさまざまな問題，自家消費的感覚に起因する「未成熟な危機管理意識」や「食の安心・安全に関わる責任感の欠如」「病原体や抗体陽性事例の安易な報告が後を絶たない」ことを危惧し，各自治体では，衛生管理上のガイドラインやマニュアルを作成しているが，認証制度（兵庫県）や推奨制度（エゾシカ協会）などの限られた事例を除き，

現時点ではガイドラインやマニュアルの遵守を促す社会的な仕組みは事実上存在しないことを警告している．

一方，本書の第11章で執筆者の田村は，野生鳥獣被害が地域社会の活力減退に強く規定されている以上，駆除個体の食肉利用も被害対策の一環として矮小化することなく，地域活力の復活や地域づくりの脈略から考える必要があること，実際に各地で開設されている加工施設は，就業機会の少ない農村部における雇用創出の場や特産品開発の拠点として機能しているほか，被害対策にかかわる住民をつないで地域の活力をよみがえらせる役割を果たしていることを指摘している．ただし，2011年3月11日の原発事故以降，群馬県吾妻郡中之条町「あがしし君工房」では2頭のイノシシから放射性物質が検出されたため，駆除は継続されているが，2011年12月以降には工房へのイノシシ搬入や食肉加工の取り組みは中止することが決定されている．また，栃木県那珂川町「八溝ししまる」では，こうした事態が生じる以前から現在にいたるまで，加工施設に搬入されたイノシシについて放射性物質の全頭検査を進めており，安全性の確認できた個体のみを出荷している（第11章参照）．佐野市では2011年にイノシシの有効利用施設の開設を目的として獣害対策係が設置されたが，施設の開設は凍結となった．関東から東日本にかけて，イノシシやシカの分布が拡大途上にあるが，放射性物質汚染の問題はこれらの有効活用に大きな制約となるだろう．

①野生動物の利活用は，川上（生産＝山野での捕獲），川中（管理・流通）から川下（消費）までの一貫した仕組みをつくる必要がある．
②鳥獣被害にかかわる幅広いステークホルダーが手を携えて，食肉加工の流通に意見を反映させる仕組みをつくる必要がある．
③野生鳥獣にかかわる利害関係者を傍観者のままにすることなく，関係者が一体となって施設運営や獣害対策に参画できる仕組みを整えることが必要である．
④野生鳥獣の食肉化に関する取り組みの成否や効果を判断する際には，費用便益分析のようにイニシャルコストや外部効果も含めた長期的・広域的な視点から評価する必要がある．
⑤今後は食肉加工に関する外部効果，すなわち地域づくりに果たす役割も

考慮した経済分析を進め，野生動物の資源的利用のあり方を総合的に議論していくことが重要である．

参考文献

平川秀幸．2010．科学は誰のものか——社会の側から問い直す．NHK出版，東京．

伊吾田宏正．2012．将来に向けた人材育成——新人ハンターと専門的捕獲技術者の育成．（梶　光一・伊吾田宏正・鈴木正嗣，編：野生動物管理のための狩猟学）pp. 119-127．朝倉書店，東京．

伊吾田宏正・松浦友紀子．2012．海外の狩猟と野生動物管理の事例——イギリス．（梶　光一・伊吾田宏正・鈴木正嗣，編：野生動物管理のための狩猟学）pp. 34-42．朝倉書店，東京．

井上　真．2004．コモンズの思想を求めて——カリマンタンの森で考える．岩波書店，東京．

神奈川県自治総合研究センター．1994．補完性の原則と政府に関する調査研究．http://www.pref.kanagawa.jp/cnt/f360586/p384771.html（2007年11月12日取得）

丹羽邦男．1989．土地問題の起源——村と自然と明治維新．平凡社，東京．

パットナム・ロバート，D．（柴内康文訳）．2006．孤独なボウリング——米国コミュニティの崩壊と再生．柏書房，東京．

坂本知己・土屋俊幸・佐野　真・中村太士・梶　光一・伊藤晶子．1995．ランドスケープ概念による流域管理計画策定に関する一考察．日本林学会誌，77(1)：55-65．

瀬戸隆之．2012．「狩り部」の取り組み．（梶　光一・伊吾田宏正・鈴木正嗣，編：野生動物管理のための狩猟学）pp. 133-140．朝倉書店，東京．

菅　豊．2013．「新しい野の学問」の時代へ．岩波書店，東京．

鈴木正嗣．2012．海外の狩猟と野生動物管理の事例——狩猟者教育．アメリカ合衆国における近年の事例を中心に．（梶　光一・伊吾田宏正・鈴木正嗣，編：野生動物管理のための狩猟学）pp. 76-80．朝倉書店，東京．

鈴木正嗣・横山真弓．2012．ニホンジカの食資源化における衛生の現状と将来展望——緒言　経緯と背景．獣医畜産新報，65：447-449．

谷内茂雄・脇田健一・原　雄一・中野孝教・陀安一郎・田中拓弥（編）．2009．流域環境学——流域ガバナンスの理論と実践．京都大学学術出版会，京都．

上野真由美．2011．ヨーロッパにおけるシカ類の管理の仕組み．（依光良三，編：シカと日本の森林）pp. 176-193．築地書館，東京．

矢島万里．2005．みどり保全におけるコーディネーションNPOの実態と必要性．東京農工大学大学院修士論文．

八代田千鶴．2012．将来に向けた人材教育——日本における専門的捕獲技術者育成の現状と課題．（梶　光一・伊吾田宏正・鈴木正嗣，編：野生動物管理のための狩猟学）pp. 112-119．朝倉書店，東京．

おわりに

　2011年3月11日午後，巨大地震が東日本を襲ったとき，統合的野生動物管理プロジェクトの社会経済班およびシステム計画班の有志は，東京農工大学府中キャンパス1号館4階で打ち合せ中だった．プロジェクトは2年目の最終盤であり，当月末に予定されていた外部評価委員による評価会議のなかで行う予定のワークショップについて，進行を担当する両班の有志が検討するためのものだった．ワークショップのテーマは，この研究プロジェクトの最終的成果，そして，その成果の，社会，地域への発信，貢献はどのようなものであるべきか，ということだった．

　東京西郊にある農工大でも揺れは激しく，打ち合せはすぐに中止され，災害の甚大さから，評価会議そのものも延期された．さらにいえば，プロジェクトの大きな目標，研究と社会との関係性に対するメンバーの認識も，震災とそれに続く原子力発電所の重大事故を経て，大きく変化し，また深まったと思う．

　もう少し具体的に震災後の「変化」についていえば，1つは，研究者として，自らがかかわる「科学」というものの危うさの自覚だろう．本来，不確実性をもつそれが，社会のなかでは絶対性，正当性をもってしまうことに，私たちはつねに自覚的でなくてはならないことを震災，原発事故はあらためて認識させてくれた．そのことが，たとえば第II部第9章で中島が分析しているような，プロジェクト内部でのメンバー間の真摯な議論をより活発にすることに影響したのだと思う．

　そして2つめには，その危うさを少しでも和らげる意味でも，現場との間でつねにやりとりし，研究の成果を実践につなげることの重要さを再認識したことである．原発事故で露わになったことは，現場から遊離した科学の脆さだった．私たちのプロジェクトは，幸い，フィールド調査が基本であり，つねに現場での地域のみなさんとのお付き合いがあった．そのことを私たちはチャンスととらえ，より積極的にさまざまな地域での話し合いに参加し，

報告会などを開催したつもりである．

そして，3つめは，プロジェクトの成果を通じた社会とのかかわり，社会のあり方への関与についてである．研究者は直接的に政策の意思決定にはかかわらないが，政策担当者がこれまでの経緯や現状に拘束され，中短期的な視点でしか将来を見通すことができないのに対して，より自由で原則的な立場から，より長期的，本質的な政策施策を提案することが可能である．そして，時の権力を過信し，代替案をもたなかったことが，社会をどれほど危険にさらしたかを，私たちは今時の震災，原発事故から，多くの貴い犠牲とたいへん高い代償と引き替えに認識することができた．今回，この本では，確実にいえることの報告にとどまらざるをえない第II部とのギャップをあえて踏み越えて，第III部では具体的な政策提言を行った．それは，こうした私たちの思いの表れである．

さて，この自然科学と社会科学を統合した，実践的な試み，別の言葉でいえば，社会システムと生態システムの統合化の試みが，はたして成功したかどうかは，読者各位の評価を待たなければならない．ただ，誇りをもっていえるのは，私たちが正々堂々と，しかし，試行錯誤を繰り返しながら，この試みに挑戦したことである．そして，この挑戦は，これからも続くことをお約束したい．

最後に，この研究プロジェクトの実施にかかわり，たいへんお世話になった多くの方々に，心からお礼を申し上げたい．巻末にお名前を記させていただいた方々のほかにも，いわゆる学際研究としての性格から，自然科学，社会科学にまたがる国内外の多くの研究者にシンポジウム，ワークショップの報告者，討論者として参画いただき，刺激的な議論をさせていただいた．また，日本生態学会，「野生生物と社会」学会などでは，このプロジェクトの成果を中心としたセッションを開催させていただき，貴重なご助言をいただいた．ありがとうございました．

そして，一番お世話になった佐野市をはじめとした調査地のみなさま．さまざまなご迷惑に対して寛容の心で接していただき，また度重なる調査，インタビューにも快く応じていただいた．さらに，報告会では貴重なご助言，真摯なご意見をいただき，そのたびに心を新たにすることができた．ここでお名前を列挙することはできないが，あらためて，心より，ありがとうござ

いました．

　また，東京大学出版会編集部の光明さんには，企画の段階からたいへんお世話になった．出版の遅延は編者にすべての責任があるが，編集担当者として，粘り強く，ときには厳しく対応いただいたことが，今回の出版につながった．ここに深く謝意を表したい．

　最後に，この本は，ぜひ現場で野生動物管理に取り組んでおられる地域の方々，行政の方々に広く読んでいただきたいと思っている．そして，率直なご意見，ご感想，ご批判をいただければ，これよりうれしいことはない．

土屋俊幸

索　引

ア　行

アイヌ・エコシステム　25
あがしし君カレー　205
あがしし君工房　203, 239
あがしし君鍋　205
アーバンワイルドライフ　3
アメリカの野生動物学会　3, 179
アルド・レオポルド　4, 178
アンダーユース　34, 51, 233
ELAC　45, 47
E 型急性肝炎　202
イノシシ　71, 115
イノブタ　123
茨城栃木鳥獣害広域対策協議会　113
ウィルダネス地区　45
上から降りてきた枠組み　160
営農管理的アプローチ　135, 140, 142, 236
餌の利用可能性　72
エゾシカバーガー　202
NPO/NGO　222
オジロジカ　183
オーバーユース　34

カ　行

階層　14, 22, 33, 35, 43, 166
階層化された流域管理（システム）　14, 22, 33, 219
回復力（レジリアンス）　32
かかわり主義　222
ガバナンス　231, 233
かみえちご山里ファン倶楽部　223
カメラトラップ法　76
狩り部　237
カワウ対策　12

関東カワウ広域協議会　106
管理捕獲（個体数調整）　27
管理ユニット　18, 35, 124, 185
教育システム　53
共感　218
協働型ガバナンス　52
協働コーディネータ　52
共有財　189
魚類野生動物局　181
空間スケール　24, 35
クオーターシステム　185
駆除個体の処理　199
駆動因　15, 38, 127, 129
堅果　98
原生自然　4
広域管理（システム）　11, 35, 143, 233-236
耕作放棄地　62, 141, 234
高齢化　64, 65
個体群管理　115
個体数管理　21, 28, 85, 88, 97, 114, 136, 143, 166, 210, 235
コーディネーション NPO　224, 228
痕跡調査　73
コンフリクト　35, 153

サ　行

最大持続生産量　7
サシバの里　147, 148
里山・里海評価（JSSA）　32
里山生態系　146
里山野生鳥獣管理技術者養成プログラム　111
佐野市　56
JSSA　32
支援システム　235

支援プログラム　129
資源価値　11
自然資源局　181
自然資源防衛協議会　4
持続性科学　31, 32, 50
下から積み上げた枠組み　160
指定管理鳥獣捕獲事業　236
私的土地所有の絶対性　220
自動撮影装置　76
ジビエ　202, 209
下秋山地区　58, 62
下秋山町会　93
社会関係資本　224
社会システムの「理想像」　217
社会–生態システム　146, 148
弱体化　61, 65, 70, 95, 146
獣害対策主担当　137
獣害対策モデル事業　63, 65, 91
獣害対策モデル地区　107, 111, 114
獣害対処能力　129, 135
銃規制法　195
獣被害対策実施隊　12
住民参加型獣害防護対策実践モデル事業　91
集落　60, 91, 93
狩猟学　234, 237
狩猟者　143–145, 178, 186, 190, 193, 233, 234, 237, 238
狩猟免許　237
狩猟免許料　194
狩猟ライセンス　188
狩猟倫理　194
順応的ガバナンス　148
順応的管理　35, 105, 234
商業狩猟者　178
状況の定義のズレ　22
食肉化　201, 202, 239
食肉利用　211
知床自然大学院大学設立財団　237
人材育成システム　11
侵入防止対策　71
スカンジナビアシステム　189, 192

政策提言　166
生産性の維持　9, 28
生息地管理　11, 21, 85, 88, 114, 166, 235
生態系許容限界密度指標（ELAC）　44
生物多様性の確保　9, 28
世帯縮小　64, 65
専業的農林業従事者　66, 68, 70
専門用語の意思統一　167
総合性　225
総合的な被害管理　81

タ　行

大学の関与のあり方　229
大日本猟友会　29
タグ（狩猟権）　27, 185, 188
縦割り　13, 23, 136, 226, 233
地域鳥獣管理専門員　111
地域鳥獣管理プランナー　111
地域に寄り添った研究者　230
地域力　95, 96
知識創造　140
中間支援組織　223, 228
中間組織　223
鳥獣害対策特措法　36
鳥獣管理士　111, 114, 237
鳥獣による農林水産業被害防止特別措置法　36
鳥獣被害防止総合対策交付金　238
鳥獣保護事業計画　10
鳥獣保護法　12
角なし個体　183
坪（ツボ）　93
DMU　19
DPSIR スキーム　15, 163
DPSIR フレームワーク　38
DPSIR モデル　39
DPSIR＋C スキーム　127
データの重ね合わせ　168, 169
特定鳥獣保護管理計画　103, 108
特定鳥獣保護管理計画制度（特定計画制度）　8, 10, 36
栃木県　55

栃木県イノシシ保護管理計画　106
栃木県カワウ保護管理指針　106
栃木県シカ保護管理計画　103, 107
栃木県ツキノワグマ保護管理計画　105
栃木県ニホンザル保護管理計画　105
とちぎの元気な森づくり県民税　110
土地の公共性　220
土地利用計画制度　221, 225
トップダウン　15, 36, 51

ナ　行

二層のNPO　229
ニホンイノシシ　73, 116
日本哺乳類学会　6
認定鳥獣捕獲事業者制度　238
農業委員会　141
農業被害　127
農業普及指導員　54, 135
農作物野生鳥獣対策アドバイザー登録制度　12
農地保全　68
農林業被害　11
農林水産業被害防止特別措置法　12

ハ　行

廃棄物処理法　199
バックキャスティングアプローチ　52
ハプロタイプ　20, 118, 120, 123
伴侶動物　3
被害防止計画　108
被害防除　21, 85, 88, 99, 114, 166, 210, 235
ヒューマン・ディメンジョン　5, 34, 157
開かれた土着のNPO　228
フィールド・オリエンテッド　43
フィールドミュージアム唐沢山　55
フォレスター　52, 53, 237, 238
捕獲税　194
補完性原則　217
北米システム　177, 179, 180, 189, 192
保護　232
保護管理ユニット　20, 21
ボタン鍋　200

ボトムアップ　15, 36, 43, 52
掘り起こし　73

マ　行

埋設処理　200, 210
マクロスケール　23, 33, 35, 54, 103
マクロハビタット　23
ミクロスケール　23, 33, 35, 55, 60, 129
ミクロハビタット　23
ミトコンドリアDNA　115, 120, 123
ミネソタ州自然資源局　183
ミレニアム生態系評価（MA）　32
メソスケール　23, 33, 35, 54, 85
メタ個体群　37
モデル農園　130, 134
モニタリングユニット　20

ヤ　行

「野生生物と社会」学会　9
野生動物　3
野生動物管理　4
野生動物管理ガバナンス　29
野生動物管理カリキュラム　178
野生動物管理法　233
野生動物研究共同ユニット　179
八溝山地　56, 113
八溝ししまる　207-209, 239
有害鳥獣の資源化　200
有害鳥獣捕獲（駆除）　10, 143
有害捕獲（駆除）　27
遊休農地　141
有限責任の専門家　52
有蹄類管理　18, 26
ゆるやかな専門性　52
要因関連図式　161

ラ　行

ライセンス代金　183
ラジオテレメトリー法　73
ランドスケープエコロジー的視点　219
リスクマップ　97
リトリート　49

リュウキュウイノシシ 116
レンジャー 52, 53, 237, 238

ワ　行

ワイルドライフ・マネジメント 5, 7

ワイルドライフ・レンジャー 52, 53, 237, 238

執筆協力者一覧
(敬称略,五十音順)

赤坂　猛	星野義延
小金澤正昭	堀江玲子
齊藤　修	三浦慎悟
佐野市農山村振興課	村瀬　香
谷内茂雄	閻　美芳
栃木県環境森林部自然環境課	湯本貴和
中之条町農林課	Dave Garshelis
弘重　穣	Jon Swenson
福田　恵	

本書の執筆に際しまして,上記の方々および機関にさまざまなお力添えをいただきました.紙面の都合により最後になりましたが,厚くお礼申し上げます(執筆者一同).

執筆者一覧 （執筆順）

梶　　光一	（かじ・こういち）	東京農工大学大学院農学研究院
戸田浩人	（とだ・ひろと）	東京農工大学大学院農学研究院
大橋春香	（おおはし・はるか）	森林総合研究所
桑原考史	（くわばら・たかし）	日本獣医生命科学大学応用生命科学部
角田裕志	（つのだ・ひろし）	岐阜大学野生動物管理学研究センター
丸山哲也	（まるやま・てつや）	栃木県林業センター
齊藤正恵	（さいとう・まさえ）	東京農工大学農学部（執筆時）
中島正裕	（なかじま・まさひろ）	東京農工大学大学院農学研究院
小池伸介	（こいけ・しんすけ）	東京農工大学大学院農学研究院
田村孝浩	（たむら・たかひろ）	宇都宮大学農学部
土屋俊幸	（つちや・としゆき）	東京農工大学大学院農学研究院

編者略歴

梶　光一（かじ・こういち）

1953 年　東京都に生まれる．
1986 年　北海道大学大学院農学研究科博士課程修了，農学博士．
現　在　東京農工大学大学院農学研究院教授．
専　門　野生動物管理学．
主　著　『エゾシカの保全と管理』（共編，2006 年，北海道大学出版会），『野生動物管理』（共編，2012 年，文永堂出版），『野生動物管理のための狩猟学』（共編，2013 年，朝倉書店）ほか．

土屋俊幸（つちや・としゆき）

1955 年　東京都に生まれる．
1982 年　東京大学大学院農学系研究科博士課程満期退学．
現　在　東京農工大学大学院農学研究院教授，農学博士．
専　門　林政学・自然資源社会学．
主　著　『流域環境の保全』（分担，2002 年，朝倉書店），『山・里の恵みと山村振興』（分担，2011 年，日本林業調査会），『イギリス国立公園の現状と未来』（共編，2012 年，北海道大学出版会）ほか．

野生動物管理システム

2014 年 9 月 5 日　初　版

［検印廃止］

編　者　梶　光一・土屋俊幸

発行所　一般財団法人　東京大学出版会

代表者　渡辺　浩

153-0041　東京都目黒区駒場 4-5-29
電話 03-6407-1069　Fax 03-6407-1991
振替 00160-6-59964

印刷所　株式会社三秀舎
製本所　誠製本株式会社

© 2014 Koichi Kaji, Toshiyuki Tsuchiya *et al.*
ISBN 978-4-13-060227-3　Printed in Japan

[JCOPY] 〈（社）出版者著作権管理機構　委託出版物〉

本書の無断複写は著作権法上での例外を除き禁じられています．複写される場合は，そのつど事前に，（社）出版者著作権管理機構（電話 03-3513-6969，FAX 03-3513-6979，e-mail : info@jcopy.or.jp）の許諾を得てください．

大泰司紀之・三浦慎悟[監修]

日本の哺乳類学

[全3巻]　●A5判上製カバー装／第1, 3巻320頁，第2巻480頁
●第1, 3巻4400円，第2巻5000円

第1巻　小型哺乳類　　　本川雅治[編]

第2巻　中大型哺乳類・霊長類
　　　　　　　　高槻成紀・山極寿一[編]

第3巻　水生哺乳類　　　加藤秀弘[編]

日本のクマ　坪田敏男・山﨑晃司[編]　　A5判・386頁／5800円
ヒグマとツキノワグマの生物学

日本の外来哺乳類　　　　山田文雄・池田透・小倉剛[編]
管理戦略と生態系保全　　　　　　　A5判・420頁／6200円

日本のタカ学　　　　　　　　　　　樋口広芳[編]
生態と保全　　　　　　　　　　　A5判・364頁／5000円

ウミガメの自然誌　　　　　　　　　亀崎直樹[編]
産卵と回遊の生物学　　　　　　　　A5判・320頁／4800円

アルゼンチンアリ　　　　　　　　　田付貞洋[編]
史上最強の侵略的外来種　　　　　　A5判・346頁／4800円

生物系統地理学　ジョン・C. エイビス／西田睦・武藤文人[監訳]
種の進化を探る　　　　　　　　　　B5判・320頁／7600円

動物生理学[原書第5版]　　B5判・600頁／14000円
環境への適応　K. シュミット＝ニールセン／沼田英治・中嶋康裕[監訳]

保全遺伝学　小池裕子・松井正文[編]　A5判・328頁／3400円

保全生物学　樋口広芳[編]　　　　A5判・264頁／3200円

ここに表記された価格は本体価格です．ご購入の際には消費税が加算されますのでご了承ください．